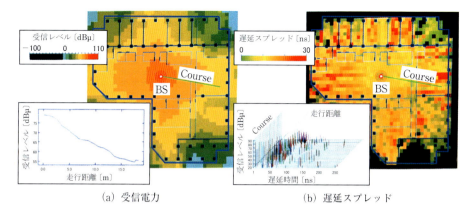

(a) 受信電力　　　　　　　　　　　　(b) 遅延スプレッド

口絵1 解析結果例（屋内伝搬）（6.4.4項参照）

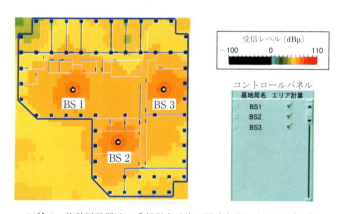

口絵2 複数局設置時の受信電力分布（屋内伝搬）（6.4.4項参照）

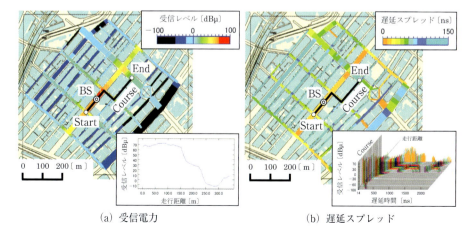

(a) 受信電力　　　　　　　　　　　　(b) 遅延スプレッド

口絵3 解析結果例（低基地局アンテナ屋外伝搬）（6.5.4項参照）

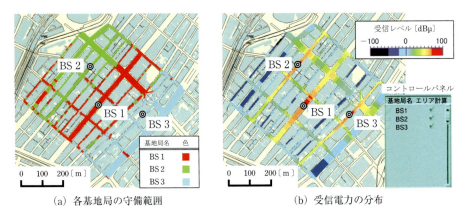

(a) 各基地局の守備範囲　　　　　　　(b) 受信電力の分布

口絵 4　エリア図の例（低基地局アンテナ屋外伝搬）（6.5.4 項参照）

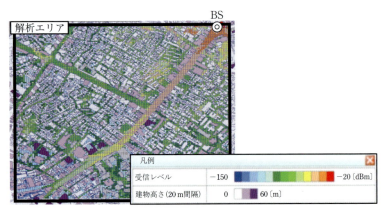

口絵 5　受信電力分布の解析例 1（高基地局アンテナ屋外伝搬）（6.6.2 項参照）

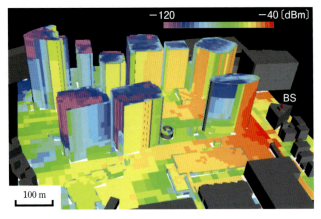

口絵 6　受信電力分布の解析例 2（高基地局アンテナ屋外伝搬）（6.6.2 項参照）

電波伝搬解析のための
レイトレーシング法
―― 基礎から応用まで ――

博士(工学) 今井 哲朗 著

コロナ社

まえがき

　移動通信環境における電波伝搬はきわめて複雑であることから，奥村善久氏が伝搬研究のコンセプトを提案して以来，その特性は実験的アプローチにより解析されてきた。しかし，携帯電話システムの進化とともにシステム設計に必要となる伝搬特性が多岐にわたるようになったことから，近年，そのすべてを測定より解析するにはきわめて多くの時間と労力，コストが必要となっている。そこで，一般的に利用されるようになったのが，レイトレーシング法である。

　レイトレーシング法は電磁界理論の一つである幾何光学理論（幾何光学近似および幾何光学的回折理論）に基づくものである。言い換えれば，幾何光学理論のアプリケーションがレイトレーシング法であり，両者はイコールではない。幾何光学理論に関する良書は多く存在する。それらには電波をレイとみなす理論的背景と電界計算法の記載はあるが，その応用方法（例えば，解析範囲内で実際にレイをトレースする方法など）については述べられていない。なお，レイの電界計算法についても，複数ある規範問題の中から電波伝搬解析に有用なものを見つけ出すのは結構な手間がかかる。一方，電波伝搬の専門書にも近年はレイトレーシング法に関する記述はある。しかし，その内容は実測結果との比較が主であり，具体的な計算法についての説明はほとんどない。

　本書では，電波伝搬解析に必要となるレイトレーシング法のすべての項目を網羅した。内容を理解いただければ，実際にプログラムを組むことができると思う。また，現在は多くのソフトが市販されているが，ここで得られた知見はソフトのパフォーマンスを評価するためにも活かせるだろう。

　レイトレーシング法による電波伝搬解析は，3章"レイトレーシング法の基礎"と4章"レイのトレース法"がわかれば実行できる。しかし，実際にプログラミングをしてみると，特に伝搬環境を現実に近づけるほど解析に要する計算

時間の問題に直面する。そこで重要となるのが，5章"レイトレースの高速化手法"である。これまでの電波伝搬分野におけるレイトレーシング法の研究はこの高速化手法の開発が主であったといっても過言ではない。特に市街地を対象とする解析では，計算機の能力が飛躍的に向上した現在においても，ここで述べる高速化手法は重要な技術となっている。また，高速化手法の開発においては，実測値との比較検討から提案されたものも多く，それらは電波伝搬特性の本質を表しているといえる。この意味において，6章"レイトレーシング法の実環境への適用"は，さまざまな環境の電波伝搬特性を理解する助けにもなるだろう。また，7章"レイトレーシング法の拡張"で述べる内容は，レイトレーシング法を用いて，特に準ミリ波・ミリ波のような高周波数帯を対象とする解析の精度向上を図るために，現在も精力的に研究されているものである。本分野を今後の研究対象にと考えている技術者・研究者の方には参考になると思う。

なお，2章"移動通信における電波伝搬概要"では，レイトレーシング法で得られた解析結果を解釈・評価する助けとして，これまで得られている代表的な伝搬モデルや測定結果を概説している。また，付録では伝搬解析に関連するトピック（例えば，本文でしばしば登場する物理光学近似）についても概説している。レイトレーシング法の理解のためのみならず，本書を伝搬解析のハンドブックとしても利用していただければ幸いである。

本書は，電子情報通信学会アンテナ・伝播研究専門委員会主催の「アンテナ・伝搬における設計・解析手法ワークショップ（第50回）」のテキストに加筆・修正したものである。テキストの作成にあたり励ましや貴重なご意見をいただきました，岩井誠人実行委員長（同志社大学）をはじめとする実行委員の皆様に深く感謝いたします。また，執筆にあたり，ご配慮やご議論いただきました北尾光司郎氏をはじめ株式会社NTTドコモの関係各位に感謝申し上げます。最後に，レイトレーシング法の研究開発にあたり多大なご指導をいただきました元上司の藤井輝也氏に，この場をかりまして感謝の意を表します。

2016年6月

今井 哲朗

目　　　次

1. レイトレーシング法の位置づけ──その概要と本書の構成──

1.1 技 術 背 景 …………………………………………………… *1*
1.2 電波伝搬研究のアプローチ …………………………………… *3*
1.3 レイトレーシング法 …………………………………………… *5*
1.4 本 書 の 構 成 …………………………………………………… *7*

2. 移動通信における電波伝搬概要

2.1 自 由 空 間 伝 搬 ………………………………………………… *10*
2.2 電波伝搬特性と評価指標 ……………………………………… *14*
　2.2.1 受信電力の変動特性 ……………………………………… *14*
　2.2.2 マルチパス特性 …………………………………………… *26*
2.3 レイトレーシング法と伝搬測定 ……………………………… *39*

3. レイトレーシング法の基礎

3.1 幾何光学近似における基本的な解 …………………………… *42*
3.2 自 由 空 間 伝 搬 ………………………………………………… *45*
3.3 反射を伴う伝搬 ………………………………………………… *49*
3.4 透過を伴う伝搬 ………………………………………………… *54*
3.5 回折を伴う伝搬 ………………………………………………… *59*

3.6 複数回の反射・透過・回折を伴う伝搬 ……………………………… 70
　3.6.1 反射と透過を複数伴う伝搬 …………………………………… 71
　3.6.2 回折を複数伴う伝搬 …………………………………………… 72
3.7 マルチパス伝搬への拡張 ……………………………………………… 77
3.8 レイトレーシング法の適用範囲 ……………………………………… 78
　3.8.1 構造物の大きさ（開口や面のサイズ）からみた適用範囲 …… 78
　3.8.2 表面の粗さからみた適用範囲 ………………………………… 84

4. レイのトレース法

4.1 イメージング法 ………………………………………………………… 89
　4.1.1 基本原理 ………………………………………………………… 89
　4.1.2 計算量 …………………………………………………………… 90
　4.1.3 アルゴリズム …………………………………………………… 91
4.2 レイ・ローンチング法 ………………………………………………… 93
　4.2.1 基本原理 ………………………………………………………… 93
　4.2.2 計算量 …………………………………………………………… 98
　4.2.3 アルゴリズム …………………………………………………… 99
4.3 イメージング法とレイ・ローンチング法の比較 ………………… 100
　4.3.1 計算量の簡易な比較法 ………………………………………… 100
　4.3.2 アルゴリズムとしての一般的な位置づけ …………………… 102

5. レイトレースの高速化手法

5.1 高速化の考え方 ……………………………………………………… 105
5.2 探索範囲の効率化 …………………………………………………… 106
　5.2.1 探索範囲の効率化とレイトレース条件 ……………………… 107

5.2.2　さらなる高速化のための手法 ………………………………… 109
5.3　探索処理の効率化 ………………………………………………………… 112
5.4　探索処理の分散化 ………………………………………………………… 124

6.　レイトレーシング法の実環境への適用

6.1　レイトレーシング結果と評価指標 …………………………………… 128
　　6.1.1　平均受信電力 ………………………………………………… 129
　　6.1.2　遅延スプレッドと角度スプレッド ………………………… 133
　　6.1.3　交差偏波識別度 ……………………………………………… 136
　　6.1.4　レイトレーシング法を用いる場合の留意点 ……………… 137
6.2　平面大地伝搬の解析 ……………………………………………………… 138
　　6.2.1　伝搬路のモデルとレイトレース …………………………… 139
　　6.2.2　理　論　解　析 ……………………………………………… 140
　　6.2.3　レイトレーシング法による解析 …………………………… 145
6.3　トンネル内伝搬の解析 …………………………………………………… 146
　　6.3.1　トンネル内伝搬の特徴 ……………………………………… 147
　　6.3.2　伝搬路のモデルとレイトレース …………………………… 148
　　6.3.3　レイトレーシング法による解析 …………………………… 149
　　6.3.4　実測結果との比較 …………………………………………… 154
6.4　屋内伝搬の解析 …………………………………………………………… 160
　　6.4.1　屋内伝搬の特徴 ……………………………………………… 161
　　6.4.2　レイトレースの高速化 ……………………………………… 165
　　6.4.3　高速化手法の効果 …………………………………………… 167
　　6.4.4　解　析　結　果　例 ………………………………………… 172
6.5　低基地局アンテナ屋外伝搬の解析 ……………………………………… 173
　　6.5.1　伝搬路のモデル化とレイトレース ………………………… 173

6.5.2　レイトレーシング法による解析 ································ 176
　　　6.5.3　実測結果との比較 ··· 180
　　　6.5.4　サービスエリアの解析例 ······································ 183
6.6　高基地局アンテナ屋外伝搬の解析 ······································ 183
　　　6.6.1　3D–PRISM の概要 ·· 185
　　　6.6.2　伝搬解析と計算速度 ··· 188
　　　6.6.3　実測結果との比較 ··· 191
6.7　考慮すべき相互作用回数 ·· 196

7. レイトレーシング法の拡張

7.1　物理光学近似とのハイブリッド ··· 199
7.2　ER モデルとのハイブリッド ·· 203
7.3　FDTD 法とのハイブリッド ··· 205

付　　　録

A.1　ウィーナー・ヒンチンの定理 ··· 208
A.2　特　性　関　数 ··· 210
A.3　ダイアドの演算 ··· 211
A.4　フレネル積分の近似 ··· 213
　　　A.4.1　近似式 1（UTD で定義されるフレネル積分の近似）············ 213
　　　A.4.2　近似式 2（一般的なフレネル積分の近似）······················ 214
　　　A.4.3　近似式 3（A.6.2 項で定義されるフレネル積分の近似）········· 215
A.5　スロープ回折を伴う伝搬 ··· 215
A.6　物理光学近似（スカラ形式の理論）······································ 218
　　　A.6.1　フレネル–キルヒホッフの回折公式 ···························· 218

A.6.2　矩形開口からの回折 ································· 220
   A.6.3　偏　波　の　考　慮 ································· 225
A.7　物理光学近似（ベクトル形式の理論）··················· 226
   A.7.1　構造物から空間への散乱（反射）··················· 228
   A.7.2　構造物内への散乱（透過）························· 232
A.8　ER モ デ ル ·· 236
   A.8.1　鏡 面 反 射 成 分 ································ 236
   A.8.2　拡 散 反 射 成 分 ································ 237
   A.8.3　偏　波　の　考　慮 ································ 239
A.9　材料の媒質定数······································ 240
A.10　不均一媒質中のレイの伝搬··························· 241
   A.10.1　幾何光学近似における基本的な解··················· 241
   A.10.2　屈折率が不均一である大気中のレイトレーシング ········· 244

引用・参考文献 ·· 247
索　　　　引·· 258

本書に関連するプログラムコードを Web ページからダウンロードすることができる（p.9 参照）。これらは反射・透過・回折係数の計算およびレイのトレース計算に関するものであり，本書で示した解析結果のうちで基本的なものを確認することができる。また，これらを組み合わせて，かつ多少の改良をすれば，任意の問題にも対応可能である。

おもな記号と表記

記　号	意　味
$a, b, c, \ldots$ $A, B, C, \ldots$	スカラ
$\mathbf{a}, \mathbf{b}, \mathbf{c}, \ldots$ $\mathbf{A}, \mathbf{B}, \mathbf{C}, \ldots$	ベクトル
$\hat{a}, \hat{b}, \hat{c}, \ldots$	単位ベクトル
$\overline{\mathbf{A}}, \overline{\mathbf{B}}, \overline{\mathbf{C}}, \ldots$	ダイアド
ε_0	自由空間（真空）の誘電率 ($8.854 \times 10^{-12} \approx 1/36\pi \times 10^{-9}$ F/m)
μ_0	自由空間（真空）の透磁率 ($4\pi \times 10^{-7} = 1.257 \times 10^{-5}$ H/m)
ε_r	比誘電率
μ_r	比透磁率
σ	導電率（ただし，特にことわりのない場合に限る）
c	光速 ($1/\sqrt{\varepsilon_0 \mu_0} \approx$ 約 3×10^8 m/s)
Z_0	自由空間の固有インピーダンス ($\sqrt{\mu_0/\varepsilon_0} = 120\pi$)
f	周波数
ω	角周波数 ($2\pi f$)
λ	波長（特に，自由空間の場合は $\lambda = c/f$）
k	波数 ($2\pi/\lambda$)
P_T	送信電力
P_R	受信電力
G_T	送信アンテナ利得
G_R	受信アンテナ利得
D_T	送信アンテナの指向性関数
D_R	受信アンテナの指向性関数
$\overline{\mathbf{R}}$	ダイアド反射係数
$\overline{\mathbf{T}}$	ダイアド透過係数
$\overline{\mathbf{D}}$	ダイアド回折係数
BS	基地局（base station）
MS	移動局（mobile station）
Tx	送信局，送信機，送信点
Rx	受信局，受信機，受信点

1 レイトレーシング法の位置づけ
―その概要と本書の構成―

1.1 技 術 背 景

1990年代後半以降の情報通信技術の発展は目覚ましく，いわゆる「高度情報通信ネットワーク社会」は現実のものとなり，現在はその新たな展開に向けてさらに加速している．それを象徴するものとしてインターネットとともに挙げられるのが携帯電話（およびそのシステム）の進化である．わが国において，1970年代後半に自動車電話としてサービスが開始されたアナログ方式による第1世代の移動通信システム[†]（1979年～）は，初めてディジタル化された第2世代システム（1993年～），ブロードバンドサービスを可能とする世界で標準化された第3世代システム（2001年～）を経て，2010年からは下り最大75 Mbpsのデータ通信を実現する第4世代システム（LTE）のサービスが開始されている．なお，2015年からは次期システムとして検討されてきたLTEの発展形であるLTE-Advancedの導入により下り最大225 Mbpsのサービスが開始されている．

移動通信システムにおける通信環境は，おもに見通し外・マルチパス環境であることを特徴とする．したがって，自由空間伝搬と異なり信号の受信レベルは移動局（mobile station, MS）の移動に伴い複雑に変動（フェージング）する．

[†] 奥村善久氏（金沢工業大学名誉教授，元日本電信電話公社移動無線研究室長）は『世界初の自動車携帯（セルラー）電話ネットワーク，システムおよび標準規格に対する先駆的貢献』により，2013年2月19日に日本人研究者として初めて工学のノーベル賞とも呼ばれる「チャールズ・スターク・ドレイパー賞」を受賞された．

そこで,従来,受信レベル変動の把握とモデル化はシステム設計の基本となっている。また,近年は通信品質の向上や高速・大容量データ伝送を実現するためにさまざまな要素技術が提案されるようになり,システム設計において必要となる電波伝搬特性も多岐にわたるようになった。例えば,システムの広帯域化に伴い伝搬遅延特性が必要となり,伝送の MIMO (multiple input multiple output) 化に伴い送受信間における電波の出射・到来角度特性が必要となる。一方,現在,移動通信として割り当てられている周波数は 700 MHz 帯,800 MHz 帯,1.5 GHz 帯,1.7 GHz 帯,2 GHz 帯とさまざまであり,LTE–Advanced では 3.5 GHz 帯の使用が予定されている。さらには,将来の第 5 世代システムでは 6 GHz 帯以上の周波数帯の利用についても検討が始まっている[1]~[5][†1]。

ところで,現在の移動通信システムは限られた周波数を有効に利用するために複数の基地局でサービスエリアをカバーする,いわゆるセルラ方式を採用している。なお,一つの基地局がカバーするエリアを"セル"と呼ぶ。当初,サービスエリアは同サイズのセルでカバーすることが基本とされてきた。しかし,現在は図 1.1 に示すように,集中するトラヒックを収容するためにマイクロセル[†2]や屋内セルが,通常局であるマクロセルにオーバレイされるようになってきた[1),2)]。な

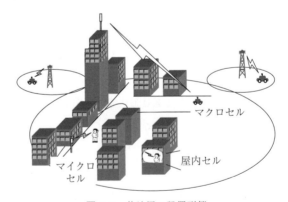

図 1.1 基地局の設置形態

[†1] 肩付き番号は巻末の引用・参考文献を示す。
[†2] 低基地局アンテナを道路脇に設置して形成されるマイクロセルは特にストリートセル(またはストリートマイクロセル)と呼ばれる。

お,同サイズのセルでサービスエリアを構成する形態が Homogeneous Network と呼ばれるのに対し,現在のように多様なセルでサービスエリアを構成する形態は HetNet(heterogeneous network)と呼ばれる.

以上が移動通信システムとその設計に必要となる電波伝搬特性との関係である.これらをまとめて図 1.2 に示す.

1.2 電波伝搬研究のアプローチ

移動通信における電波伝搬研究のアプローチは,実験的アプローチと理論的アプローチの二つに分類される.実験的アプローチは経験的アプローチとも呼ばれ,フィールド実験より得られたデータから伝搬特性を統計的に解析・モデル化する方法である.伝搬損失推定式として知られる奥村–秦式[6]や,最近の GSCM (geometry–based stochastic channel model)と総称されるモデル[7]~[10]はこのアプローチによるものである.実験的アプローチにより得られたモデルはその精度が実データにより保証されていることがメリットであるが,言い換えればモデルの適用範囲がデータの取得条件に制限されるというデメリットがある.一方,理論的アプローチは物理的アプローチとも呼ばれ,モデル化した伝搬環境を基に伝搬特性を電磁界理論的に解析・モデル化する方法である.伝搬損失推定式として知られる Walfisch 式[11]や池上式[12]などがこのアプローチによるものであるが,最近はレイトレーシング法[13]や FDTD (finite–difference time–domain)法[14]による電波伝搬解析が理論的アプローチの代表として挙げられる.理論的アプローチにより得られた解析結果はその精度が電磁界理論により保証されていることがメリットであるが,それはモデル化した伝搬環境を前提とする場合のみである.すなわち,解析精度は伝搬環境のモデル化に大きく依存する.

電磁界理論に基づく電波伝搬解析において,FDTD 法はマクスウェルの方程式を構造物との境界条件を考慮しながら数値的に解いていく方法である[15].そのためには空間をメッシュ状に分割する必要があり,そのメッシュサイズは一

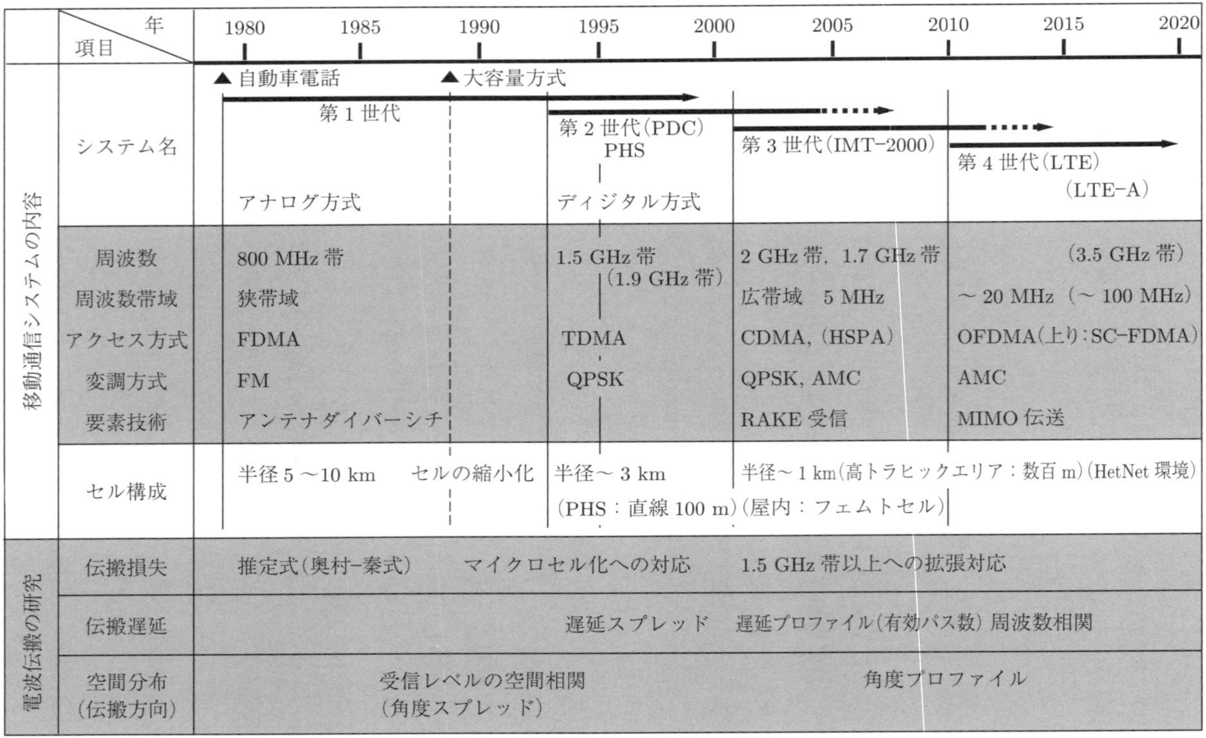

図 1.2 移動通信システムと電波伝搬特性

項目	1980	1985	1990	1995	2000	2005	2010	2015	2020
システム名	▲自動車電話 第1世代 アナログ方式		▲大容量方式	第2世代(PDC) PHS ディジタル方式		第3世代(IMT-2000)		第4世代(LTE) (LTE-A)	
周波数	800 MHz帯			1.5 GHz帯 (1.9 GHz帯)		2 GHz帯, 1.7 GHz帯		(3.5 GHz帯)	
周波数帯域	狭帯域					広帯域 5 MHz		～20 MHz (～100 MHz)	
アクセス方式	FDMA			TDMA		CDMA, (HSPA)		OFDMA(上り:SC-FDMA)	
変調方式	FM			QPSK		QPSK, AMC		AMC	
要素技術	アンテナダイバーシチ					RAKE受信		MIMO伝送	
セル構成	半径5～10 km		セルの縮小化	半径～3 km (PHS：直線100 m)		半径～1 km(高トラヒックエリア：数百m)(HetNet環境) (屋内：フェムトセル)			
伝搬損失	推定式(奥村秦式)		マイクロセル化への対応			1.5 GHz帯以上への拡張対応			
伝搬遅延				遅延スプレッド		遅延プロファイル(有効パス数) 周波数相関			
空間分布(伝搬方向)			受信レベルの空間相関 (角度スプレッド)				角度プロファイル		

般的に $\lambda/10$ 以下としなければならない。すなわち,解析する空間のサイズが波長に比べて大きい場合には演算に多くのメモリ容量と計算量が必要となる。移動通信で現在使用されている電波の波長は $15 \sim 40\,\mathrm{cm}$ 程度であり,伝搬解析に必要となる空間は屋内であっても一辺が十数 m のサイズとなる。最近の計算機は高速化・大容量化が進んだが,FDTD 法を用いて伝搬解析を 3 次元的に実行するには文献14)で報告されているように伝搬環境を閉空間(屋内,車両内など)に限定し,かつスーパーコンピュータを使用しなければならないのが現状である。一方,電波をレイ(光線)とみなして解析を行うレイトレーシング法は,高周波近似の電磁界理論を前提とすることから FDTD 法と比べれば厳密とはいえない。しかし,メモリ容量・計算量の面では FDTD 法よりも格段に少ないことから現在は多くの問題に対してパーソナルコンピュータでも実行が可能である。解析精度と計算量(メモリ容量)のトレードオフの関係から,現時点においてはレイトレーシング法のほうが FDTD 法よりも実用的である。

1.3　レイトレーシング法

移動通信環境における電波伝搬はきわめて複雑であることから,奥村氏が伝搬研究のコンセプト[16]を提案して以来,その特性は実験的アプローチにより明確化・モデル化されてきた。しかし,前述のように現在の移動通信システムでは使用周波数やセル設置形態が多様化しており,これらすべてを測定よりモデル化するには多くの時間と労力,コストが必要である。一方,最近では,① 安価な計算機でもその能力(メモリやハードディスクのサイズ,演算速度)が飛躍的に進歩し,② 地形・地物の電子データを比較的容易に入手可能となってきたことから,電波伝搬特性の解析に電磁界理論に基づく手法が適用できるようになってきた。その一つが幾何光学近似 (geometrical optics, GO) と幾何光学的回折理論 (geometrical theory of diffraction, GTD) に基づくレイトレーシング法である。レイトレーシング法では電波の伝搬する環境を定義すれば,図 **1.3** のように各種伝搬特性を単純な逐次計算の積み重ねにより求めることがで

6   1. レイトレーシング法の位置づけ

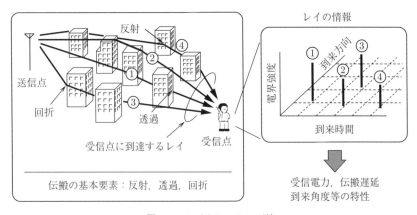

図 1.3　レイトレーシング法

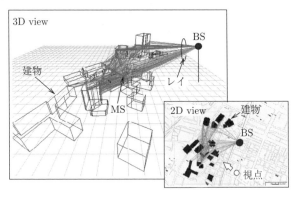

図 1.4　レイのトレース結果例

きる。なお，図 1.4 はレイをトレースした結果例である。しかし，その利用においてはつぎのような留意点がある。

1) **地形・地物のモデル化：**　レイをトレースするには，"レイが地物に到達した際にどのような相互作用（反射・透過・回折）を考慮するか"を規範モデルとして定義し，その規範モデルに基づいてすべての地形・地物をモデル化する必要がある。さまざまな規範モデルを定義すれば解析精度は向上する。しかし，モデル化される地形・地物は複雑となることから，レイのトレース処理に必要となる計算量が増大する。

2) 考慮する相互作用の最大回数： マルチパス環境にレイトレーシング法を適用する場合，考慮する相互作用の最大回数が多いほど解析精度は向上する。一方で，レイをトレースする処理量も増大することから，相互作用の最大回数が多いとユーザが解こうとする問題と使用する計算機環境（計算機のスペック）によっては現実的な時間で解を得られないこととなる。
3) レイのトレース方法： 前述のようにレイトレーシング法の解析精度と計算量はトレードオフの関係にあることから，レイのトレースには効率のよい方法を用いる必要がある。しかし，このトレース方法はユーザが解こうとする問題によって異なってくる。

電波伝搬分野で扱う解析の問題は電磁界理論の分野で扱うものより遙かに規模が大きく，また，利用できる地形・地物の情報も必ずしも正確であるとはいえない。そこで，電波伝搬分野においては前述の留意点を明確化し，かつ解消することが課題であり，これまで多くの検討がなされてきた。なお，レイトレーシング法はコンピュータグラフィックス（computer graphics, CG）の分野においても用いられる方法であり，そのレイのトレース方法など参考になる点も多々あるが，対象（可視光）と目的（見た目のリアルさ）の違いから上記留意点の扱いは電波伝搬解析の場合とは大きく異なる。

1.4 本書の構成

本書では移動通信環境における電波伝搬解析を対象とする。すなわち，大気は均一媒質（屈折率は真空と同等）として扱う。一方，レイトレーシング法は大気を不均一媒質として扱う対流圏伝搬モードの解析においても用いられるものである。これについては付録 A.10 節にて概説することとし，本編では取り上げない。本書の構成を図 1.5 に示す。また，各章のおもな内容はつぎのとおりである。

まず，2 章において移動通信システムの設計に必要となる電波伝搬特性について，これまでマクロセル環境（高基地局アンテナ屋外伝搬の環境）で得られ

1. レイトレーシング法の位置づけ

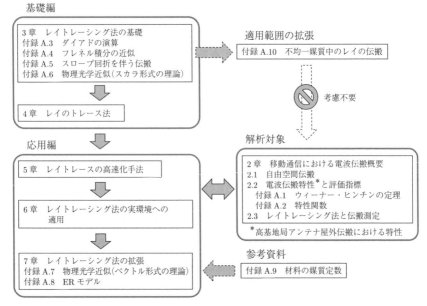

図 1.5 本書の構成

ている代表的な伝搬モデルや測定結果をもとに概説する。ここで示される伝搬特性は，本書において最終的にレイトレーシング法を用いて解析する対象そのものであり，得られた解析結果を解釈・評価する助けとなるものである。レイトレーシング法の習得とは直接関連がないことから 2 章を飛ばして 3 章に進むことは可能であるが，2.1 節は各種物理量（アンテナの指向特性，送信電力，受信電力等）との基本的な関係を述べていることから，3 章に進む前に一読することを勧める。

3 章ではレイトレーシング法の基礎となる幾何光学近似と幾何光学的回折理論について，4 章では解析領域内においてレイを送信点から受信点までトレースする方法について説明する。これらの章はレイトレーシング法のコアとなるものであり，その習得を第一の目的とする場合には必須の章である。

5 章ではレイのトレース処理に要する時間を短縮するための手法について，"探索範囲の効率化"，"探索処理の効率化"，"探索処理の分散化" の三つのアプ

ローチに分けて説明する。これらを踏まえたうえで，6章ではレイトレーシング法の実環境への適用について，①平面大地伝搬，②トンネル内伝搬，③屋内伝搬，④低基地局アンテナ屋外伝搬，⑤高基地局アンテナ屋外伝搬の順番で説明する。

幾何光学近似に基づくレイトレーシング法は3.8節で述べるように精度よく適用できる範囲に限りがある。7章ではこの適用範囲を拡張するための方法，具体的にはレイトレーシング法と他の解析手法（物理光学近似など）とのハイブリッド法について説明する。

プログラムデータのダウンロードについて

下記のWebページの関連資料よりダウンロード可能である。
　http://www.coronasha.co.jp/np/isbn/9784339008869/
　（本書書籍ページ。コロナ社Webサイトのトップページから書名検索でもアクセス可能）
ダウンロードに必要なパスワードは「k9mgwb」。

2 移動通信における電波伝搬概要

本章では,まず,電波伝搬と各種物理量(アンテナの指向特性,送信電力,受信電力等)との関係を,自由空間伝搬を例に整理する。つぎに,移動通信システムの設計に必要となる電波伝搬特性について,これまでマクロセル環境(高基地局アンテナ屋外伝搬の環境)において得られている代表的な伝搬モデルや測定結果を基に概説する。ここで示される伝搬特性は,本書において最終的にレイトレーシング法を用いて解析する対象そのものである。

2.1 自由空間伝搬

地物がまったくない空間(自由空間)に送信アンテナと受信アンテナが設置されている場合の伝搬,もしくはそれと等価と考えられる場合の伝搬を自由空間伝搬という。

図 **2.1** に示すように,自由空間に等方性アンテナから電波を送信電力 P_T 〔W〕で送信した場合,このアンテナから d 〔m〕離れた地点の放射電力密度 P_U 〔W/m^2〕は

$$P_U = \frac{P_\mathrm{T}}{4\pi d^2} \tag{2.1}$$

で与えられる。ここで,等方性アンテナの実効面積 A_e 〔m^2〕は受信波の波長 λ 〔m〕を用いて

$$A_e = \frac{\lambda^2}{4\pi} \tag{2.2}$$

と表せることから,この等方性アンテナでの受信電力 P_R 〔W〕は

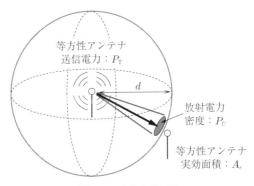

図 **2.1** 自由空間伝搬

$$P_R = P_U A_e = P_T \left(\frac{\lambda}{4\pi d}\right)^2 \quad (2.3)$$

で与えられる。

一般的にアンテナには指向性があり，受信電力は送信アンテナの指向性利得（送信アンテナ利得）倍かつ受信アンテナの指向性利得（受信アンテナ利得）倍となる。すなわち，送信アンテナと受信アンテナの利得をそれぞれ $G_T(\theta_T, \varphi_T)$，$G_R(\theta_R, \varphi_R)$（ただし，θ：垂直面内の角度，φ：水平面内の角度）[†]とすると，受信電力は

$$P_R = P_T G_T(\theta_T, \varphi_T) G_R(\theta_R, \varphi_R) \left(\frac{\lambda}{4\pi d}\right)^2 \quad (2.4)$$

で与えられる。式 (2.4) はフリス（Friis）の伝送公式（もしくはフリスの伝達公式）と呼ばれ，無線通信において受信電力を求めるための最も基本となる式である。実際には送信アンテナと受信アンテナの偏波面の整合（偏波整合）に関する効率 η_p をさらに加味する必要があり，この場合の受信電力は

$$P_R = P_T G_T(\theta_T, \varphi_T) G_R(\theta_R, \varphi_R) \left(\frac{\lambda}{4\pi d}\right)^2 \eta_p \quad (2.5)$$

[†] 水平面内の角度はすなわち方位角であるが，垂直面内の角度についてはいくつか定義がある。電磁界理論やアンテナ工学では垂直面内の角度を"天頂角"で定義する。一方，無線通信や電波伝搬では無線回線設計への見通しがよいことから"水平面を 0°"とする仰角（もしくは俯角）"で定義することが多い。本書では図 3.2 に示すように天頂角で定義する。

で与えられる．なお，偏波整合の効率については本節の後半で説明する．

　伝搬損失 $Loss$ は"送信アンテナおよび受信アンテナを等方性アンテナ $(G_\mathrm{T}(\theta_\mathrm{T},\varphi_\mathrm{T}) = G_\mathrm{R}(\theta_\mathrm{R},\varphi_\mathrm{R}) = 1)$" および "偏波面整合を完全整合 $(\eta_p = 1)$" と仮定した場合の電力の損失，すなわち送信電力と受信電力の比 $P_\mathrm{T}/P_\mathrm{R}$ で定義される．特に，自由空間における伝搬損失は自由空間損失と呼ばれ，式 (2.3) を定義に当てはめればわかるとおり

$$Loss = \frac{P_\mathrm{T}}{P_\mathrm{R}} = \left(\frac{4\pi d}{\lambda}\right)^2 = d^2 \cdot f^2 \cdot \left(\frac{4\pi}{c}\right)^2 \tag{2.6}$$

で与えられる．ただし，f は周波数（単位は Hz）であり，c は光速（約 3×10^8 m/s）である．なお，式 (2.6) をデシベルで表現すれば

$$Loss\,[\mathrm{dB}] = 10\log\left(\frac{P_\mathrm{T}}{P_\mathrm{R}}\right) = 20\log d + 20\log f + 20\log\left(\frac{4\pi}{c}\right) \tag{2.7}$$

と表せる．自由空間損失は実環境の伝搬損失を評価するうえで重要な比較対象であり，距離特性を議論する場合には距離の対数 "$\log d$" の係数が式 (2.7) の第 1 項における係数 "20" とどれくらいの差分があるか，周波数特性を議論する場合には周波数の対数 "$\log f$" の係数が式 (2.7) の第 2 項における係数 "20" とどれくらいの差分があるかが評価される．

　以上は自由空間伝搬を電力次元で議論したものである．移動通信のシステム設計では電波伝搬を電力次元で考えれば十分であることが多い．一方，レイトレーシング法は電界次元で電波伝搬を解析していくことになる．そこで，電界次元で考えた場合の自由空間伝搬について説明する．一般的に，受信電力 P_R は，受信アンテナに到来する電波の電界を $\mathbf{E}$ とすると

$$P_\mathrm{R} = \frac{|\mathbf{E} \cdot \mathbf{D}_\mathrm{R}(\theta_\mathrm{R},\varphi_\mathrm{R})|^2}{Z_0}\frac{\lambda^2}{4\pi} \tag{2.8}$$

で与えられる．ただし，$\mathbf{D}_\mathrm{R}(\theta_\mathrm{R},\varphi_\mathrm{R})$ は受信アンテナの指向性関数であり，$|\mathbf{D}_\mathrm{R}(\theta_\mathrm{R},\varphi_\mathrm{R})|^2 = G_\mathrm{R}(\theta_\mathrm{R},\varphi_\mathrm{R})$ と定義している．一方，自由空間において十分に遠方の送信アンテナから到来する電波の電界 $\mathbf{E}$ は，送受信間距離を d，送信アンテナの指向性関数を $\mathbf{D}_\mathrm{T}(\theta_\mathrm{T},\varphi_\mathrm{T})$ とすると

$$\mathbf{E} = E_0 \frac{e^{-jkd}}{d} \mathbf{D}_\mathrm{T}(\theta_\mathrm{T}, \varphi_\mathrm{T}) \tag{2.9}$$

で与えられる。ただし，E_0 は送信電力などで決まる複素量の定数であり，$|\mathbf{D}_\mathrm{T}(\theta_\mathrm{T},\varphi_\mathrm{T})|^2 = G_\mathrm{T}(\theta_\mathrm{T},\varphi_\mathrm{T})$ と定義すると $|E_0|^2 = P_\mathrm{T} Z_0/4\pi$（ただし，$Z_0$ は $\sqrt{\mu_0/\varepsilon_0} = 120\pi$ で与えられる自由空間の固有インピーダンス）と表せる。したがって，自由空間における受信電力は式 (2.9) を式 (2.8) に代入することにより与えられる。しかし，このままでは受信電力特性に対する見通しがよくない。そこで，新たに電界 $\mathbf{E}$ における距離依存因子のみで定義した相対電界

$$\Delta E = \frac{e^{-jkd}}{d} \tag{2.10}$$

を定義する。また，アンテナの指向性関数を

$$\mathbf{D}_\mathrm{T}(\theta_\mathrm{T}, \varphi_\mathrm{T}) = D_\mathrm{T}(\theta_\mathrm{T}, \varphi_\mathrm{T})\hat{e}_\mathrm{T} \tag{2.11a}$$

$$\mathbf{D}_\mathrm{R}(\theta_\mathrm{R}, \varphi_\mathrm{R}) = D_\mathrm{R}(\theta_\mathrm{R}, \varphi_\mathrm{R})\hat{e}_\mathrm{R} \tag{2.11b}$$

と表すこととする。ただし，$\hat{e}_\mathrm{T}$ と $\hat{e}_\mathrm{R}$ はそれぞれ送信アンテナと受信アンテナの偏波方向に関する単位ベクトルであり，$D_\mathrm{T}(\theta_\mathrm{T},\varphi_\mathrm{T})$ と $D_\mathrm{R}(\theta_\mathrm{R},\varphi_\mathrm{R})$ はそれぞれ送信アンテナと受信アンテナのスカラ指向性関数である。式 (2.9)～(2.11) を式 (2.8) に代入すると，自由空間の受信電力は

$$P_\mathrm{R} = P_\mathrm{T} \left(\frac{\lambda}{4\pi}\right)^2 |\Delta E\, D_\mathrm{T}(\theta_\mathrm{T},\varphi_\mathrm{T}) D_\mathrm{R}(\theta_\mathrm{R},\varphi_\mathrm{R})|^2 |\hat{e}_\mathrm{T} \cdot \hat{e}_\mathrm{R}|^2 \tag{2.12}$$

と表せる。式 (2.12) より，受信電力は "実数で与えられる項：$P_\mathrm{T}(\lambda/4\pi)^2$"，"受信波の複素振幅に関する項：$|\Delta E\, D_\mathrm{T}(\theta_\mathrm{T},\varphi_\mathrm{T}) D_\mathrm{R}(\theta_\mathrm{R},\varphi_\mathrm{R})|^2$"，"送受アンテナの偏波整合に関する項：$|\hat{e}_\mathrm{T} \cdot \hat{e}_\mathrm{R}|^2$" で与えられることがわかる。なお，前述の偏波整合効率 η_p は $|\hat{e}_\mathrm{T} \cdot \hat{e}_\mathrm{R}|^2$ で定義されるものである。定義より $|\Delta E|^2 = 1/d^2$，$|D_\mathrm{T}(\theta_\mathrm{T},\varphi_\mathrm{T})|^2 = G_\mathrm{T}(\theta_\mathrm{T},\varphi_\mathrm{T})$，$|D_\mathrm{R}(\theta_\mathrm{R},\varphi_\mathrm{R})|^2 = G_\mathrm{R}(\theta_\mathrm{R},\varphi_\mathrm{R})$ であることから，式 (2.12) は電力次元で求めた式 (2.5) と完全に一致する。また，アンテナで受信した電波から得られる信号（電気信号）の等価ベースバンド系における複素振幅は

$$a_{\mathrm{R}} = \sqrt{P_{\mathrm{T}}} \left(\frac{\lambda}{4\pi}\right) \Delta E \, D_{\mathrm{T}}(\theta_{\mathrm{T}}, \varphi_{\mathrm{T}}) D_{\mathrm{R}}(\theta_{\mathrm{R}}, \varphi_{\mathrm{R}})(\hat{e}_{\mathrm{T}} \cdot \hat{e}_{\mathrm{R}}) \qquad (2.13)$$

で与えられる。

2.2　電波伝搬特性と評価指標

移動通信システムにおける通信環境は，図 2.2 に示すように，おもに見通し外・マルチパス環境であることが特徴である。本節では，市街地マクロセル環境における具体例とともに，システム設計で必要となる電波伝搬特性について述べる[17]。なお，移動通信環境における電波伝搬は，移動伝搬と呼ばれる。

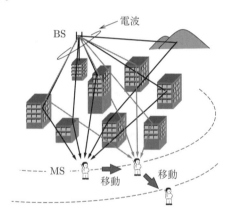

図 2.2　移動通信システムの通信環境

2.2.1　受信電力の変動特性

図 2.3(a) は，東京都内青山において 2.2 GHz の電波を高さ 60 m から出射し，受信電力を図 (b) の走行コースに沿って測った結果である。なお，図には受信電力 P_{R} を送受信間距離 d の対数（$\log d$）で回帰した結果も示してある。図より，受信電力は周期のきわめて短い変動，周期が 100 m 程度の変動および送受信間距離に依存する大きな変動が重畳されていることがわかる。この複雑な変動に対して，奥村らは，システム設計で容易に扱えるように，観測スケールに応

2.2 電波伝搬特性と評価指標

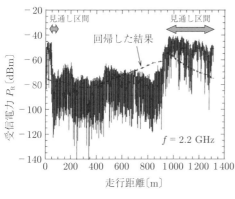

(a) 測定結果

(b) 走行コース

図 2.3 移動伝搬における受信電力の変動

じて瞬時変動，短区間変動，長区間変動の3種類でモデル化した（図 2.4）[16]。それぞれの定義はつぎのとおりである。

- 瞬時変動：短区間（数波長区間）内における受信電力の瞬時値の変動
- 短区間変動：長区間（数十～100 m 程度の区間）内における瞬時値の短区間内中央値（もしくは平均値）の変動
- 長区間変動：短区間中央値の長区間内中央値（もしくは平均値）の変動

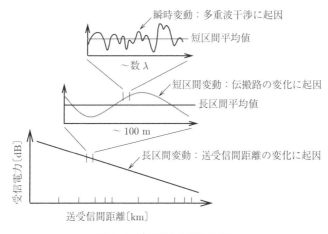

図 2.4 受信電力の変動モデル

これらの関係は図 2.5 (ブロック 1〜3) のように表すことができる。また，図 2.5 には受信電力変動の周波数特性や自己相関特性との関係についても示しており，システム設計で扱う特性をほぼ網羅している。なお，自己相関特性とパワースペクトルとの関係はウィーナー・ヒンチンの定理（付録 A.1 節）に基づくものである。また，"WSS（wide–sense stationary，広義定常）仮定"とは，統計的性質のうちで平均値，分散，自己相関が場所・時間によらない確率過程として扱えることを意味する[18],[19]。

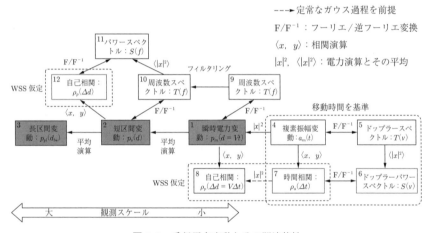

図 2.5 受信電力変動とその関連特性

〔1〕 瞬時変動特性　瞬時変動は受信局に到来する複数の波の干渉により生じる変動であり，マルチパスフェージングとも呼ばれる。その特性は符号化方式や変復調方式といった伝送方式を設計するうえで重要である。

システム設計において，瞬時変動のシミュレーションには一般的に Jakes モデル[20]が用いられる。Jakes モデルは送受信間が見通し外である場合の変動を生成するものであり，図 2.6 に示すように

- 受信局には複数の波（周囲構造物で散乱した波）が水平面内一様に到来
- 到来波の振幅はすべて等しく，初期位相はランダム

を前提とする。受信信号の平均電力を 0 dB とすると，その複素振幅 $a_m(t)$（図 2.5 のブロック 4）は

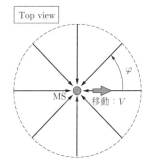

図 2.6　Jakes モデル

$$a_m(t) = \frac{1}{\sqrt{N}} \sum_{i=1}^{N} e^{j\left(\frac{2\pi V \cdot t \cos \varphi_i}{\lambda} + \zeta_i\right)} \tag{2.14}$$

で表される.ただし,t：経過時間〔s〕,V：移動速度〔m/s〕,λ：波長〔m〕,N：到来波の数,φ_i：i 番目の波の到来角度〔rad〕,ζ_i：i 番目の波の初期位相〔rad〕である.式 (2.14) により複素振幅の変動が得られれば,瞬時変動にかかわる他の特性(図 2.5 のブロック 1, 5～8)をシミュレーションもしくは理論的に得るのは図 2.5 の矢印に示した関係より容易である(各特性のシミュレーション結果については付録 A.1 節の図 A.2 を,理論値については文献 18), 19) などを参照のこと).また,受信信号の振幅 r ($= |a_m(t)|$) の分布はレイリー分布となることがわかっており,その確率密度関数 $p(r)$ と累積確率 $P(r < r_0)$(振幅 r が,ある値 r_0 以下となる確率)は,受信信号の平均電力を σ^2 とすると

$$p(r) = \frac{r}{\sigma^2} \exp\left(-\frac{r^2}{2\sigma^2}\right) \tag{2.15}$$

$$P(r < r_0) = \int_0^{r_0} p(r) dr = 1 - \exp\left(-\frac{r_0^2}{2\sigma^2}\right) \tag{2.16}$$

と表せる.この場合のマルチパスフェージングは特に"レイリーフェージング"と呼ばれる.なお,受信信号の位相の分布は一様分布,電力 r^2 の分布は指数分布となる[18],[19].

実環境における瞬時変動の評価は,"各種特性がレイリーフェージングからどれくらいかけ離れているか" が議論の対象となる.特に,送受信間に見通しがある場合には,式 (2.14) に直接波成分を加えた仲上–ライスフェージングのモ

デルが前提となる。仲上–ライスフェージングは受信信号の振幅 r が仲上–ライス分布に従う変動であり，その分布の確率密度関数は，定常波成分（直接波の成分）の振幅 r_0 と不規則波成分（式 (2.14) で与えられる散乱波による成分）の平均電力 σ^2 $(=\langle|a_m(t)|^2\rangle)$ より

$$p(r) = \frac{r}{\sigma^2}\exp\left(-\frac{r_0^2+r^2}{2\sigma^2}\right)I_0\left(\frac{r_0 r}{\sigma^2}\right) \tag{2.17}$$

で与えられる。ただし，$I_0(\cdot)$ は第1種0次の変形ベッセル関数である。$r_0 = 0$ とすれば，式 (2.17) は式 (2.15) と一致する。したがって，仲上–ライスフェージングはレイリーフェージングより汎用的なモデルといえる。なお，仲上–ライス分布の累積確率を初等関数で表すことは難しいが，$r_0^2/2\sigma^2 \gg 1$ の場合には，$I_0(x) \approx e^x/\sqrt{2\pi x}$（ただし，$x \to \infty$）を用いて

$$p(r) \approx \frac{1}{\sqrt{2\pi\sigma^2}}\exp\left(-\frac{(r-r_0)^2}{2\sigma^2}\right) \tag{2.18}$$

とガウス分布で近似できることから，その累積分布も

$$P(r<r_0) = \int_0^{r_0} p(r)dr \approx \frac{1}{2}\left\{1+\mathrm{erf}\left(\frac{r-r_0}{2\sigma}\right)\right\} \tag{2.19}$$

と誤差関数 erf($\cdot$) を用いて近似できる[21]。

仲上–ライスフェージングは式 (2.17) よりわかるとおり，r_0 と σ^2 の二つのパラメータで定義されていることから，その特性には不規則波成分の電力に対する定常波成分の平均電力の比 $r_0^2/2\sigma^2$ が評価指標として用いられる。この評価指標は K ファクタ（もしくはライスファクタ）と呼ばれる。K ファクタに対する振幅の変動分布を累積確率 $P(r<r_0)$ で表したものを図 **2.7** に示す。ただし，本結果は式 (2.18) を数値積分したものであり，また各 K ファクタに対する分布は累積 50% 値で正規化している。$K = 0$ はレイリー分布を表しており，K ファクタの値が大きくなるにしたがって振幅の変動幅が狭くなっていくのが特徴である。K ファクタの値は環境に依存するものであり，一般に未知数である。実測データより K ファクタを求める方法については文献22) にその推定精度とともにいくつか示されているが，その中で $\gamma = V[r^2]/(\langle r^2\rangle)^2$（ただし，$V[\cdot]$ はサンプルの分散）を用いて

2.2 電波伝搬特性と評価指標

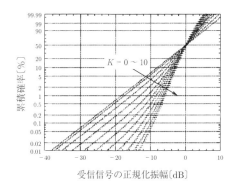

図 2.7 瞬時変動の分布

$$K = \frac{\sqrt{1-\gamma}}{1-\sqrt{1-\gamma}} \tag{2.20}$$

より求める方法が最も簡易である.以上が仲上–ライスフェージングにおける振幅分布の特性である.なお,仲上–ライスフェージングに関する詳細な理論については文献18)を参照のこと.

レイトレーシング法との関係: レイトレーシング法では移動局に到来する波をレイとしてトレースする.トレースしたレイが複数あり,それらがJakesモデルの前提と近いものであれば,受信信号の特性はレイリーフェージングになるはずである.また,得られたレイの中に振幅の卓越したものが一つある場合には,その受信信号の特性は仲上–ライスフェージングになることが予想される.ところで,瞬時変動は到来波の干渉により生じるものであることから,変動波形(変動の山と谷の位置)は周囲の軽微な変化により大きく変わる.換言すれば,変動波形は測定においても再現することが非常に難しい.したがって,特別な目的がない限り,レイトレーシング法により得られる瞬時変動の波形を測定結果と比較することは意味がない.

〔2〕**短区間変動特性** 送受信間の伝搬路は,図2.2に示すように移動局の移動に伴い変化する.短区間変動は伝搬路ごとに"建物から受ける遮蔽の度合い"が異なることに起因する変動であり,シャドウイング(またはシャドウフェージング)とも呼ばれる.その特性は,無線回線設計(エリア内の受信品質を保証するために設けるマージンの設定)やモビリティ技術設計(ハンドオー

バのパラメータ設計など)において重要である。

短区間変動における受信電力(短区間中央値としての電力)xの変動分布$p(x)$は対数正規分布

$$p(x) = \frac{10\log(e)}{\sqrt{2\pi}\,\sigma_s x} \exp\left(-\frac{(10\log x - m_s)^2}{2\sigma_s^2}\right) \tag{2.21a}$$

で表せることが測定結果より検証されている。これは,短区間中央値をデシベル値$z\ (=10\log x)$〔dB〕とすると,その変動分布$p(z)$が正規分布

$$p(z) = \frac{1}{\sqrt{2\pi}\,\sigma_s} \exp\left(-\frac{(z-m_s)^2}{2\sigma_s^2}\right) \tag{2.21b}$$

となることを意味する[†]。ただし,式 (2.21a),(2.21b) におけるm_sとσ_sはそれぞれ$z\ (=10\log x)$の平均と標準偏差であり,ともにデシベル値である。ここで,受信電力〔dB〕の平均値m_sは前述の長区間変動のサンプル値として扱われるものであることから,短区間変動特性として評価すべき指標は受信電力〔dB〕の標準偏差σ_sである。σ_sの値は伝搬環境や周波数により異なるが,市街地マクロセル環境では周波数 800 MHz~3 GHz において 6~8 dB となることが報告されている[23]。

モビリティ技術を設計するためには受信電力の変動分布のみならず,変動周期に関する情報も必要となる(図 2.5 のブロック 2)。そこで,従来,短区間変動の自己相関特性(図 2.5 のブロック 12)が実測により調査され,モデル化されてきた。なお,自己相関特性を与えるモデルは一般に自己回帰モデルと呼ばれる。自己相関特性がわかれば,図 2.5 のブロック 12 → 11 → $(T(f) = \sqrt{S(f)})$ → 10 とたどることにより短区間中央値の平均周波数スペクトルが得られることから,一様乱数の系列を発生させて平均周波数スペクトルのフィルタをかければ短区間中央値の時系列(図 2.5 ブロック 2)を得ることができる。自己相関特性のモデルについてはいくつか報告があるが,最も一般的なのは,2 点間距離 Δd に対する自己相関係数 ρ_s を

[†] 式 (2.21a) と式 (2.21b) は確率密度関数であることから,両式は "$p(z)dz = p(x)dx$" の関係にある。

$$\rho_s(\Delta d) = \alpha^{\Delta d/d_c} \tag{2.22}$$

と指数関数で表すモデルである[24]。ここで，d_c は相関距離[†1]と呼ばれるパラメータであり，"自己相関係数が 0.5 となる 2 点間距離[†2]" で定義される。なお，この場合は $\alpha = 0.5$ とする。短区間変動は短区間中央値をデシベル値とすると正規分布で表せることから，その解析にはデシベル値を用いたほうが扱いやすい。したがって，これまで提案されているモデル[24]は式 (2.22) も含めてほとんどが短区間中央値〔dB〕より解析されたものである。市街地マクロセル環境の相関距離については数十～数百 m とさまざまな値が報告[24]されているが，ITU–R M.2135 のチャネルモデル[7]では 50 m（ただし，見通し外の場合）と定義している。なお，式 (2.22) は 1 次の自己回帰モデルであることから，短区間変動の時系列（図 2.5 ブロック 2）は先で述べた方法（図 2.5 ブロック 12 → 11 → 10 → 2 とたどる方法）よりも簡易に，ブロック 12 から直接求めることが可能である。その方法については文献19) を参考のこと。

以上が短区間変動特性を特徴付けるモデルである。これらを用いれば短区間変動特性を模擬できるが，これらのモデルからはそのメカニズムを把握することはできない。例えば，短区間中央値の分布がなぜ対数正規分布になるのか，自己相関特性がなぜ相関距離 50 m 程度の指数関数になるかはわからない。メカニズムを説明する決定的なモデルは現時点において存在しないが，その候補と考えられる二つのモデルについて簡単に述べる。まず，短区間変動の発生メカニズムを説明するのに最もよく用いられるものに "複数の構造物によるマルチ遮蔽モデル" がある。本モデルでは伝搬路をマクロな視点から 1 本であると考え，送信点から出射された電波は構造物に遮蔽されるたびに減衰を繰り返すと考える。i 番目の構造物による減衰量（減衰係数）を A_i とすれば，トータルの減衰量はその積算：$\prod_i A_i$ で与えられる。このトータルの減衰量をデシベル値で

[†1] この距離は "相関の有無" を判断する境界であることから，英語では "correlation distance" ではなく "de–correlation distance" と呼ぶ場合もある。

[†2] 相関距離は "自己相関係数が $1/e$ となる 2 点間距離" で定義されることもしばしばあり，注意が必要である。なお，この場合は $\alpha = 1/e$ とする。

表すと $\sum_i 10\log A_i \ (= 10\log(\prod_i A_i))$ と加算の形となる。ここで，1回当りの減衰量 $10\log A_i$ 〔dB〕がランダムであり，送受信間の減衰回数が比較的多ければ，移動局の移動に伴うトータル減衰量（$\sum_i 10\log A_i$ 〔dB〕）の変動分布は中心極限定理により正規分布となる。すなわち，トータル減衰量の真値（$\prod_i A_i$）は対数正規分布となる。このように，マルチ遮蔽モデルにより短区間中央値が対数正規分布となることは説明できる。しかし，現実には送受信間で複数の遮蔽を伴わずとも対数正規分布となるとの報告もある。そこで新たに提案されたのが"不等振幅マルチパスモデル"である[25]。本モデルは前述の瞬時変動を模擬する Jakes モデルと同様であるが，"各到来波の平均振幅は異なり，その平均振幅も短区間のスケールでランダムに変化する"ことを前提としている点が異なる。この前提のもと，文献25)では短区間中央値の変動が対数正規分布となることを理論的に証明している。到来波の平均振幅が異なるのは，各到来波の伝搬路がそれぞれ異なることを考えればきわめて妥当である。

　マルチ遮蔽モデルにしても不等振幅マルチパスモデルにしても，短区間変動の発生が移動に伴う伝搬路の変化によるという点では共通している。したがって，その相関距離は，周囲の構造物（屋外マクロセル環境であれば建物）の大きさやその分布（密集度など）に依存する。しかし，そのメカニズムを明確に説明するモデルはない。そこで，代わりに短区間変動の周波数スペクトル（図2.5 ブロック10）に相当するウェーブレットスペクトル†を東京都内の市街地で測定した結果[26]を図 **2.8** に示す。横軸は変動のスケールであり，周波数スペクトルにおける変動周期に相当する。図より，短区間変動の主成分は数百 m のスケールであることがわかる。市街地では建物群が数百 m 四方のブロック単位で配置されていることを考えれば，電波の伝搬路はこのブロック単位で大きく変化していると考えられる。

---

　† ウェーブレットスペクトルは，周波数解析手法の一つであるウェーブレット変換より得られるスペクトルである。基底関数の違いから厳密には異なるが，図2.8の結果は短区間変動をフーリエ変換したもの（ただし，横軸は周波数 f ではなく変動周期 $T = 1/f$）と考えてよい。詳細は文献26)を参照されたい。

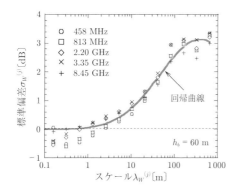

図 2.8　短区間変動のウェーブレットスペクトル

レイトレーシング法との関係： マクロセル環境であれば，短区間変動は周辺建物の種類や分布による影響が反映されたものである。したがって，それらが変わらない限り，短区間変動の波形は測定において再現されうる[27]。これは，レイトレーシング法においても推定できることを意味する。言い換えれば，エリア設計においてレイトレーシング法が期待されているのは短区間変動波形の推定であるといえる。なお，このように短区間変動をも推定できることを "site–specific（場所固有）な推定[†1]が可能" という。

〔3〕 **長区間変動特性**　受信電力の長区間内中央値は送受信間の距離に応じて減少する。ここで，伝搬損失を送信電力と受信電力（長区間中央値）の比で定義すれば，その値は送受信間距離に応じて増加することとなる。そこで，"受信電力の長区間変動特性" は一般に伝搬損失特性（または伝搬損失距離特性）と呼ばれる。伝搬損失特性は，移動通信システム設計において，おもに無線回線設計（送信電力，基地局アンテナ高，基地局間距離，送受信アンテナ利得等の所要値の決定）に必要となる特性である。

伝搬損失は測定結果より $Loss = \beta d^{\alpha}$（ただし，d：送受信間距離，α と β：周波数や伝搬環境などで決まる定数）で表せ[†2]，市街地マクロセル環境におい

[†1]　厳密な定義はないが，一般的には "送受信間距離が同一であっても周囲の建物状況に応じて異なる推定結果が得られるもの" を指す。

[†2]　デシベルで表すと，$Loss[\mathrm{dB}] = 10\alpha \log d + 10 \log \beta$。また，$\alpha$ は特に伝搬損失指数と呼ばれる。

ては $\alpha = 3 \sim 4$ となることが報告されている。より詳細には伝搬損失推定式として与えられており,その代表がつぎの奥村–秦式である[6]。

$$Loss[\mathrm{dB}] = 69.55 + 26.16 \cdot \log f - 13.82 \cdot \log h_b$$
$$+ (44.9 - 6.55 \cdot \log h_b) \log d - a(h_m) \qquad (2.23\mathrm{a})$$

各パラメータの意味と適用範囲は,h_b:基地局アンテナ高[m]($30 \sim 200\,\mathrm{m}$),f:周波数[MHz]($150 \sim 1\,500\,\mathrm{MHz}$),$h_m$:移動局アンテナ高[m]($1 \sim 10\,\mathrm{m}$),$d$:水平面内の送受信間距離[km]($1 \sim 20\,\mathrm{km}$)である。また,$a(h_m)$ は移動局アンテナ高に対する補正項であり

 i) 中小都市:

$$a(h_m) = (1.1 \cdot \log f - 0.7)h_m - (1.56 \cdot \log f - 0.8) \qquad (2.23\mathrm{b})$$

 ii) 大都市:

$$a(h_m) = \begin{cases} 8.29\{\log(1.54 h_m)\}^2 - 1.1 & (f \le 400\,\mathrm{MHz}) \\ 3.2\{\log(11.75 \cdot h_m)\}^2 - 4.97 & (400\,\mathrm{MHz} \le f) \end{cases}$$
$$(2.23\mathrm{c})$$

で与えられる。また,郊外地や開放地に対しては中小都市の伝搬損失 $Loss$(中小都市)[dB] の値を用いて

 iii) 郊外地:

$$Loss[\mathrm{dB}] = Loss(\text{中小都市}) - 2\left(\log \frac{f}{28}\right)^2 - 5.4 \qquad (2.24)$$

 iv) 開放地:

$$Loss[\mathrm{dB}] = Loss(\text{中小都市}) - 4.78(\log f)^2 + 18.33 \log f - 40.94$$
$$(2.25)$$

で与えられる。式 (2.23a) において,距離に対する定数 α は基地局アンテナ高 h_b の関数となっており,$h_b = 40\,\mathrm{m}$ とすると $\alpha = 3.44$ となることがわか

る。図 2.9 に中小都市における奥村–秦式の計算結果を示す。なお，図において $d = 0.1 \sim 1\,\mathrm{km}$ の結果は奥村–秦式の適用範囲を超えたものであることに注意されたい[†1]。

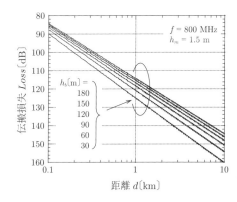

図 2.9 奥村–秦式の計算結果（中小都市）

レイトレーシング法との関係： 奥村–秦式のように測定結果をもとに得られた伝搬損失推定式は実験式や経験式とも呼ばれる。また，ここで得られる伝搬損失は周辺建物による平均的な影響のみが考慮されていることから，このような推定は "site–general な推定[†2]" と呼ばれる。前述したように，レイトレーシング法による推定は "site–specific な推定" である。したがって，レイトレーシング法による推定結果と奥村–秦式のような伝搬損失推定式を単純に比較することはできない。伝搬損失推定式と比較する場合には，レイトレーシング法の結果から長区間変動特性を抽出し，その特性を比較する必要がある[29]。なお，簡易な方法としては，レイトレーシング法の結果を $Loss = \beta d^{\alpha}$ で回帰した α と β の値による比較法が挙げられる。

[†1] 文献28) の報告によれば，都市部の移動通信環境において周波数：$0.8 \sim 8\,\mathrm{GHz}$，送受信間距離：$100 \sim 3\,000\,\mathrm{m}$ の範囲で取得した実測データより奥村–秦式の推定精度を評価したところ，RMS 誤差が $8.6\,\mathrm{dB}$ であったことが示されている。この誤差には $50\,\mathrm{m}$ 短区間変動分が含まれていること，また，本文献において新たに作成した推定式の RMS 誤差が $6.6\,\mathrm{dB}$ であったことを鑑みると，周波数：$0.8 \sim 8\,\mathrm{GHz}$，送受信間距離：$100 \sim 3\,000\,\mathrm{m}$ の範囲においても奥村–秦式は比較的よい推定結果を与えると考えられる。

[†2] 厳密な定義はないが，一般的には "周囲の建物状況によらず，送受信間距離が同一であれば同じ推定結果が得られるもの" を指す。

2.2.2 マルチパス特性

移動通信環境では図 **2.10** に示すように送受信間にさまざまな伝搬路（マルチパス）が存在し，移動通信の伝送性能はこの伝搬路の分布特性（マルチパス特性）に大きく左右される。以下では，マルチパス特性として，市街地マクロセル環境における伝搬遅延，出射・到来角度，偏波方向の分布特性について述べる。

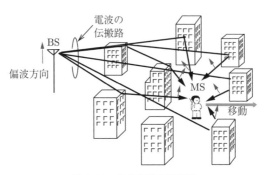

図 **2.10** 送受信間の伝搬路

〔1〕 **伝搬遅延特性** 送受信間における各伝搬路はそれぞれ異なる長さを持つことから，電波の受信局への到達時間も伝搬路長に応じて差が生じる。ここで，最短経路を基準とした電波の到達時間は遅延時間と呼ばれる。この伝搬に伴う遅延（伝搬遅延）はディジタル伝送において符号間干渉を引き起こす要因となることから，その把握とモデル化は移動通信のシステム設計において重要な課題である。図 **2.11** は，移動通信のシステム設計において扱う伝搬遅延とその関連特性をまとめたものである。ブロック1と2はそれぞれ伝搬路を時間領域で表現したインパルス応答と，周波数領域で表現した周波数伝達関数であり，両者はフーリエ変換対の関係にある。ブロック3の遅延プロファイルは時間領域におけるパワースペクトル，ブロック4の周波数相関は周波数領域での自己相関を意味している。したがって，遅延プロファイルと周波数相関の関係もウィーナー・ヒンチンの定理（付録 A.1 節）よりフーリエ変換対として与えられる。ブロック5～8はブロック1～4をさらに電力演算と相関演算の

2.2 電波伝搬特性と評価指標　27

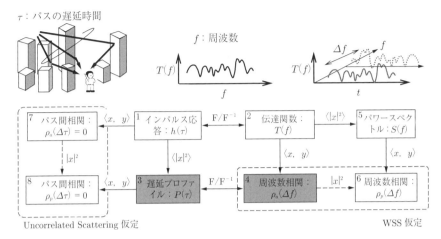

図 2.11 伝搬遅延とその関連特性

観点から派生させた特性表現である。ここで，ブロック 7 と 8 のパス間相関は Uncorrelated Scattering（無相関散乱）仮定が成り立ち，"ゼロ"とみなすことができる。"Uncorrelated Scattering 仮定"とは，伝搬路が異なる電波の振幅と位相には相関がないものとして扱うことを意味する[18),19)]。以下ではシステム設計において特に重要な遅延プロファイル（ブロック 3）と周波数相関（ブロック 4）の特性について述べる。

図 2.12 は東京都内青山エリアにおいて測定した遅延プロファイルである[30)]。ただし，本結果は，周波数 f：2 GHz 帯，基地局アンテナ高 h_b：約 60 m として送受信間距離 1.5 km 以内で得られた遅延プロファイルを平均したものであ

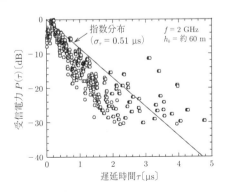

図 2.12 遅延プロファイル

る．ここで，遅延広がりの評価に広く用いられている指標に遅延スプレッドがある．遅延スプレッド σ_τ とは電力で重み付けした遅延時間の標準偏差であり，遅延プロファイルを $P(\tau)$ とすると

$$\sigma_\tau = \sqrt{\frac{\int (\tau - \mu_\tau)^2 P(\tau) d\tau}{\int P(\tau) d\tau}} = \sqrt{\frac{\int \tau^2 P(\tau) d\tau}{\int P(\tau) d\tau} - \mu_\tau^2} \qquad (2.26)$$

で定義される．ただし，式 (2.26) において μ_τ は

$$\mu_\tau = \frac{\int \tau P(\tau) d\tau}{\int P(\tau) d\tau} \qquad (2.27)$$

で定義される平均遅延時間である．遅延スプレッドの値は伝搬環境に依存するが，市街地マクロセル環境においては 0.5～1 μs 程度となることが測定結果より報告されている[23]．また，遅延プロファイルの形状を与えるモデルとしては 2 波モデルやべき乗モデルが提案されているが，市街地のモデルとして一般的なのは

$$P(\tau) = \exp\left(-\frac{\tau}{\sigma_\tau}\right) \qquad (2.28)$$

で表される指数モデルである．図 2.12 には式 (2.28) をもとに回帰した結果を示しており，遅延プロファイルが本モデルで精度よく近似できることがわかる．

図 2.11 に示すように，周波数相関特性は遅延プロファイルをフーリエ変換することにより容易に求めることができる．遅延プロファイルが指数分布の場合，周波数相関は

$$\rho_a(\Delta f) = \frac{\int_0^\infty P(\tau) \exp(-j2\pi \Delta f \tau) d\tau}{\int_0^\infty P(\tau) d\tau} = \frac{1 - j2\pi \Delta f \sigma_\tau}{1 + (2\pi \Delta f \sigma_\tau)^2} \qquad (2.29)$$

で与えられる[18]．

〔2〕 **出射・到来角度特性**　電波の出射角度[†]や到来角度の分布特性はマルチパス干渉による受信電力変動の空間分布を特徴付けることから，従来，その把握とモデル化は重要な課題であった。なお，下り回線と上り回線で使用する周波数が同一である場合（もしくは，同一の周波数帯に属する場合），同一局（基地局もしくは移動局）における出射角度特性と到来角度特性は一致する。本書では混乱を避けるために下り回線を基準に出射・到来角度特性を説明する。図 **2.13** は電波の伝搬方向とその関連特性を示したものである。図において，$\hat{r}$ は電波伝搬方向の単位ベクトルであり，$\mathbf{d}_a$ はアンテナの位置ベクトルである。下り回線を仮定すると，基地局側ではそれぞれ電波の出射方向の単位ベクトルと基地局アンテナの位置ベクトルであり，移動局側ではそれぞれ電波の到来方向の単位ベクトルと移動局アンテナの位置ベクトルとなる。ここで，伝搬路の数を N とすると，ブロック 1 の空間インパルス応答は

$$h(\hat{r}) = \sum_{i=1}^{N} a_i \delta(\hat{r} - \hat{r}_i) \tag{2.30}$$

それとフーリエ変換対の関係にあるブロック 2 の空間伝達関数は

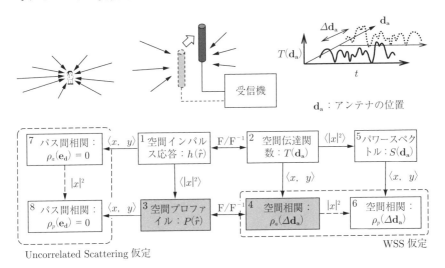

図 **2.13**　伝搬方向とその関連特性

[†] 出射角度とは，受信点に到達する波が送信点において出射された角度（または方向）。

$$T(\mathbf{d_a}) = \sum_{i=1}^{N} a_i \exp(-jk\hat{r}_i \cdot \mathbf{d_a}) \tag{2.31}$$

と表せる．ただし，$\delta(\cdot)$ はディラックのデルタ関数であり，a_i はパス #i の複素振幅である．式 (2.31) からわかるとおり，空間伝達関数とはすなわち"アンテナの位置に対する受信信号の複素振幅分布"を表すものである．また，$\mathbf{d_a} = \mathbf{V} \times t$（$\mathbf{V}$：移動局の移動速度ベクトル）とすれば，図 2.13 のブロック 1, 2, 3, 4 はそれぞれ図 2.5 のブロック 5, 4, 6, 7 に相当する．なお，パス #i（到来方向：$\hat{r}_i$）のドップラーシフト量 v_i は $(\hat{r}_i \cdot \mathbf{V})/\lambda$ で与えられる．以下ではシステム設計において特に重要な空間プロファイルと空間相関の特性について述べる．

図 2.13 の空間プロファイルとは，伝搬方向に対する電力のプロファイルを意味し，一般的には電波の出射・到来角度に対する電力のプロファイル（出射・到来角度プロファイル）で評価される．**図 2.14**，**図 2.15** に東京都内の青山エリアにおいて測定した基地局側と移動局側の角度プロファイルをそれぞれ示す[17),30)〜32)]．なお，下り回線を仮定していることから，基地局側を出射角度，移動局側を到来角度としている．図 2.14，図 2.15 の結果は，周波数 f：2 GHz 帯，基地局アンテナ高 h_b：約 60 m として送受信間距離 1.5 km 以内で得られた角度プロファイルを平均したものである．ただし，基地局側角度プロファイルは移動局方向を 0° としてから平均化を行っており，移動局側角度プロファイル

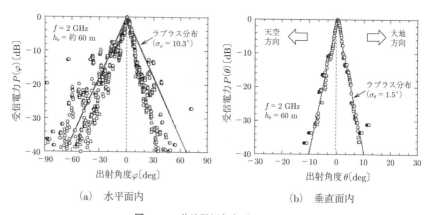

図 **2.14** 基地局側角度プロファイル

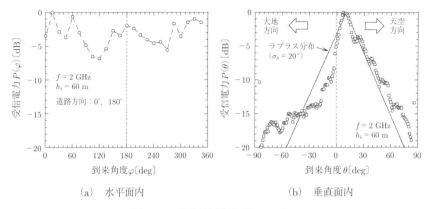

図 **2.15** 移動局側角度プロファイル

は"水平面内：道路方向，垂直面内：水平方向"をそれぞれ 0° として平均化を行っている．

角度広がりの評価には角度スプレッドと呼ばれる指標が用いられる．角度スプレッドは電力で重み付けした出射（または到来）角度の標準偏差であり，基本的に式 (2.26) で与えられる遅延スプレッドと同様の演算より求められる．垂直面内の角度スプレッド σ_θ は，垂直面内角度プロファイルを $P(\theta)$ （ただし，$-\pi/2 \leq \theta \leq \pi/2$）とすると

$$\sigma_\theta = \sqrt{\frac{\int_{-\pi/2}^{\pi/2} (\theta - \mu_\theta)^2 P(\theta) d\theta}{\int_{-\pi/2}^{\pi/2} P(\theta) d\theta}} = \sqrt{\frac{\int_{-\pi/2}^{\pi/2} \theta^2 P(\theta) d\theta}{\int_{-\pi/2}^{\pi/2} P(\theta) d\theta} - \mu_\theta^2} \quad (2.32)$$

で定義される．ただし，式 (2.32) において μ_θ は

$$\mu_\theta = \frac{\int_{-\pi/2}^{\pi/2} \theta P(\theta) d\theta}{\int_{-\pi/2}^{\pi/2} P(\theta) d\theta} \quad (2.33)$$

で定義される平均出射（または到来）角度である．一方，水平面内の角度スプレッドを求める際には，角度が 2π の周期性を持つことから式 (2.26) をそのまま拡張することはできない．その求め方についてはいくつか提案[33],[34] されてい

るが，一般的には，水平面内角度プロファイルを $P(\varphi)$（ただし，$-\pi < \varphi \leq \pi$）とすると，その角度スプレッド σ_φ を

$$\sigma_\varphi = \min_{\Delta} \sqrt{\frac{\int_{-\pi}^{\pi} (\varphi_\mu(\Delta))^2 P(\varphi) d\varphi}{\int_{-\pi}^{\pi} P(\varphi) d\varphi}} \tag{2.34}$$

ただし

$$\varphi_\mu(\Delta) = \begin{cases} (\varphi - \Delta - \mu_\varphi(\Delta)) + 2\pi & ((\varphi - \Delta - \mu_\varphi(\Delta)) < -\pi) \\ (\varphi - \Delta - \mu_\varphi(\Delta)) & (|\varphi - \Delta - \mu_\varphi(\Delta)| \leq \pi) \\ (\varphi - \Delta - \mu_\varphi(\Delta)) - 2\pi & ((\varphi - \Delta - \mu_\varphi(\Delta)) > \pi) \end{cases} \tag{2.35}$$

で定義する。ここで，式 (2.35) の $\mu_\varphi(\Delta)$ は

$$\left. \begin{aligned} \mu_\varphi(\Delta) &= \frac{\int_{-\pi}^{\pi} \varphi(\Delta) P(\varphi) d\varphi}{\int_{-\pi}^{\pi} P(\varphi) d\varphi} \\ \varphi(\Delta) &= \begin{cases} (\varphi - \Delta) + 2\pi & ((\varphi - \Delta) < -\pi) \\ (\varphi - \Delta) & (|\varphi - \Delta| \leq \pi) \\ (\varphi - \Delta) - 2\pi & ((\varphi - \Delta) > \pi) \end{cases} \end{aligned} \right\} \tag{2.36}$$

で定義される平均出射（または到来）角度である（文献34）の Annex A)[†]。Δ は演算において基準とする角度であり，式 (2.34) は $-\pi < \Delta \leq \pi$ において最小となる値を角度スプレッド σ_φ とすることを意味する。角度スプレッドの値は伝搬環境に依存するが，市街地マクロセル（見通し外）環境においては，基地局側：$(\sigma_\varphi, \sigma_\theta) \approx (17°, 5°)$，移動局側：$(\sigma_\varphi, \sigma_\theta) \approx (50°, 18°)$ となることが報告されている（文献35）の Table 7-2。なお，前述の数字は表にある最小値と最大値の中間値）。

　従来，基地局側の角度プロファイルはガウス分布でモデル化されてきた。しかし，角度プロファイルを測定するための機器やデータ解析技術の発展に伴い，

[†] 式 (2.34)～(2.36) による方法は文献34) に基づくものであるが，演算の意味を理解しやすいように表現を少し変えてある。

近年では

$$P(x) = \exp\left(-\frac{\sqrt{2}|x - m_x|}{\sigma_x}\right) \qquad (x = \varphi \text{ or } \theta) \tag{2.37}$$

で表されるラプラス分布が最もよい近似を与えることがわかってきた。図2.14には式(2.37)をもとに回帰した結果を示しており，基地局側の角度プロファイルが本モデルで精度よく近似できることがわかる。一方，移動局側において，水平面内の角度プロファイルは図2.15(a)に示すように一様分布で比較的よく近似できる。これは2.2.1節で述べたJakesモデルの前提が正しいことを意味している。なお，角度プロファイルが一様分布（$P(\varphi) = 1/2\pi$）である場合の角度スプレッドは式(2.34)より約104°となる。垂直面内の角度プロファイルは，従来，ガウス分布モデルが適用されてきた[36]。しかし，近年はラプラス分布とする報告が多い。図2.15(b)では実測値の平均と標準偏差がそれぞれ10°と20°であったことから，式(2.37)において$(m_\theta, \sigma_\theta) = (10, 20)$とした曲線も示してある。図よりラプラス分布と実測値は比較的よく一致することがわかる。なお，図2.15(b)からわかるとおり，実測値のほうは平均値を境に分布の上側（天空側）と下側（大地側）で対称形となっていない。そこで，上下を異なる分布でモデル化した結果などの報告もある[37]。

空間プロファイルを角度プロファイル$P(\varphi, \theta)$で定義†すると，空間相関（図2.13ブロック4）の表現は複雑になる。アンテナ#1と#2がそれぞれ原点と座標$(d_0, \varphi_0, \theta_0)$に位置する場合，アンテナ#1と#2の間の空間相関は

$$\rho_a(d_0, \varphi_0, \theta_0) = \frac{\int_{-\pi/2}^{\pi/2}\int_{-\pi}^{\pi} P(\varphi, \theta) \cdot e^{jkd_0 \cos(\xi)} \cos(\theta) d\varphi d\theta}{\int_{-\pi/2}^{\pi/2}\int_{-\pi}^{\pi} P(\varphi, \theta) \cos(\theta) d\varphi d\theta} \tag{2.38}$$

ただし

$$\cos(\xi) = \sin(\theta_0)\sin(\theta) + \cos(\theta_0)\cos(\theta)\cos(\varphi - \varphi_0) \tag{2.39}$$

---

† ここでのθは天頂角ではなく，仰角で定義。

で与えられる。特に，アンテナ#1と#2が水平面内に位置し，到来波も水平面内のみで分布している場合（すなわち，$\theta_0 = 0$, $P(\varphi, \theta) = P(\varphi)$），式 (2.38) の空間相関は

$$\rho_a(d_0, \varphi_0) = \frac{\int_{-\pi}^{\pi} P(\varphi) \cdot e^{jkd_0 \cos(\varphi - \varphi_0)} d\varphi}{\int_{-\pi}^{\pi} P(\varphi) d\varphi} \tag{2.40}$$

で与えられる。ここで，角度プロファイルをトータル電力で規格化した確率密度関数

$$\tilde{P}(\varphi) = \frac{P(\varphi)}{\int_{-\pi}^{\pi} P(\varphi) d\varphi} \tag{2.41}$$

として再定義し，それをフーリエ変換した特性関数（付録 A.2 節参照）を

$$A(n) = \int_{-\pi}^{\pi} \tilde{P}_\alpha(\varphi) \cdot e^{jn\varphi} d\varphi \tag{2.42}$$

とする。さらに

$$\exp(jx \cos \theta) = \sum_{n=-\infty}^{\infty} j^n J_n(x) \exp(jn\theta) \tag{2.43}$$

の公式[38]を適用（ただし，$J_n(\cdot)$ は第 1 種 n 次のベッセル関数）すると，式 (2.40) は

$$\rho_a(d_0, \varphi_0) = \sum_{n=-\infty}^{\infty} e^{jn(\frac{\pi}{2} - \varphi_0)} J_n(kd_0) A(n) \tag{2.44}$$

とベッセル級数で表すことができる。例えば，移動局側の水平面内角度プロファイルを一様分布とすれば，$A(0) = 1$ かつ $A(n \neq 0) = 0$ となることから，空間相関は $\rho_a(d_0, \varphi_0) = J_0(kd_0)$ と文献18) などで示されているよく知られた結果が得られる。なお，角度プロファイルがガウス分布やラプラス分布である場合の特性関数については付録 A.2 節参照のこと。また，式 (2.38) で与えられるアンテナが 3 次元的に配置された場合の空間相関についても同様な解析が可能であるが，その詳細については文献39), 40) を参照されたい。

〔3〕 **偏波方向の特性**　偏波特性は偏波ダイバーシチおよび偏波 MIMO の
パフォーマンス評価において必要な特性である。従来，偏波特性は交差偏波識
別度（cross–polarization discrimination ratio, XPD）†を指標として評価され
てきた。しかし，伝搬遅延や出射・到来角度と同様にマルチパスをベースとして
モデル化する場合には偏波方向を指標としたほうが扱いやすい[41), 42)]。図 **2.16**
は偏波方向とその関連特性について示したものである。図のブロック 1 のイン
パルス応答 $h(\xi)$ は偏波方向 ξ に対する到来波の複素振幅の分布

$$h(\xi) = \sum_{i=1}^{N} a_i \delta(\xi - \xi_i) \tag{2.45}$$

を表し，ブロック 2 は到来波を偏波方向 α のアンテナで受信した場合の振幅
分布

$$\begin{aligned} a(\alpha) &= \int_{-\pi/2}^{\pi/2} h(\xi) \cos(\xi - \alpha) d\xi \\ &= \sum_{i=1}^{N} a_i \cos(\xi_i - \alpha) \end{aligned} \tag{2.46}$$

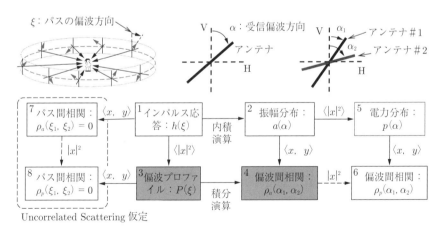

図 **2.16**　偏波方向とその関連特性

---

† 近年，交差偏波電力比（cross–polarization power ratio, XPR）と呼ばれることも多
い。

を表している。また、ブロック3の偏波プロファイル $p(\xi)$ は偏波方向 ξ に対する電力の分布であり、ブロック4は偏波方向が異なる2本のアンテナで受信した信号間の相関特性 $\rho_a(\alpha_1, \alpha_2)$ を表す。以下、システム設計において特に重要な偏波プロファイルと偏波間相関の特性について述べる。

東京都内の青山エリアにおいて測定した偏波プロファイルを図 **2.17** に示す[42]。ただし、本結果は、周波数 f：2 GHz 帯、基地局アンテナ高 h_b：約 60 m として送受信間距離 1.5 km 以内で得られた偏波プロファイルを平均したものである。また、横軸の偏波方向 ξ は、各到来波の V 偏波成分と H 偏波成分の電力を $P_i^{(V)}$, $P_i^{(H)}$ とすると†

$$\xi_i = \tan^{-1}\left(\sqrt{\frac{P_i^{(H)}}{P_i^{(V)}}}\right) \tag{2.47}$$

で与えられる "V 偏波成分と H 偏波成分の振幅比" で定義した偏波方向を表している。なお、文献41) とは偏波方向の定義が異なる点に注意。図にはガウス分布形である

$$P(\xi) = c + a\exp\{-b(\xi - \xi_0)^2\} \tag{2.48}$$

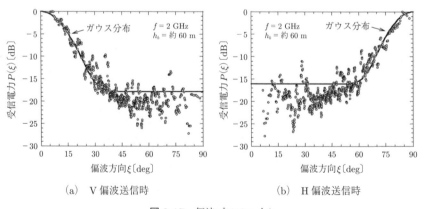

(a) V 偏波送信時　　　　　(b) H 偏波送信時

図 **2.17** 偏波プロファイル

---

† V 偏波 (vertical polarization) と H 偏波 (horizontal polarization) はそれぞれ大地面に対して垂直な偏波と水平な偏波を表す。

の関数で回帰した結果も示してある．ただし，V 偏波送信時は $\xi_0 = 0$, H 偏波送信時は $\xi_0 = 90°$ としている．図より，偏波プロファイルはガウス分布で精度よく近似できることがわかる．以下，V 偏波送信時と H 偏波送信時のプロファイルをそれぞれ $P_V(\xi)$ と $P_H(\xi)$ とする．なお，偏波方向の定義域を $-\pi/2 \leq \xi \leq \pi/2$ とすれば，$P_V(\xi) = P_V(-\xi)$, $P_H(\xi) = P_H(-\xi)$ が成り立つ．

図 2.17 に示したように，偏波プロファイルは送信時の偏波により異なる．ここで，送信時の偏波方向が γ の場合の偏波プロファイルは

$$P(\xi) = \cos^2(\gamma) P_V(\xi) + \sin^2(\gamma) P_H(\xi) \tag{2.49}$$

で与えられる．また，偏波プロファイルを用いると，ブロック 5 の電力分布は

$$P(\alpha) = \langle |a(\alpha)|^2 \rangle = \frac{\cos(2\alpha)}{2} \int_{-\pi/2}^{\pi/2} P(\xi) \cos(2\xi) d\xi + \frac{1}{2} \tag{2.50}$$

で与えられ，ブロック 4 の相関特性は

$$\rho_a(\alpha_1, \alpha_2) = \frac{\cos(\alpha_1 - \alpha_2) + \cos(\alpha_1 + \alpha_2) P_{sum}}{\sqrt{(1 + \cos(2\alpha_1) P_{sum})(1 + \cos(2\alpha_2) P_{sum})}} \tag{2.51a}$$

$$P_{sum} = \int_{-\pi/2}^{\pi/2} P(\xi) \cos(2\xi) d\xi \tag{2.51b}$$

で与えられる．ここで，偏波プロファイルを

$$P_V(\xi) = \frac{1}{\sqrt{2\pi}\,\sigma_\xi} \exp\left(-\frac{\xi^2}{2\sigma_\xi^2}\right), \quad P_H(\xi) = \frac{1}{\sqrt{2\pi}\,\sigma_\xi} \exp\left(-\frac{(\xi - \xi_0)^2}{2\sigma_\xi^2}\right) \tag{2.52}$$

ただし，$\xi \geq 0$ のとき $\xi_0 = \pi/2$, $\xi < 0$ のとき $\xi_0 = -\pi/2$, とガウス分布で与えた場合には

$$P(\alpha) \approx \frac{1}{2}\left(1 + e^{-2\sigma_\xi^2} \cos(2\alpha) \cos(2\gamma)\right) \tag{2.53}$$

$$\rho_a(\alpha_1, \alpha_2) \approx \frac{\cos(\alpha_1 - \alpha_2) + e^{-2\sigma_\xi^2} \cos(\alpha_1 + \alpha_2) \cos(2\gamma)}{\sqrt{\left(1 + e^{-2\sigma_\xi^2} \cos(2\alpha_1) \cos(2\gamma)\right)\left(1 + e^{-2\sigma_\xi^2} \cos(2\alpha_2) \cos(2\gamma)\right)}} \tag{2.54}$$

となる.なお,式 (2.53) と式 (2.54) では標準偏差 σ_ξ が十分に小さいものと仮定している.また,標準偏差 σ_ξ は以降では偏波スプレッドと呼ぶこととする.

前述したように,従来,偏波特性は交差偏波識別度 XPD を指標として評価されて,その値は市街地マクロセル環境において平均が約 6 dB,標準偏差が約 5 dB の対数正規分布となることが報告されている[23].一方,偏波プロファイルを前提とした場合,XPD (真値) は,その定義と式 (2.50),(2.52) より

$$XPD = \left.\frac{P(\alpha=0)}{P(\alpha=\pi/2)}\right|_{\gamma=0} = \frac{1+\int_{-\pi/2}^{\pi/2}P_V(\xi)\cos(2\xi)d\xi}{1-\int_{-\pi/2}^{\pi/2}P_V(\xi)\cos(2\xi)d\xi} = \frac{1+e^{-2\sigma_\xi^2}}{1-e^{-2\sigma_\xi^2}} \tag{2.55}$$

で与えられる.すなわち,XPD と偏波スプレッドは一意に対応している.偏波スプレッドは遅延スプレッドと同様に

$$\sigma_\xi = \sqrt{\frac{\int_{-\pi/2}^{\pi/2}\xi^2 P(\xi)d\xi}{\int_{-\pi/2}^{\pi/2}P(\xi)d\xi}} \tag{2.56}$$

で求められる.図 2.18 に図 2.17 で用いたデータより求めた各受信点における偏波スプレッドの累積分布を示す.偏波スプレッドの中央値はそれぞれ V 偏波送信 ($\gamma = 0°$) 時:24.6°,H 偏波送信 ($\gamma = 90°$) 時:28.7° であり,XPD は式

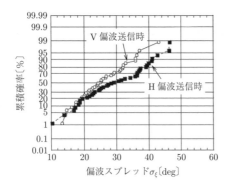

図 **2.18** 偏波スプレッドの分布

(2.55) よりそれぞれ XPD = 7.5 dB, 6.1 dB となる。この値は市街地の XPD として従来報告されている値と一致する。

以上が偏波方向に関する特性である。測定結果として移動局側受信の場合を示したが，基地局側受信時の特性もこれとほぼ同様の結果となる。偏波特性に関する詳細については，文献41), 42) を参照のこと。

2.3 レイトレーシング法と伝搬測定

レイトレーシング法は送受信点の位置と周波数および送受信アンテナの偏波特性を設定すれば，結果として各レイの振幅，遅延時間，出射・到来角度，偏波の情報を得ることができる。すなわち，図 2.11, 図 2.13, 図 2.16 におけるブロック 1 を基本的に推定していることになる。一方，マルチパス特性を得るための伝搬測定は，図 2.11, 図 2.13, 図 2.16 におけるブロック 2 を基本的に測定している。これらの違いはつぎのような場合に顕著となる。

伝搬遅延測定では広帯域信号 $f_c \pm \Delta f$ を使用する。ここで，帯域がきわめて広いために $f_c - \Delta f$ と $f_c + \Delta f$ の特性が異なる場合，言い換えれば図 2.11 の WSS 仮定が成り立たない場合には中心周波数 f_c のみのレイトレーシングでは測定と同じ結果を得ることはできない。このような場合には，レイトレーシングにおいても周波数を $f_c - \Delta f$ から $f_c + \Delta f$ まで振った演算を行い，図 2.11 のブロック 2 の特性を推定する必要がある。

出射・到来角度測定ではアレーアンテナ（アンテナ素子の位置：$\mathbf{d_a} \pm \Delta \mathbf{d_a}$）を使用する。ここで，アレーアンテナのサイズがきわめて大きいために $\mathbf{d_a} - \Delta \mathbf{d_a}$ と $\mathbf{d_a} + \Delta \mathbf{d_a}$ の位置にあるアンテナ素子で得られる特性が異なる場合，言い換えれば図 2.13 の WSS 仮定が成立たない場合にはアンテナ位置 $\mathbf{d_a}$ のみのレイトレーシングでは測定と同じ結果を得ることはできない。このような場合には，レイトレーシングにおいてもアレーアンテナの各素子位置に対する演算を行い，図 2.13 のブロック 2 の特性を推定する必要がある。

測定で使用する実際のアンテナには交差偏波特性があり，主偏波成分に加え

て交差偏波成分も送信かつ受信される。本来，測定では交差偏波識別度の高いアンテナを使用すべきであるが，そうでない場合には伝搬路における偏波特性を精度良く測定することができない。一方で，システムによってはあえて交差偏波特性の低いアンテナを利用することも考えられる。そのような場合には，レイトレーシングにおいても主偏波成分と交差偏波成分の両方の演算を行い，図 2.16 のブロック 2 の特性を推定する必要がある。

┤コーヒーブレイク├

伝搬測定に見る不確定性原理

いま，エネルギーが 1 に正規化されているパルス信号 $x(t)$ を考え，そのフーリエ変換を $X(f)$ $(= \int_{-\infty}^{\infty} x(t)\exp(-j2\pi ft)dt)$ とする。ここで，$x(t)$ の平均時間と $X(f)$ の平均周波数をともにゼロと仮定し，パルス幅 σ_t と帯域幅 σ_f をそれぞれの標準偏差として

$$\left.\begin{aligned}\sigma_t^2 &= \int_{-\infty}^{\infty} t^2|x(t)|^2 dt \\ \sigma_f^2 &= \int_{-\infty}^{\infty} f^2|X(f)|^2 df \left(= \frac{1}{4\pi^2}\int_{-\infty}^{\infty}\left|\frac{d}{dt}x(t)\right|^2 dt\right)\end{aligned}\right\} \quad (1)$$

と定義する。これらをシュワルツの不等式に代入すると，時間–周波数の不確定性原理として知られる

$$\begin{aligned}\sigma_t^2\sigma_f^2 &= \int_{-\infty}^{\infty} t^2|x(t)|^2 dt \int_{-\infty}^{\infty} f^2|X(f)|^2 df \\ &\geq \frac{1}{4\pi^2}\left|\int_{-\infty}^{\infty} tx^*(t)\frac{dx(t)}{dt}dt\right|^2 \\ &\geq \frac{1}{4\pi^2}\left|\text{Re}\left[\int_{-\infty}^{\infty} tx^*(t)\frac{dx(t)}{dt}dt\right]\right|^2 = \frac{1}{16\pi^2}\end{aligned} \quad (2)$$

すなわち

$$\sigma_t\sigma_f \geq \frac{1}{4\pi} \quad (3)$$

の関係式が得られる（式の詳細な導出については，下記の文献等を参照）。なお，等式が成り立つのは $x(t)$ がガウス関数の場合である。

伝搬遅延測定において，遅延時間の分解能は送受信するパルス信号の幅と等価である。したがって，不確定性原理より，より高分解能な結果を得るには帯域幅のより広い信号が必要となる（図 1）。また，帯域幅をアンテナの開口サイズと

考えると，パルス幅はアンテナのビーム幅に相当することとなる．したがって，出射・到来角度測定において，より高分解能な結果を得るためには開口サイズのより大きなアンテナが必要となる（**図2**）．なお，図1，図2はともに東京都内で測定した結果である．

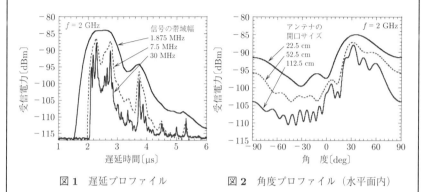

図1　遅延プロファイル　　　図2　角度プロファイル（水平面内）

参考文献：B.B. ハバード：ウェーブレット入門—数学的道具の物語—，朝倉書店 (2003)

3 レイトレーシング法の基礎

　レイトレーシング法は送信点から出射された電波をレイ（光線）とみなしてトレース（追跡）し，受信点に到達したレイから受信電力などの伝搬特性を求めるものである。本章では，その物理的なよりどころである幾何光学近似と幾何光学的回折理論をもとに，トレースに必要となるレイの伝搬，ならびに受信点に到達したレイの電界を求める方法について説明する。また，電波を波として扱うフレネルゾーンの概念を用いて"電波をレイとみなす"ことの物理的意味を考え，それよりレイトレーシング法の適用範囲が規定されることを示す。

3.1 幾何光学近似における基本的な解

　幾何光学近似（GO）では，まず，電界 **E** と磁界 **H** を

$$\mathbf{E}(\mathbf{r}) \approx e^{-jk\psi(\mathbf{r})} \sum_{m=0}^{\infty} (-jk)^{-m} \mathbf{E}_m(\mathbf{r}) \tag{3.1}$$

$$\mathbf{H}(\mathbf{r}) \approx e^{-jk\psi(\mathbf{r})} \sum_{m=0}^{\infty} (-jk)^{-m} \mathbf{H}_m(\mathbf{r}) \tag{3.2}$$

と波数 $k = 2\pi/\lambda\ (= \omega\sqrt{\varepsilon\mu})$ の逆べき級数で展開できるものと仮定する。なお，本展開は Luneburg–Kline 展開と呼ばれる。式 (3.1), (3.2) において，$\psi(\mathbf{r})$ はアイコナールと呼ばれ，電界と磁界の位相変化を表し，$\mathbf{E}_m(\mathbf{r})$ と $\mathbf{H}_m(\mathbf{r})$ は展開係数を表している。幾何光学近似は，高周波の極限，すなわち $k \to \infty$ としたときに残る $m = 0$ の項の特性を論じるものである。式 (3.1) と式 (3.2) を均質な媒質中におけるマクスウェルの方程式に代入し，$m = 0$ の項を評価すると

$$\nabla \psi(\mathbf{r}) \cdot \mathbf{E}_0(\mathbf{r}) = 0 \tag{3.3}$$

$$\mathbf{H}_0(\mathbf{r}) = \sqrt{\frac{\varepsilon}{\mu}} \, \nabla \psi(\mathbf{r}) \times \mathbf{E}_0(\mathbf{r}) \tag{3.4}$$

$$|\nabla \psi(\mathbf{r})|^2 = \nabla \psi(\mathbf{r}) \cdot \nabla \psi(\mathbf{r}) = 1 \tag{3.5}^{\dagger 1}$$

を得る。$\psi(\mathbf{r})$ が一定の面は等位相面（波面）を意味することから，$\nabla \psi(\mathbf{r})$ はレイの伝搬方向を表す。したがって，式 (3.3)，(3.4) で表されるレイは "伝搬方向，電界の向き，磁界の向きがすべて直交" する TEM 波であることを示している。また，式 (3.5) はアイコナール方程式と呼ばれ，$\nabla \psi(\mathbf{r})$ が単位ベクトルであることと，"レイが直進する" ことを示している（付録 A.10 節参照）。したがって，図 **3.1** に示すように伝搬方向を中心軸（s 軸）とする右手系の直交座標系 (x_1, x_2, s) を考えると，レイに沿った点 $\mathbf{r}(0, 0, s)$ の位相 $\psi(\mathbf{r})$ は基準点 $\mathbf{r}_0(0, 0, 0)$ の位相 $\psi(\mathbf{r}_0)$ を用いて

$$\psi(\mathbf{r}) = \psi(\mathbf{r}_0) + s \tag{3.6}$$

と表される。また，中心軸の近くの点 $\mathbf{r}(x_1, x_2, s)$ において，波面が 2 次曲面で近似できると考えると，中心軸近傍の位相 $\psi(\mathbf{r})$ は

$$\psi(\mathbf{r}) = \psi(\mathbf{r}_0) + s + \frac{1}{2}\left(\frac{x_1^2}{R_1 + s} + \frac{x_2^2}{R_2 + s}\right) \tag{3.7}$$

で与えられる$^{\dagger 2}$。これを波面の近軸近似という。なお，R_1 と R_2 はそれぞれ基

[†1] 式 (3.5) は媒質が均一である場合である。媒質が空間的に変化（ただし，1 波長程度の距離に対して無視できるくらいゆるやかな変化）する場合，アイコナール方程式は "$|\nabla \psi(\mathbf{r})|^2 = n(\mathbf{r})^2$" で与えられる。ただし，$n(\mathbf{r})$ は $\sqrt{\varepsilon_r(\mathbf{r})\mu_r(\mathbf{r})}$ で与えられる屈折率である。この場合のレイの伝搬については付録 A.10 節を参照のこと。

[†2] レイに沿った点 $\mathbf{r}(0, 0, s)$（以降では点 Q とする）における波面の x_1 方向と x_2 方向に対する曲率半径はそれぞれ $R_1 + s$ と $R_2 + s$ となる。ここで，$s = -R_1$ の焦線とレイの交点を $\mathrm{O}_1(0, 0, -R_1)$ とし，中心軸近傍の点（ただし，$x_2 = 0$）を $\mathrm{Q}_1(x_1, 0, s)$ とする。線分 $\mathrm{O}_1\mathrm{Q}_1$ と $\mathrm{O}_1\mathrm{Q}$ の長さの差分は，二項定理を用いると $\Delta l = \sqrt{(R_1 + s)^2 + x_1^2} - (R_1 + s) \approx (R_1 + s)\left\{1 + \frac{1}{2}\left(\frac{x_1}{R_1 + s}\right)^2\right\} - (R_1 + s) = \frac{1}{2}\frac{x_1^2}{R_1 + s}$ と近似できる。したがって，x_1 軸に沿った波面の位相は $\psi(x_1, 0, s) = \psi(\mathbf{r}_0) + s + \frac{1}{2}\frac{x_1^2}{R_1 + s}$ と表せる。一方，x_2 軸に沿った波面の位相も同様の議論により $\psi(0, x_2, s) = \psi(\mathbf{r}_0) + s + \frac{1}{2}\frac{x_2^2}{R_2 + s}$ と表せる。x_1 軸に沿った波面と x_2 軸に沿った波面はそれぞれ独立に広がると考えられることから，最終的に式 (3.7) が得られる。

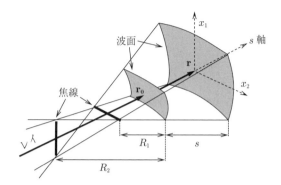

図 3.1 レイと波面の曲率

準点 $\mathbf{r}_0$ における波面を 2 次曲面で近似した場合の x_1 方向と x_2 方向の曲率半径である。R_1 と R_2 が等しい場合には $s = -R_1 = -R_2$ において 1 点（焦点）で収束するが，より一般的な R_1 と R_2 が等しくない場合には $s = -R_1$ と $s = -R_2$ において線状（焦線：コースティック）に収束する。

式 (3.5) のアイコナール方程式がレイの位相変化に関する条件を与えるのに対して，レイの振幅変化に関する条件を与えるものに輸送方程式がある。これは，式 (3.1) を均質な媒質中における波動方程式

$$\nabla^2 \mathbf{E} + k\mathbf{E} = 0 \tag{3.8}$$

に代入し，$m = 0$ の項を評価することで与えられ

$$(\nabla\psi(\mathbf{r}) \cdot \nabla)\mathbf{E}_0(\mathbf{r}) + \frac{1}{2}\nabla^2\psi(\mathbf{r})\mathbf{E}_0(\mathbf{r}) = 0 \tag{3.9}$$

で表される。ここで，再び，レイの伝搬方向を s 軸とする右手系の直交座標系 (x_1, x_2, s) を考える。この場合，レイに沿った点 $\mathbf{r}(0, 0, s)$ の振幅 $\mathbf{E}_0(\mathbf{r})$ が満たすべき輸送方程式 (3.9) は，$\nabla\psi(\mathbf{r}) \cdot \nabla = \partial/\partial s$ の関係より

$$\frac{\partial \mathbf{E}_0(\mathbf{r})}{\partial s} + \frac{1}{2}\nabla^2\psi(\mathbf{r})\mathbf{E}_0(\mathbf{r}) = 0 \tag{3.10}$$

となり，この解は基準点 $\mathbf{r}_0(0, 0, 0)$ の振幅位相 $\mathbf{E}_0(\mathbf{r}_0)$ を用いて

$$\mathbf{E}_0(\mathbf{r}) = \mathbf{E}_0(\mathbf{r}_0) \exp\left(-\frac{1}{2}\int_0^s \nabla^2\psi(\mathbf{r})ds'\right) \tag{3.11}$$

で与えられる。ここで，位相 $\psi(\mathbf{r})$ が式 (3.7) で与えられるとすると

$$\nabla^2 \psi(\mathbf{r}) = \frac{\partial^2 \psi(\mathbf{r})}{dx_1^2} + \frac{\partial^2 \psi(\mathbf{r})}{dx_2^2} + \frac{\partial^2 \psi(\mathbf{r})}{ds^2} \approx \frac{1}{R_1+s} + \frac{1}{R_2+s} \quad (3.12a)$$

$$\int_0^s \nabla^2 \psi(\mathbf{r}) ds' \approx \int_0^s \left(\frac{1}{R_1+s'} + \frac{1}{R_2+s'} \right) ds'$$
$$= \ln \frac{(R_1+s)(R_2+s)}{R_1 R_2} \quad (3.12b)$$

と近似できる。したがって，式 (3.12b) を式 (3.11) に代入すると次式となる。

$$\mathbf{E}_0(\mathbf{r}) \approx \mathbf{E}_0(\mathbf{r}_0) \exp\left(-\frac{1}{2} \ln \frac{(R_1+s)(R_2+s)}{R_1 R_2} \right)$$
$$= \mathbf{E}_0(\mathbf{r}_0) \exp\left(\ln \sqrt{\frac{R_1 R_2}{(R_1+s)(R_2+s)}} \right)$$
$$= \mathbf{E}_0(\mathbf{r}_0) \sqrt{\frac{R_1 R_2}{(R_1+s)(R_2+s)}} \quad (3.13)$$

最終的に幾何光学近似により近似された電界 $\mathbf{E}(\mathbf{r})$ ($\approx \mathbf{E}_0(\mathbf{r})$) は，位相変化を表す式 (3.6) と振幅変化を表す式 (3.13) を組み合わせることにより

$$\mathbf{E}(\mathbf{r}) = \mathbf{E}(\mathbf{r}_0) e^{-jk\psi(\mathbf{r}_0)} A e^{-jks}, \quad A = \sqrt{\frac{R_1 R_2}{(R_1+s)(R_2+s)}} \quad (3.14)$$

で与えられることとなる。なお，A は Spreading Factor と呼ばれる（以降，本書では拡散係数と呼ぶ）。式 (3.14) は基準点の電界とその波面の曲率がわかれば，さらに距離 s の長さを伝搬したレイの電界が求められることを意味している。

以上が幾何光学近似における基本的な解である。なお，式の導出やより詳しい議論については文献43), 44) を参照のこと。

3.2 自由空間伝搬

空間が均質等方性の媒質とみなせ，かつ周囲に地物がない自由空間では 3.1 節で述べたとおりレイは直進する。したがって，送信点から受信点に到達するレイは唯一である。また，移動伝搬では基本的に電波は点波源から放射すると考

えることから，電波は球面波となる．すなわち，図 3.1 の二つの曲率半径は等しく"焦点（波源の位置：送信点）からの距離 R $(=R_1=R_2)$" となることから，式 (3.14) は

$$\mathbf{E}(\mathbf{r}) = \mathbf{E}(\mathbf{r}_0)e^{-jk\psi(\mathbf{r}_0)}\frac{R}{R+s}e^{-jks} \tag{3.15}$$

と表せる．さらに，送信点を座標の原点とすると $s=|\mathbf{r}-\mathbf{r}_0|=|\mathbf{r}|-|\mathbf{r}_0|$ が成り立つことから，$s=\Delta r$, $R=|\mathbf{r}_0|=r_0$ を用いて

$$\mathbf{E}(r_0+\Delta r) = \mathbf{E}(r_0)e^{-jk\psi(r_0)}\frac{r_0}{r_0+\Delta r}e^{-jk\Delta r} \tag{3.16}$$

と表せる．ここで，基準点の電界は式 (2.9) で与えられることから

$$\mathbf{E}(r_0)e^{-jk\psi(r_0)} = E_0\frac{e^{-jkr_0}}{r_0}\mathbf{D}_\mathrm{T}(\theta_\mathrm{T},\varphi_\mathrm{T}) \tag{3.17}$$

と表せ，最終的に式 (3.16) は

$$\begin{aligned}\mathbf{E}(r_0+\Delta r) &= E_0\frac{e^{-jkr_0}}{r_0}\mathbf{D}_\mathrm{T}(\theta_\mathrm{T},\varphi_\mathrm{T})\frac{r_0}{r_0+\Delta r}e^{-jk\Delta r} \\ &= E_0\frac{e^{-jk(r_0+\Delta r)}}{r_0+\Delta r}\mathbf{D}_\mathrm{T}(\theta_\mathrm{T},\varphi_\mathrm{T})\end{aligned} \tag{3.18}$$

となる．これは，$r=r_0+\Delta r$ とすれば式 (2.9) そのものを表しているといえる．また，受信点における信号の電力と複素振幅はそれぞれ式 (2.12)，(2.13) で与えられる．以下ではこれらのより具体的な演算方法について述べる．

まず，送信アンテナを基準とする座標系を考え，出射するレイの伝搬方向（単位ベクトル）$\hat{r}(\theta_\mathrm{T},\varphi_\mathrm{T})$ と，送信アンテナの指向性

$$\mathbf{D}_\mathrm{T}(\theta_\mathrm{T},\varphi_\mathrm{T}) = D_\mathrm{T}^{(\varphi)}(\theta_\mathrm{T},\varphi_\mathrm{T})\hat{\varphi}_\mathrm{T} + D_\mathrm{T}^{(\theta)}(\theta_\mathrm{T},\varphi_\mathrm{T})\hat{\theta}_\mathrm{T} \tag{3.19}$$

から，受信点（送信点からの距離 r）における電界

$$\begin{aligned}\mathbf{E}_{out} &= E_{out}^{(\varphi)}\hat{\varphi}_\mathrm{T} + E_{out}^{(\theta)}\hat{\theta}_\mathrm{T} \\ &= E_0\frac{e^{-jkr}}{r}\mathbf{D}_\mathrm{T}(\theta_\mathrm{T},\varphi_\mathrm{T}) \\ &= E_0\frac{e^{-jkr}}{r}\{D_\mathrm{T}^{(\varphi)}(\theta_\mathrm{T},\varphi_\mathrm{T})\hat{\varphi}_\mathrm{T} + D_\mathrm{T}^{(\theta)}(\theta_\mathrm{T},\varphi_\mathrm{T})\hat{\theta}_\mathrm{T}\}\end{aligned} \tag{3.20}$$

3.2 自由空間伝搬

を求める。ただし，$E_0 = \sqrt{P_\mathrm{T} Z_0 / 4\pi}$ である。つぎに受信アンテナを基準とする座標系を考え，電界の基底ベクトルを $(\hat{\theta}_\mathrm{T}, \hat{\varphi}_\mathrm{T}) \to (\hat{\theta}_\mathrm{R}, \hat{\varphi}_\mathrm{R})$ へと変換する。変換後の電界 $\mathbf{E}_{in}$ は

$$\mathbf{E}_{in} = E_{in}^{(\varphi)} \hat{\varphi}_\mathrm{R} + E_{in}^{(\theta)} \hat{\theta}_\mathrm{R} \tag{3.21}$$

$$\begin{bmatrix} E_{in}^{(\varphi)} \\ E_{in}^{(\theta)} \end{bmatrix} = \begin{bmatrix} \hat{\varphi}_\mathrm{R} \cdot \hat{\varphi}_\mathrm{T} & \hat{\varphi}_\mathrm{R} \cdot \hat{\theta}_\mathrm{T} \\ \hat{\theta}_\mathrm{R} \cdot \hat{\varphi}_\mathrm{T} & \hat{\theta}_\mathrm{R} \cdot \hat{\theta}_\mathrm{T} \end{bmatrix} \begin{bmatrix} E_{out}^{(\varphi)} \\ E_{out}^{(\theta)} \end{bmatrix} \tag{3.22}$$

で与えられる。また，受信信号の複素振幅は，受信アンテナの指向性

$$\mathbf{D}_\mathrm{R}(\theta_\mathrm{R}, \varphi_\mathrm{R}) = D_\mathrm{R}^{(\varphi)}(\theta_\mathrm{R}, \varphi_\mathrm{R}) \hat{\varphi}_\mathrm{R} + D_\mathrm{R}^{(\theta)}(\theta_\mathrm{R}, \varphi_\mathrm{R}) \hat{\theta}_\mathrm{R} \tag{3.23}$$

を用いて

$$\begin{aligned}
a_\mathrm{R} &= \mathbf{E}_{out} \cdot \mathbf{D}_\mathrm{R}(\theta_\mathrm{R}, \varphi_\mathrm{R}) \frac{\lambda}{\sqrt{4\pi Z_0}} \\
&= \left(E_{out}^{(\varphi)} \hat{\varphi}_\mathrm{T} + E_{out}^{(\theta)} \hat{\theta}_\mathrm{T} \right) \left\{ D_\mathrm{R}^{(\varphi)}(\theta_\mathrm{R}, \varphi_\mathrm{R}) \hat{\varphi}_\mathrm{R} + D_\mathrm{R}^{(\theta)}(\theta_\mathrm{R}, \varphi_\mathrm{R}) \hat{\theta}_\mathrm{R} \right\} \frac{\lambda}{\sqrt{4\pi Z_0}} \\
&= \left\{ \left(E_{out}^{(\varphi)} \hat{\varphi}_\mathrm{T} \cdot \hat{\varphi}_\mathrm{R} + E_{out}^{(\theta)} \hat{\theta}_\mathrm{T} \cdot \hat{\varphi}_\mathrm{R} \right) D_\mathrm{R}^{(\varphi)}(\theta_\mathrm{R}, \varphi_\mathrm{R}) \right. \\
&\quad \left. + \left(E_{out}^{(\varphi)} \hat{\varphi}_\mathrm{T} \cdot \hat{\theta}_\mathrm{R} + E_{out}^{(\theta)} \hat{\theta}_\mathrm{T} \cdot \hat{\theta}_\mathrm{R} \right) D_\mathrm{R}^{(\theta)}(\theta_\mathrm{R}, \varphi_\mathrm{R}) \right\} \frac{\lambda}{\sqrt{4\pi Z_0}} \\
&= \left\{ E_{in}^{(\varphi)} D_\mathrm{R}^{(\varphi)}(\theta_\mathrm{R}, \varphi_\mathrm{R}) + E_{in}^{(\theta)} D_\mathrm{R}^{(\theta)}(\theta_\mathrm{R}, \varphi_\mathrm{R}) \right\} \frac{\lambda}{\sqrt{4\pi Z_0}} \\
&\left(= \mathbf{E}_{in} \cdot \mathbf{D}_\mathrm{R}(\theta_\mathrm{R}, \varphi_\mathrm{R}) \frac{\lambda}{\sqrt{4\pi Z_0}} \right)
\end{aligned} \tag{3.24}$$

で与えられる。なお，受信電力は $P_\mathrm{R} = |a_\mathrm{R}|^2$ より求められる。

ここで，特に送信アンテナが図 **3.2**(a) に示す微小ダイポールアンテナ（$\hat{l}_\mathrm{T}$：アンテナの単位方向ベクトル）の場合

$$\hat{\theta}_\mathrm{T} = \hat{\varphi}_\mathrm{T} \times \hat{r}, \quad \hat{\varphi}_\mathrm{T} = \frac{\hat{l}_\mathrm{T} \times \hat{r}}{|\hat{l}_\mathrm{T} \times \hat{r}|} \tag{3.25}$$

$$D_\mathrm{T}^{(\varphi)}(\theta_\mathrm{T}, \varphi_\mathrm{T}) = 0, \quad D_\mathrm{T}^{(\theta)}(\theta_\mathrm{T}, \varphi_\mathrm{T}) = \sin\theta_\mathrm{T} \; \left(= |\hat{l}_\mathrm{T} \times \hat{r}| \right) \tag{3.26}$$

と表せることから，式 (3.20) の電界は

$$\mathbf{E}_{out} = E_{out}^{(\theta)} \hat{\theta}_\mathrm{T} = E_0 \frac{e^{-jkr}}{r} \sin\theta_\mathrm{T} \hat{\theta}_\mathrm{T} \tag{3.27}$$

48   3. レイトレーシング法の基礎

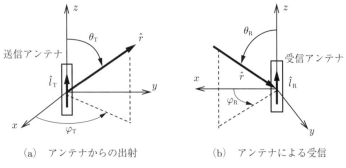

(a) アンテナからの出射　　(b) アンテナによる受信

図 3.2　レイと送受信アンテナの関係

となる．さらに，受信アンテナも同様に図 3.2(b) の微小ダイポールアンテナ ($\hat{l}_\mathrm{R}$：アンテナの単位方向ベクトル) である場合には

$$\hat{\theta}_\mathrm{R} = \hat{r} \times \hat{\varphi}_\mathrm{R}, \quad \hat{\varphi}_\mathrm{R} = \frac{\hat{r} \times \hat{l}_\mathrm{R}}{|\hat{r} \times \hat{l}_\mathrm{R}|} \tag{3.28}$$

$$D_\mathrm{R}^{(\varphi)}(\theta_\mathrm{R}, \varphi_\mathrm{R}) = 0, \quad D_\mathrm{R}^{(\theta)}(\theta_\mathrm{R}, \varphi_\mathrm{R}) = \sin\theta_\mathrm{R} \ \left(= |\hat{r} \times \hat{l}_\mathrm{R}|\right) \tag{3.29}$$

と表せることから，式 (3.21)，(3.24) はそれぞれ

$$\begin{aligned}
\mathbf{E}_{in} &= E_{out}^{(\theta)}\{(\hat{\varphi}_\mathrm{R} \cdot \hat{\theta}_\mathrm{T})\hat{\varphi}_\mathrm{R} + (\hat{\theta}_\mathrm{R} \cdot \hat{\theta}_\mathrm{T})\hat{\theta}_\mathrm{R}\} \\
&= E_0 \frac{e^{-jkr}}{r} \sin\theta_\mathrm{T}\{(\hat{\varphi}_\mathrm{R} \cdot \hat{\theta}_\mathrm{T})\hat{\varphi}_\mathrm{R} + (\hat{\theta}_\mathrm{R} \cdot \hat{\theta}_\mathrm{T})\hat{\theta}_\mathrm{R}\}
\end{aligned} \tag{3.30}$$

$$\begin{aligned}
a_\mathrm{R} &= \mathbf{E}_{out} \cdot \mathbf{D}_\mathrm{R}(\theta_\mathrm{R}, \varphi_\mathrm{R}) \frac{\lambda}{\sqrt{4\pi Z_0}} \\
&= \left(E_0 \frac{e^{-jkr}}{r} \sin\theta_\mathrm{T} \hat{\theta}_\mathrm{T}\right)(\sin\theta_\mathrm{R} \hat{\theta}_\mathrm{R}) \frac{\lambda}{\sqrt{4\pi Z_0}} \\
&= E_0 \frac{\lambda}{\sqrt{4\pi Z_0}} \frac{e^{-jkr}}{r} \sin\theta_\mathrm{T} \sin\theta_\mathrm{R} (\hat{\theta}_\mathrm{R} \cdot \hat{\theta}_\mathrm{T}) \\
&= \sqrt{P_\mathrm{T}} \frac{\lambda}{4\pi} \frac{e^{-jkr}}{r} \sin\theta_\mathrm{T} \sin\theta_\mathrm{R} (\hat{\theta}_\mathrm{R} \cdot \hat{\theta}_\mathrm{T})
\end{aligned} \tag{3.31}$$

となる．なお，式 (3.31) において第 3 式から第 4 式の変換では，$E_0 = \sqrt{P_\mathrm{T} Z_0/4\pi}$ の関係を用いた．

3.3 反射を伴う伝搬

反射と透過の規範モデルを図 3.3 に示す。本モデルは厚さ Δh の平板（サイズ無限大）へレイが斜め入射した場合を表している。なお，$\hat{n}$ は平板の法線ベクトルである。レイが平板に入射すると，一部は Q_R で反射し，一部は Q_R から Q_T を経て空間中に透過する。いま，入射レイの単位方向ベクトルを $\hat{r}_{in}$ とすると，Q_R で反射したレイの単位方向ベクトル $\hat{r}_R$ はフェルマーの原理[†]より

$$\hat{r}_R = \hat{r}_{in} - 2(\hat{n} \cdot \hat{r}_{in})\hat{n} \tag{3.32}$$

で与えられる。これは，反射レイは入射レイと法線ベクトルで形成される平面（入射面：図 3.3 における x–y 平面）内に存在し，スネルの法則 ($\theta_R = \theta_{in}$) が成り立つことを意味する。

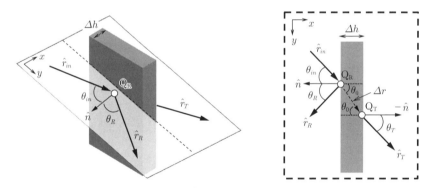

図 3.3　反射と透過の規範モデル

反射で扱う電界の基底ベクトルを図 3.4 に示す。$(\hat{u}_\perp^{in}, \hat{u}_\parallel^{in})$ と $(\hat{u}_\perp^R, \hat{u}_\parallel^R)$ はそれぞれ入射レイと反射レイにおける電界の基底ベクトルであり，反射面の法線ベクトル $\hat{n}$ と入射レイおよび反射レイの方向ベクトル $(\hat{r}_{in}, \hat{r}_R)$ を用いると

$$\hat{u}_\perp^{in} = \frac{\hat{n} \times \hat{r}_{in}}{|\hat{n} \times \hat{r}_{in}|}, \quad \hat{u}_\parallel^{in} = \hat{r}_{in} \times \hat{u}_\perp^{in} \tag{3.33}$$

[†] 「光が 2 点間を進むとき，それに要する時間が最短となる経路をたどる」という原理。

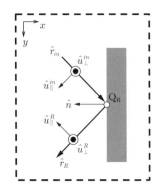

図 3.4 反射で扱う電界の基底ベクトル

$$\hat{u}_\perp^R = \frac{\hat{n} \times \hat{r}_R}{|\hat{n} \times \hat{r}_R|}, \quad \hat{u}_\parallel^R = \hat{r}_R \times \hat{u}_\perp^R \tag{3.34}$$

で与えられる。これらを用いると反射点 Q_R における入射レイの電界 $\mathbf{E}_{in}$ と反射レイの電界 $\mathbf{E}_R$ は

$$\mathbf{E}_{in}(Q_R) = E_\perp^{(in)} \hat{u}_\perp^{in} + E_\parallel^{(in)} \hat{u}_\parallel^{in} \tag{3.35}$$

$$\mathbf{E}_R(Q_R) = E_\perp^{(R)} \hat{u}_\perp^R + E_\parallel^{(R)} \hat{u}_\parallel^R \tag{3.36}$$

と表せ,さらに,入射面に垂直な成分における反射係数を $R_\perp$,入射面に平行な成分における反射係数を $R_\parallel$ とすると,式 (3.36) のスカラ電界は

$$E_\perp^{(R)} = E_\perp^{(in)} R_\perp, \quad E_\parallel^{(R)} = E_\parallel^{(in)} R_\parallel \tag{3.37}$$

と表せる。ここで,式 (3.37) を式 (3.36) に代入し,式 (3.35) の関係を用いると,反射レイの電界 $\mathbf{E}_R$ は

$$\begin{aligned}
\mathbf{E}_R(Q_R) &= E_\perp^{(R)} \hat{u}_\perp^R + E_\parallel^{(R)} \hat{u}_\parallel^R \\
&= E_\perp^{(in)} R_\perp \hat{u}_\perp^R + E_\parallel^{(in)} R_\parallel \hat{u}_\parallel^R \\
&= (\mathbf{E}_{in}(Q_R) \cdot \hat{u}_\perp^{in}) R_\perp \hat{u}_\perp^R + (\mathbf{E}_{in}(Q_R) \cdot \hat{u}_\parallel^{in}) R_\parallel \hat{u}_\parallel^R \\
&= \mathbf{E}_{in}(Q_R) \cdot (R_\perp \hat{u}_\perp^{in} \hat{u}_\perp^R + R_\parallel \hat{u}_\parallel^{in} \hat{u}_\parallel^R) \\
&= \mathbf{E}_{in}(Q_R) \cdot \overline{\mathbf{R}}
\end{aligned} \tag{3.38}$$

と表せる。ここで,$\overline{\mathbf{R}}$ はスカラ反射係数(TE 入射:$R_\perp$,TM 入射:$R_\parallel$)を用いて

$$\overline{\mathbf{R}} = R_\perp \hat{u}_\perp^{in} \hat{u}_\perp^R + R_\parallel \hat{u}_\parallel^{in} \hat{u}_\parallel^R \tag{3.39}$$

とダイアド（2階テンソル）で表したダイアド反射係数である（ダイアドについては付録A.3節参照）。ダイアドはベクトルの方向と大きさを同時に変換する演算子であり，例えば，反射点Q_Rに入射するレイの電界が3.2節で用いたように送信アンテナを基準とする座標系より$\mathbf{E}_{out} = E_{out}^{(\varphi)}\hat{\varphi}_T + E_{out}^{(\theta)}\hat{\theta}_T$で与えられる場合，反射レイの電界$\mathbf{E}_R$は

$$\begin{aligned}\mathbf{E}_R(Q_R) &= \mathbf{E}_{out}(Q_R) \cdot \overline{\mathbf{R}} \\&= \left(E_{out}^{(\varphi)}\hat{\varphi}_T + E_{out}^{(\theta)}\hat{\theta}_T\right) \cdot \left(R_\perp \hat{u}_\perp^{in}\hat{u}_\perp^R + R_\parallel \hat{u}_\parallel^{in}\hat{u}_\parallel^R\right) \\&= \left(E_{out}^{(\varphi)}\hat{\varphi}_T \cdot \hat{u}_\perp^{in} + E_{out}^{(\theta)}\hat{\theta}_T \cdot \hat{u}_\perp^{in}\right)R_\perp \hat{u}_\perp^R \\&\quad + \left(E_{out}^{(\varphi)}\hat{\varphi}_T \cdot \hat{u}_\parallel^{in} + E_{out}^{(\theta)}\hat{\theta}_T \cdot \hat{u}_\parallel^{in}\right)R_\parallel \hat{u}_\parallel^R \end{aligned} \tag{3.40}$$

で与えられ，これは式(3.35)で定義した入射レイの電界$\mathbf{E}_{in}$の要素を

$$\begin{bmatrix} E_\perp^{(in)} \\ E_\parallel^{(in)} \end{bmatrix} = \begin{bmatrix} \hat{\varphi}_T \cdot \hat{u}_\perp^{in} & \hat{\theta}_T \cdot \hat{u}_\perp^{in} \\ \hat{\varphi}_T \cdot \hat{u}_\parallel^{in} & \hat{\theta}_T \cdot \hat{u}_\parallel^{in} \end{bmatrix} \begin{bmatrix} E_{out}^{(\varphi)} \\ E_{out}^{(\theta)} \end{bmatrix} \tag{3.41}$$

の演算のように基底ベクトルの変換（$(\hat{\varphi}_T, \hat{\theta}_T) \to (\hat{u}_\perp^{in}, \hat{u}_\parallel^{in})$）より求めていることを表している。

つぎに，反射点Q_Rから距離r_Rの点における反射レイの電界について考える。この場合の電界は，式(3.14)と同様に拡散係数Aを用いて

$$\mathbf{E}_R(r_R) = \mathbf{E}_R(Q_R)Ae^{-jkr_R} = \mathbf{E}_{in}(Q_R) \cdot \overline{\mathbf{R}}Ae^{-jkr_R} \tag{3.42}$$

$$A = \sqrt{\frac{R_1' R_2'}{(R_1' + r_R)(R_2' + r_R)}} \tag{3.43}$$

で与えられる。式(3.43)におけるR_1'とR_2'は，図**3.5**に示す反射点Q_Rを基準点とする反射レイの波面の曲率半径である。これらは反射点Q_Rにおける入射レイの波面の曲率半径R_1，R_2および反射点Q_R近傍における反射面の曲率で与えられる。ただし，反射面が図3.3のように平面で与えられる場合には，$R_1' = R_1$，$R_2' = R_2$とすればよい。さらに，3.2節の議論と同様に入射レイが

52   3. レイトレーシング法の基礎

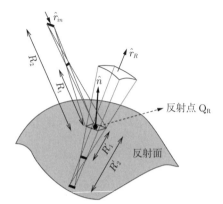

図 3.5 反射におけるレイと波面の曲率

点波源から放射されたものである場合（球面波）には，$R_1 = R_2 = r_{in}$（ただし，r_{in} は送信点から反射点 Q_R までの距離）となり，式 (3.43) は

$$A = \frac{r_{in}}{r_{in} + r_R} \tag{3.44}$$

で与えられることとなる．したがって，この場合の式 (3.42) で与えられる反射レイの電界は，反射点 Q_R における入射レイの電界を式 (3.20) で表せば

$$\begin{aligned}
\mathbf{E}_R(r_R) &= \mathbf{E}_{in}(Q_R) \cdot \overline{\mathbf{R}} A e^{-jkr_R} \\
&= E_0 \frac{e^{-jkr_{in}}}{r_{in}} \mathbf{D}_T(\theta_T, \varphi_T) \cdot \overline{\mathbf{R}} \frac{r_{in}}{r_{in} + r_R} e^{-jkr_R} \\
&= E_0 \frac{e^{-jk(r_{in}+r_R)}}{r_{in} + r_R} \mathbf{D}_T(\theta_T, \varphi_T) \cdot \overline{\mathbf{R}}
\end{aligned} \tag{3.45}$$

で与えられる．なお，式 (3.45) の結果を式 (3.24) に代入すれば，アンテナで受信した信号の複素振幅を求めることができる．

最後に反射係数について述べる．幾何光学近似では反射は局所的なものであり，反射点 Q_R の近傍では

- 反射面は Q_R における接平面
- 入射レイの波面は平面波

で近似する．すなわち，式 (3.39) におけるスカラ反射係数 $R_\perp$，$R_\parallel$ はフレネルの反射係数で近似する．いま，図 3.3 において入射および反射側の空間を媒質 0 とし，厚さ Δh の平板内を媒質 1，透過側の空間を媒質 2 と定義する．こ

の 3 層媒質におけるスカラ反射係数は

$$R_{\perp,\|} = \frac{R_{01}^{(\perp,\|)} + R_{12}^{(\perp,\|)} \cdot e^{-j2\Delta x}}{1 + R_{01}^{(\perp,\|)} \cdot R_{12}^{(\perp,\|)} \cdot e^{-j2\Delta x}} = \frac{R_{01}^{(\perp,\|)}(1 - e^{-j2\Delta x})}{1 - \left(R_{01}^{(\perp,\|)}\right)^2 e^{-j2\Delta x}} \quad (3.46)$$

で与えられる．ただし，$R_{01}^{(\perp,\|)}$ は媒質 0 の媒質 1 に対する 2 層媒質のフレネルの反射係数であり，$R_{12}^{(\perp,\|)}$ は媒質 1 の媒質 2 に対する 2 層媒質のフレネルの反射係数である．また，式 (3.46) の第 2 式では，媒質 0 と媒質 2 が同じ物質である場合に "$R_{12}^{(\perp,\|)} = -R_{01}^{(\perp,\|)}$" となる関係を用いている（下記の式 (3.47) と式 (3.48) を参照）．媒質 i（媒質定数：ε_i, μ_i, σ_i）の媒質 j（媒質定数：ε_j, μ_j, σ_j）に対する 2 層媒質のフレネルの反射係数 $R_{ij}^{(\perp)}$（TE 入射）と $R_{ij}^{(\|)}$（TM 入射）は，入射角を θ_i とすれば

$$R_{ij}^{(\perp)} = \frac{\mu_j \cos\theta_i - \mu_i \sqrt{n_{ij}^2 - \sin^2\theta_i}}{\mu_j \cos\theta_i + \mu_i \sqrt{n_{ij}^2 - \sin^2\theta_i}} \quad (3.47)$$

$$R_{ij}^{(\|)} = \frac{\mu_i n_{ij}^2 \cos\theta_i - \mu_j \sqrt{n_{ij}^2 - \sin^2\theta_i}}{\mu_i n_{ij}^2 \cos\theta_i + \mu_j \sqrt{n_{ij}^2 - \sin^2\theta_i}} \quad (3.48)$$

で与えられる．ただし，n_{ij} は

$$n_{ij} = \sqrt{\frac{\mu_j}{\mu_i}} \sqrt{\frac{\varepsilon_j - j\sigma_j/\omega}{\varepsilon_i - j\sigma_i/\omega}} \quad (3.49)$$

で与えられる "媒質 i に対する媒質 j の比複素屈折率" である．なお，ω は角周波数であり，媒質 0 から媒質 1 への入射角 θ_i は θ_{in}，媒質 1 から媒質 2 への入射角 θ_i は θ_0（ただし，$\sin\theta_0 = \sin\theta_{in}/n_{01}$）である．また，$\Delta x$ は媒質 0 における波長 λ_0，媒質 0 から媒質 1 への入射角 θ_{in} と媒質 1 の厚さ Δh より

$$\Delta x = \frac{2\pi}{\lambda_0} \Delta h \sqrt{n_{01}^2 - \sin^2\theta_{in}} \quad (3.50)$$

で与えられる．図 **3.6** と図 **3.7** にそれぞれ 2 層媒質と 3 層媒質におけるフレネルの反射係数の計算例を示す[†]．ただし，媒質 0, 2 は空気（比誘電率：$\varepsilon_r = 1$,

---

[†] 入射角が $0°$ の場合，物理的に TE と TM は同一である．計算結果で位相が異なるのは図 3.4 に示す TE と TM の電界方向の定義の違いによるものであり，電界方向を考慮すれば結果的に TE と TM は同一となる．

54   3. レイトレーシング法の基礎

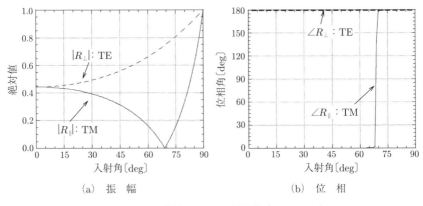

図 3.6　2 層媒質における反射係数 ($f = 2\,\mathrm{GHz}$)

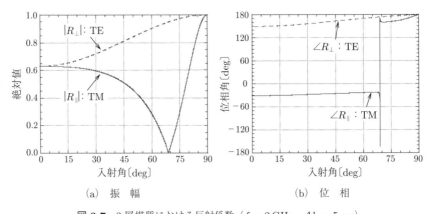

図 3.7　3 層媒質における反射係数 ($f = 2\,\mathrm{GHz}$, $\Delta h = 5\,\mathrm{cm}$)

比透磁率：$\mu_r = 1$, 導電率：$\sigma = 0\,\mathrm{S/m}$), 媒質 1 はコンクリート ($\varepsilon_r = 6.76$, $\mu_r = 1$, $\sigma = 0.0023\,\mathrm{S/m}$) としている。なお, このコンクリートの媒質定数は文献45) によるものであり, 実際には周波数や含水量などにより値は異なる。さまざまな材料の媒質定数については付録 A.9 節を参照。

3.4　透過を伴う伝搬

図 3.3 の規範モデルにおいて, 入射レイの単位方向ベクトルを $\hat{r}_{in}$ とすると,

3.4 透過を伴う伝搬

Q_T で透過したレイの単位方向ベクトル $\hat{r}_T$ は,伝搬が"空気 → 平板 → 空気"であることを考慮してフェルマーの原理を適用すると

$$\hat{r}_T = \hat{r}_{in} \tag{3.51}$$

で与えられる。これは,透過レイが入射面内にあり,スネルの法則 ($\theta_T = \theta_{in}$) が成り立つことを意味する。なお,レイトレーシングの際には解析の簡単化のために "透過の起点 (Q_T) は Q_R の位置にある" と仮定するのが一般的である。

透過で扱う電界の基底ベクトルを図 **3.8** に示す。$(\hat{u}_\perp^{in}, \hat{u}_\parallel^{in})$ と $(\hat{u}_\perp^T, \hat{u}_\parallel^T)$ はそれぞれ入射レイと透過レイにおける電界の基底ベクトルであり,図 3.3 の平板モデルにおいては,$\hat{u}_\perp^T = \hat{u}_\perp^{in}$, $\hat{u}_\parallel^T = \hat{u}_\parallel^{in}$ である。これらを用いると,透過点 Q_T における入射レイの電界 $\mathbf{E}_{in}$ と透過レイの電界 $\mathbf{E}_T$ は

$$\mathbf{E}_{in}(Q_T) = E_\perp^{(in)} \hat{u}_\perp^{in} + E_\parallel^{(in)} \hat{u}_\parallel^{in} \tag{3.52}$$

$$\mathbf{E}_T(Q_T) = E_\perp^{(T)} \hat{u}_\perp^T + E_\parallel^{(T)} \hat{u}_\parallel^T \tag{3.53}$$

と表せ,さらに,入射面に垂直な成分の透過係数を $T_\perp$,入射面に平行な成分の透過係数を $T_\parallel$ とすると,式 (3.53) のスカラ電界は

$$E_\perp^{(T)} = E_\perp^{(in)} T_\perp, \quad E_\parallel^{(T)} = E_\parallel^{(in)} T_\parallel \tag{3.54}$$

と表せる。ここで,反射の場合と同様に,ダイアド透過係数を

$$\overline{\mathbf{T}} = T_\perp \hat{u}_\perp^{in} \hat{u}_\perp^T + T_\parallel \hat{u}_\parallel^{in} \hat{u}_\parallel^T \tag{3.55}$$

で定義すれば,透過レイの電界 $\mathbf{E}_T$ は

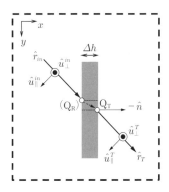

図 **3.8** 透過で扱う電界の基底ベクトル

$$\begin{aligned}
\mathbf{E}_T(\mathrm{Q_T}) &= E_\perp^{(T)}\hat{u}_\perp^T + E_\|^{(T)}\hat{u}_\|^T = E_\perp^{(in)}T_\perp\hat{u}_\perp^T + E_\|^{(in)}T_\|\hat{u}_\|^T \\
&= (\mathbf{E}_{in}(\mathrm{Q_T})\cdot\hat{u}_\perp^{in})T_\perp\hat{u}_\perp^T + (\mathbf{E}_{in}(\mathrm{Q_T})\cdot\hat{u}_\|^{in})T_\|\hat{u}_\|^T \\
&= \mathbf{E}_{in}(\mathrm{Q_T})\cdot(T_\perp\hat{u}_\perp^{in}\hat{u}_\perp^T + T_\|\hat{u}_\|^{in}\hat{u}_\|^T) \\
&= \mathbf{E}_{in}(\mathrm{Q_T})\cdot\overline{\mathbf{T}} \quad\quad\quad\quad\quad\quad\quad\quad\quad\quad (3.56)
\end{aligned}$$

と表せる。また,透過点 $\mathrm{Q_T}$ から距離 r_T の点[†1]における透過レイの電界についても,式 (3.42), (3.43) と同様に

$$\mathbf{E}_T(r_T) = \mathbf{E}_T(\mathrm{Q_T})Ae^{-jkr_T} = \mathbf{E}_{in}(\mathrm{Q_T})\cdot\overline{\mathbf{T}}Ae^{-jkr_T} \quad (3.57)$$

$$A = \sqrt{\frac{R_1'R_2'}{(R_1'+r_T)(R_2'+r_T)}} \quad (3.58)$$

で与えられる。式 (3.58) において R_1', R_2' は透過点 $\mathrm{Q_T}$ を基準点とする透過レイの波面の曲率半径であり,入射レイの波面の曲率半径 R_1, R_2 および $\mathrm{Q_T}$ 近傍における透過面の曲率で与えられる。ただし,透過が平面で与えられる場合には, $R_1' = R_1$, $R_2' = R_2$ とすればよい。さらに,入射レイが点波源から放射されたものである場合(球面波)には, $R_1 = R_2 = r_{in}$ (ただし, r_{in} は送信点から透過点 $\mathrm{Q_T}$ までの距離[†2]) となり,式 (3.58) は

$$A = \frac{r_{in}}{r_{in}+r_T} \quad (3.59)$$

で与えられることとなる。したがって,この場合の式 (3.57) で与えられる透過レイの電界は,透過点 $\mathrm{Q_T}$ における入射レイの電界を式 (3.20) で表せば

$$\begin{aligned}
\mathbf{E}_T(r_T) &= \mathbf{E}_{in}(\mathrm{Q_T})\cdot\overline{\mathbf{T}}Ae^{-jkr_T} = \mathbf{E}_{out}(\mathrm{Q_T})\cdot\overline{\mathbf{T}}Ae^{-jkr_T} \\
&= E_0\frac{e^{-jkr_{in}}}{r_{in}}\mathbf{D}_T(\theta_T,\varphi_T)\cdot\overline{\mathbf{T}}\frac{r_{in}}{r_{in}+r_T}e^{-jkr_T} \\
&= E_0\frac{e^{-jk(r_{in}+r_T)}}{r_{in}+r_T}\mathbf{D}_T(\theta_T,\varphi_T)\cdot\overline{\mathbf{T}} \quad\quad (3.60)
\end{aligned}$$

[†1] 前述したように,レイトレーシングの際には簡単化のために透過の起点 $\mathrm{Q_T}$ が $\mathrm{Q_R}$ の位置にあると考える。したがって, r_T は実行的には $\mathrm{Q_R}$ からの距離とする。

[†2] 前述したように,レイトレーシングの際には簡単化のために透過の起点 $\mathrm{Q_T}$ が $\mathrm{Q_R}$ の位置にあると考える。したがって, r_{in} は実行的には送信点から $\mathrm{Q_R}$ までの距離とする。

で与えられる。なお，式 (3.60) の結果を式 (3.24) に代入すれば，アンテナで受信した信号の複素振幅を求めることができる。

最後に透過係数について述べる。幾何光学近似では透過は局所的なものであり，透過点 Q_T の近傍では

- 透過面は Q_T における接平面
- 入射レイの波面は平面波

で近似する。すなわち，式 (3.55) におけるスカラ透過係数 $T_\perp$, $T_\parallel$ はフレネルの透過係数で近似する。いま，図 3.3 において入射および反射側の空間を媒質 0 とし，厚さ Δh の平板内を媒質 1，透過側の空間を媒質 2 と定義する。この 3 層媒質におけるスカラ透過係数は

$$T_{\perp,\parallel} = \frac{T_{01}^{(\perp,\parallel)} \cdot T_{12}^{(\perp,\parallel)} \cdot e^{-j(\Delta x - k_0 \Delta h \cos\theta_{in})}}{1 + R_{01}^{(\perp,\parallel)} \cdot R_{12}^{(\perp,\parallel)} \cdot e^{-j2\Delta x}}$$

$$= \frac{\{1 - (R_{01}^{(\perp,\parallel)})^2\} e^{-j(\Delta x - k_0 \Delta h \cos\theta_{in})}}{1 - (R_{01}^{(\perp,\parallel)})^2 e^{-j2\Delta x}} \quad (3.61)^\dagger$$

で与えられる。ただし，$R_{01}^{(\perp,\parallel)}$ と $R_{12}^{(\perp,\parallel)}$ は式 (3.47) で与えられる 2 層媒質のフレネルの反射係数，Δx は式 (3.50) で与えられる媒質 1 の中における位相変化量，k_0 は媒質 0 における波数である。また，$T_{01}^{(\perp,\parallel)}$ は媒質 0 の媒質 1 に対する 2 層媒質のフレネルの透過係数であり，$T_{12}^{(\perp,\parallel)}$ は媒質 1 の媒質 2 に対する 2 層媒質のフレネルの透過係数である。なお，式 (3.61) の第 2 式では，媒質 0 と媒質 2 が同じ物質である場合に "$R_{12}^{(\perp,\parallel)} = -R_{01}^{(\perp,\parallel)}$" となる関係，2 層媒質の透過係数 T と反射係数 R が "$T = 1 + R$" となる関係を用いている（式 (3.47)，(3.48) と下記の式 (3.62)，(3.63) を参照）。媒質 i（媒質定数：ε_i, μ_i, σ_i）の媒質 j（媒質定数：ε_j, μ_j, σ_j）に対する 2 層媒質のフレネルの透過係数 $T_{ij}^{(\perp)}$（TE 入射）と $T_{ij}^{(\parallel)}$（TM 入射）は，入射角を θ_i とすれば

---

† この場合の $T_{\perp,\parallel}$ は媒質 1 と媒質 2 の境界を基準（図 3.3 の Q_T）とする透過係数であることから，分子に $e^{jk_0 \Delta h \cos\theta_{in}}$ の補正項が必要となる。

$$T_{ij}^{(\perp)} = \frac{2\mu_j \cos\theta_i}{\mu_j \cos\theta_i + \mu_i \sqrt{n_{ij}^2 - \sin^2\theta_i}} \tag{3.62}$$

$$T_{ij}^{(\|)} = \frac{2\mu_j n_{ij} \cos\theta_i}{\mu_i n_{ij}^2 \cos\theta_i + \mu_j \sqrt{n_{ij}^2 - \sin^2\theta_i}} \tag{3.63}$$

で与えられる。ただし，n_{ij} は式 (3.49) で与えられる "媒質 i に対する媒質 j の比複素屈折率" である。図 3.9 と図 3.10 にそれぞれ 2 層媒質と 3 層媒質におけるフレネルの透過係数の計算例を示す。ただし，媒質 0, 2 は空気 ($\varepsilon_r = 1$, $\mu_r = 1$, $\sigma = 0\,\mathrm{S/m}$)，媒質 1 はコンクリート ($\varepsilon_r = 6.76$, $\mu_r = 1$, $\sigma = 0.0023\,\mathrm{S/m}$)[45] としている。なお，さまざまな材料の媒質定数については付録 A.9 節を参照。

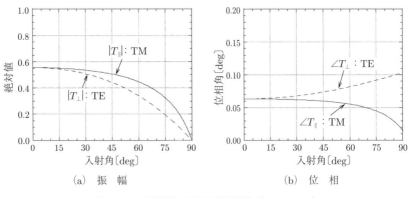

図 3.9 2 層媒質における透過係数 ($f = 2\,\mathrm{GHz}$)

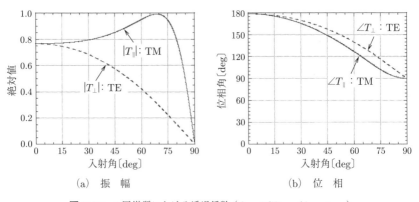

図 3.10 3 層媒質における透過係数 ($f = 2\,\mathrm{GHz}$, $\Delta h = 5\,\mathrm{cm}$)

3.5 回折を伴う伝搬

回折の規範モデルを図 3.11 に示す。本モデルは開き角が $(2-n)\pi$（ただし，$1 < n \leq 2$）の楔（ウェッジ）にレイが斜め入射した場合を表している。なお，$\hat{l}$ はエッジ部の単位方向ベクトルである。いま，入射レイの単位方向ベクトルを $\hat{r}_{in}$ とすると，Q_D で回折したレイの単位方向ベクトル $\hat{r}_D$ は幾何光学的回折理論（GTD）により拡張されたフェルマーの原理より

$$\hat{r}_D \cdot \hat{l} = \hat{r}_{in} \cdot \hat{l} \tag{3.64}$$

の制約を受ける。これは，拡張されたスネルの法則（$\beta_D = \beta_{in}$）を表している。したがって，回折レイは β_D を半頂角とする円錐状[†]に存在する。すなわち，入射したレイは Q_D で回折したあと x–y 平面において任意の方向に伝搬することから，回折レイの単位方向ベクトルは

$$\hat{r}_D = (\sin\beta_{in}\cos\varphi_D, \sin\beta_{in}\sin\varphi_D, -\cos\beta_{in}) \tag{3.65}$$

で与えられる。なお，幾何光学的回折理論では，図 3.11 に示すように，反射波に対して影となる領域との境界（$\varphi_D = \pi - \varphi_{in}$）を RSB（reflection shadow boundary），入射波に対して影となる領域との境界（$\varphi_D = \varphi_{in} + \pi$）を ISB

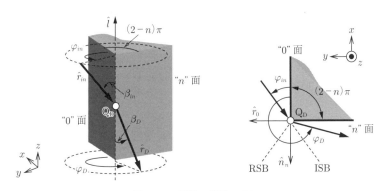

図 3.11 回折の規範モデル

[†] GTD[46] の提案者である J. B. Keller にちなんで，ケラー・コーンと呼ばれる。

(incident shadow boundary）と呼ぶ．

つぎに，回折で扱う電界の基底ベクトルについて述べる．図3.12の$(\hat{u}_\beta^{in}, \hat{u}_\varphi^{in})$と$(\hat{u}_\beta^D, \hat{u}_\varphi^D)$はそれぞれ入射レイと回折レイにおける電界の基底ベクトルであり，エッジ部の単位方向ベクトル$\hat{l}$と入射レイおよび回折レイの方向ベクトル$(\hat{r}_{in}, \hat{r}_D)$を用いると

$$\hat{u}_\beta^{in} = \hat{r}_{in} \times \hat{u}_\varphi^{in}, \quad \hat{u}_\varphi^{in} = \frac{\hat{r}_{in} \times \hat{l}}{|\hat{r}_{in} \times \hat{l}|} \tag{3.66}$$

$$\hat{u}_\beta^D = \hat{u}_\varphi^D \times \hat{r}_D, \quad \hat{u}_\varphi^D = \frac{\hat{l} \times \hat{r}_D}{|\hat{l} \times \hat{r}_D|} \tag{3.67}$$

で与えられる．なお，これらは$\hat{r}_{in} = \hat{u}_\varphi^{in} \times \hat{u}_\beta^{in}$，$\hat{r}_D = \hat{u}_\varphi^D \times \hat{u}_\beta^D$であることを表している．また，これらを用いると，回折点Q_Dにおける入射レイの電界$\mathbf{E}_{in}$と回折レイの電界$\mathbf{E}_D$は

$$\mathbf{E}_{in}(Q_D) = E_\beta^{(in)} \hat{u}_\beta^{in} + E_\varphi^{(in)} \hat{u}_\varphi^{in} \tag{3.68}$$

$$\mathbf{E}_D(Q_D) = E_\beta^{(D)} \hat{u}_\beta^D + E_\varphi^{(D)} \hat{u}_\varphi^D \tag{3.69}$$

と表せる．

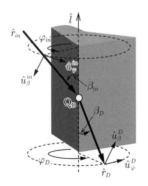

図 3.12　回折で扱う電界の基底ベクトル

続いて，回折点Q_Dから距離r_Dの点における回折レイの電界について考える．まず，図3.13のように回折レイに対して基準点$\mathbf{r}_0$を設ける．ただし，その波面の曲率半径はR_1とR_2であり，R_1に対応する焦線は回折エッジ上に存在するものとする．この場合，回折レイに沿った点$\mathbf{r}(0,0,s)$の電界$\mathbf{E}_D(r_D)$は，式(3.14)より

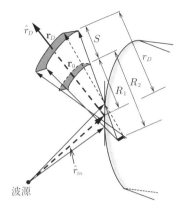

図 3.13 回折におけるレイと波面の曲率

$$\mathbf{E}_D(r_D) = \mathbf{E}_D(r_0)e^{-jk\psi(r_0)}\sqrt{\frac{R_1 R_2}{(R_1+s)(R_2+s)}}\, e^{-jks} \quad (3.70)$$

で与えられる。ここで，この式は基準点 $\mathbf{r}_0$ の位置に依存しない。この考えを拡張し，基準点が回折点 Q_D の焦線上にある場合（$R_1 \to 0$）も式 (3.70) の関係が成り立つと仮定するのが幾何光学的回折理論である。ただし，$\lim_{R_1 \to 0} \mathbf{E}_D(r_D)$ は有限な値とならなければならない。そこで

$$\lim_{R_1 \to 0} \mathbf{E}_D(r_0)e^{-jk\psi(\mathbf{r}_0)}\sqrt{R_1} = \mathbf{E}_{in}(Q_D) \cdot \overline{\mathbf{D}} \quad (3.71)$$

と定義する。式 (3.71) において，$\mathbf{E}_{in}(Q_D)$ は式 (3.68) で表される入射レイの電界であり，$\overline{\mathbf{D}}$ は後述するダイアド回折係数である。$R_1 \to 0$ のときに $s = r_D$ となることを考慮すると，式 (3.70) と式 (3.71) より回折レイの電界は

$$\begin{aligned}\mathbf{E}_D(r_D) &= \lim_{R_1 \to 0}\mathbf{E}_D(r_0)e^{-jk\psi(\mathbf{r}_0)}\sqrt{R_1}\sqrt{\frac{R_2}{(R_1+s)(R_2+s)}}\, e^{-jks}\\ &= \mathbf{E}_{in}(Q_D)\cdot\overline{\mathbf{D}} A e^{-jkr_D}\end{aligned} \quad (3.72)$$

ただし

$$A = \sqrt{\frac{R_2}{r_D(R_2+r_D)}} \quad (3.73)$$

で与えられる。ここで，A は回折における拡散係数である。また，基準点が回折点 Q_D の焦線上にある（$R_1 \to 0$）と考えることから，R_2 はもう一つの焦線

から Q_D までの距離となる。

R_2 は回折波の広がりを決定するものであり，回折波のエッジ上における曲率半径を意味する。また，その値は，① 入射レイの波面，② 入射と回折の角度，③ 回折エッジの曲率にて与えられる"エッジに沿って，入射波と回折波の位相が等しくなる条件"より求められる[47],[48]。特に，回折エッジが図 3.11 のように直線である場合には，**図 3.14** に示すように，入射波の主曲率半径 R_a, R_b とエッジの等位相面上への投影が主曲率 R_a の面と作る角度 Ω を用いて

$$\frac{1}{R_2} = \frac{\cos^2 \Omega}{R_a} + \frac{\sin^2 \Omega}{R_b} \tag{3.74}$$

より与えられる。なお，これは入射波面のエッジ方向における曲率半径を意味している。さらに，入射レイが球面波である場合には，$R_2 = R_a = R_b = r_{in}$ (ただし，r_{in} は送信点から回折点 Q_D までの距離) で与えられる[43],[49]。したがって，この場合の式 (3.72) で与えられる回折レイの電界は，回折点 Q_D における入射レイの電界を式 (3.20) で表せば

$$\begin{aligned}
\mathbf{E}_D(r_D) &= \mathbf{E}_{in}(Q_D) \cdot \overline{\mathbf{D}} A e^{-jkr_D} = \mathbf{E}_{out}(Q_D) \cdot \overline{\mathbf{D}} A e^{-jkr_D} \\
&= E_0 \frac{e^{-jkr_{in}}}{r_{in}} \mathbf{D}_T(\theta_T, \varphi_T) \cdot \overline{\mathbf{D}} \sqrt{\frac{r_{in}}{r_D(r_{in}+r_D)}} e^{-jkr_D} \\
&= E_0 \frac{e^{-jk(r_{in}+r_D)}}{r_{in}+r_D} \mathbf{D}_T(\theta_T, \varphi_T) \cdot \overline{\mathbf{D}} \sqrt{\frac{r_{in}+r_D}{r_{in}r_D}}
\end{aligned} \tag{3.75}$$

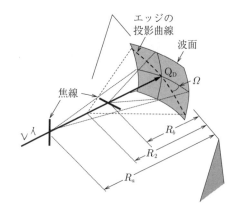

図 3.14 回折波のエッジ上の曲率半径

で与えられる。なお，式 (3.75) の結果を式 (3.24) に代入すれば，アンテナで受信した信号の複素振幅を求めることができる。

最後に回折係数について述べる。ダイアド回折係数はスカラ回折係数を用いると

$$\overline{\mathbf{D}} = -\begin{bmatrix} \hat{u}_\beta^{in} & \hat{u}_\varphi^{in} \end{bmatrix} \begin{bmatrix} D_a & D_b \\ D_c & D_d \end{bmatrix} \begin{bmatrix} \hat{u}_\beta^D \\ \hat{u}_\varphi^D \end{bmatrix}$$
$$= -D_a \hat{u}_\beta^{in} \hat{u}_\beta^D - D_b \hat{u}_\beta^{in} \hat{u}_\varphi^D - D_c \hat{u}_\varphi^{in} \hat{u}_\beta^D - D_d \hat{u}_\varphi^{in} \hat{u}_\varphi^D \quad (3.76)$$

で与えられる。ここで，D_a, D_b, D_c, D_d がスカラ回折係数である。GTD に基づくスカラ回折係数の計算にはさまざまな方法が提案されている。ここでは電波伝搬解析において実用的と考えられるルーバス (R. Luebbers) による方法[50]を示す。なお，本方法はクユムジャン (R. Kouyoumjian) とパサック (P. Pathak) により提案された UTD (uniform geometrical theory of diffraction)[51] を "導電率が有限な媒体" に適用できるように拡張したものである。エッジ部が波長に比べて十分に長い場合，図 3.11 の規範モデルにおける回折係数は

$$\begin{bmatrix} D_a & D_b \\ D_c & D_d \end{bmatrix} = \mathbf{\Gamma}_0 \circ \{\mathbf{I}D^-(\varphi_D - \varphi_{in}) - \mathbf{R}_0 D^-(\varphi_D + \varphi_{in})\}$$
$$+ \mathbf{\Gamma}_n \circ \{\mathbf{I}D^+(\varphi_D - \varphi_{in}) - \mathbf{R}_n D^+(\varphi_D + \varphi_{in})\} \quad (3.77)$$

で与えられる。ただし，"$\circ$" は行列の要素ごとの積を表すアダマール積であり，$\mathbf{I}$ は 2×2 の単位行列 ($\begin{bmatrix} 1 & 0 \\ 0 & 1 \end{bmatrix}$)，$\mathbf{R}_0$ と $\mathbf{R}_n$ はそれぞれ "0" 面と "n" 面における反射係数の行列，$\mathbf{\Gamma}_0$ と $\mathbf{\Gamma}_n$ はクリーピング波 ($\varphi_{in} = 0$ or $n\pi$ となる入射波) へ対応するために導入されたパラメータである[52],[53]。また，式 (3.77) において

$$D^-(\varphi_D \pm \varphi_{in}) = \frac{-e^{-j\pi/4}}{2n\sqrt{2\pi k}\sin\beta_{in}} \cdot \cot\left(\frac{\pi - (\varphi_D \pm \varphi_{in})}{2n}\right)$$
$$\cdot F\left(kLa^-(\varphi_D \pm \varphi_{in})\right) \quad (3.78)$$

$$D^+(\varphi_D \pm \varphi_{in}) = \frac{-e^{-j\pi/4}}{2n\sqrt{2\pi k}\sin\beta_{in}} \cdot \cot\left(\frac{\pi + (\varphi_D \pm \varphi_{in})}{2n}\right)$$
$$\cdot F\left(kLa^+(\varphi_D \pm \varphi_{in})\right) \quad (3.79)$$

である。ただし，関数 $F(\cdot)$ は

$$F(x) = 2j\sqrt{x}\,e^{jx} \int_{\sqrt{x}}^{\infty} e^{-j\tau^2} d\tau \tag{3.80}$$

で与えられるフレネル積分（実用的な計算方法については付録 A.4 節参照）であり，$a^{\pm}(\cdot)$ は次式で与えられる。

$$a^{\pm}(\mu) = 2\cos^2\left(\frac{2n\pi N^{\pm} - \mu}{2}\right) \tag{3.81}$$

ここで，$\mu = \varphi_D \pm \varphi_{in}$ であり，$N^{\pm}$ は

$$2n\pi N^{\pm} - \mu = \pm\pi \tag{3.82}$$

を満足する値に最も近い整数である。また，式 (3.78) と式 (3.79) の L は入射レイの波面に依存するパラメータであり

$$L = \frac{r_D(R_2 + r_D)R'_a R'_b}{R_2(R'_a + r_D)(R'_b + r_D)} \sin^2 \beta_{in} \tag{3.83}$$

で与えられる。ただし，R_2 は式 (3.74) で与えられる入射波面のエッジ方向における曲率半径である。また，R'_a は入射波面の入射面（入射レイ $\hat{r}_{in}$ と "0" 面の法線ベクトル $\hat{n}_0$ を含む面）内における曲率半径，R'_b は入射面に直交する面内における曲率半径である（計算方法は式 (3.74) と同様）。ここで，特に球面波の場合は，$R_2 = R'_a = R'_b = r_{in}$ であることから，式 (3.83) は

$$L = \frac{r_{in} r_D}{r_{in} + r_D} \sin^2 \beta_{in} \tag{3.84}$$

となる。なお，回折レイが RSB ($\varphi_D + \varphi_{in} = \pi$ or $(2n-1)\pi$) や ISB ($\varphi_D - \varphi_{in} = \pi$ or $-\pi$) を通る場合には，式 (3.78)，(3.79) に含まれる $\cot(\cdot)$ の項が発散する。そこで，RSB と ISB の近傍においては，$\mu = \varphi_D \pm \varphi_{in}$ と式 (3.82) より求めた $N^{\pm}$ を用いて

$$2n\pi N^{\pm} - \mu = \pm(\pi - \varepsilon) \tag{3.85}$$

の関係を満たす $\varepsilon^{\dagger}$ を用いて

[†] より具体的には，RSB に対して "$\varphi_D + \varphi_{in} = \pi - \varepsilon$ or $(2n-1)\pi + \varepsilon$"，ISB に対して "$\varphi_D - \varphi_{in} = \pi - \varepsilon$ or $-\pi + \varepsilon$" を満たす角度を表している。また，$\varepsilon = 0$ を境に，$\varepsilon > 0$ が明領域（回折波に加えて，"楔を構成する面での反射波" もしくは "直接入射する波" も定義できる領域），$\varepsilon < 0$ が影領域となるように定義している。

$$\cot\left(\frac{\pi \pm \mu}{2n}\right) F\bigl(kLa^{\pm}(\mu)\bigr) \approx n\left[\sqrt{2\pi kL}\operatorname{sgn}\varepsilon - 2kL\varepsilon \cdot e^{j\frac{\pi}{4}}\right] e^{j\frac{\pi}{4}} \quad (3.86)^{\dagger 1}$$

で近似し，$\varepsilon = 0$ となる RSB と ISB における値は

$$\cot\left(\frac{\pi \pm \mu}{2n}\right) F\bigl(kLa^{\pm}(\mu)\bigr) \approx \lim_{\varepsilon \to 0} n\left[\sqrt{2\pi kL}\operatorname{sgn}\varepsilon - 2kL\varepsilon \cdot e^{j\frac{\pi}{4}}\right] e^{j\frac{\pi}{4}}$$

より求める[†2]。

つぎに式 (3.77) の $\mathbf{R}_0$ と $\mathbf{R}_n$ について説明する。回折における電界の基底ベクトルは $(\hat{u}_\beta^{in}, \hat{u}_\varphi^{in})$ と $(\hat{u}_\beta^D, \hat{u}_\varphi^D)$ であり，反射の基底ベクトルは $(\hat{u}_\perp^{in}, \hat{u}_\parallel^{in})$ と $(\hat{u}_\perp^R, \hat{u}_\parallel^R)$ である。したがって，"0" 面と "n" 面における反射係数を求めるためには座標変換が必要となる。$\hat{u}_\beta^{in}$ と $\hat{u}_\parallel^{in}$ のなす角を $\delta^{(0,n)}$（ただし，$\delta^{(0)}$：" 0" 面を基準とする角度，$\delta^{(n)}$：" n" 面を基準とする角度）とすると，反射係数 $\mathbf{R}_{0,n}$ は

$$\begin{aligned}
&\mathbf{R}_{0,n} \\
&= \begin{bmatrix} R_{11}^{(0,n)} & R_{12}^{(0,n)} \\ R_{21}^{(0,n)} & R_{22}^{(0,n)} \end{bmatrix} \\
&= \begin{bmatrix} \cos\delta^{(0,n)} & \sin\delta^{(0,n)} \\ -\sin\delta^{(0,n)} & \cos\delta^{(0,n)} \end{bmatrix} \begin{bmatrix} R_\parallel^{(0,n)} & 0 \\ 0 & R_\perp^{(0,n)} \end{bmatrix} \begin{bmatrix} \cos\delta^{(0,n)} & \sin\delta^{(0,n)} \\ -\sin\delta^{(0,n)} & \cos\delta^{(0,n)} \end{bmatrix} \\
&= \begin{bmatrix} R_\parallel^{(0,n)}\cos^2\delta^{(0,n)} - R_\perp^{(0,n)}\sin^2\delta^{(0,n)} & \bigl(R_\parallel^{(0,n)} + R_\perp^{(0,n)}\bigr)\sin\delta^{(0,n)}\cos\delta^{(0,n)} \\ -\bigl(R_\parallel^{(0,n)} + R_\perp^{(0,n)}\bigr)\sin\delta^{(0,n)}\cos\delta^{(0,n)} & -R_\parallel^{(0,n)}\sin^2\delta^{(0,n)} + R_\perp^{(0,n)}\cos^2\delta^{(0,n)} \end{bmatrix}
\end{aligned}$$
$$(3.87)$$

で与えられる（詳細は文献53),54) を参照）。また，式 (3.87) の $R_\parallel^{(0,n)}$，$R_\perp^{(0,n)}$

[†1] sgn($\cdot$) は "sgn($\varepsilon > 0$) = 1, sgn($\varepsilon = 0$) = 0, sgn($\varepsilon < 0$) = -1" で定義される符号関数（sign function または signum function）。また，式 (3.86) を適用する領域（ε の範囲）については明確な定義がなく，経験によるところが大きい。本書の計算例では，$\left|\tan\left(\frac{\pi\pm\mu}{2n}\right)\right| < 10^{-10}$ となる場合に適用している。

[†2] $\lim_{\varepsilon \to +0}\operatorname{sgn}\varepsilon = 1$（$\varepsilon > 0$ より極限をとる場合），$\lim_{\varepsilon \to -0}\operatorname{sgn}\varepsilon = -1$（$\varepsilon < 0$ より極限をとる場合）となることに注意。本書の計算例では後者で定義している。なお，前者の場合は境界を明領域として定義していることから，トータルの電界を求める際には"楔を構成する面での反射波"もしくは"直接入射する波"の電界も加算する必要がある。

は式 (3.47),(3.48) より与えられる 2 層媒質のフレネルの反射係数であり，その入射角（反射角）は

1) $(n-1)\pi \leq \varphi_{in} \leq \pi$ の場合（図 **3.15**(a)）
   $\mathbf{R}_0$："0" 面の法線ベクトル $\hat{n}_0$ と入射レイ $(-\hat{r}_{in})$ のなす角 θ_0
   $\mathbf{R}_n$："n" 面の法線ベクトル $\hat{n}_n$ と入射レイ $(-\hat{r}_{in})$ のなす角 θ_n

2) $0 < \varphi_{in} < (n-1)\pi$ の場合（図 3.15(b)）
   $\mathbf{R}_0$："0" 面の法線ベクトル $\hat{n}_0$ と入射レイ $(-\hat{r}_{in})$ のなす角 θ_0
   $\mathbf{R}_n$："n" 面の法線ベクトル $\hat{n}'_n\,(=-\hat{n}_n)$ と入射レイ $(-\hat{r}_{in})$ のなす角 θ_n

3) $\pi < \varphi_{in} < n\pi$ の場合（図 3.15(c)）
   $\mathbf{R}_0$："0" 面の法線ベクトル $\hat{n}'_0\,(=-\hat{n}_0)$ と入射レイ $(-\hat{r}_{in})$ のなす角 θ_0
   $\mathbf{R}_n$："n" 面の法線ベクトル $\hat{n}_n$ と入射レイ $(-\hat{r}_{in})$ のなす角 θ_n

で定義する（文献43）の 4.4.2 項）。なお，$\delta^{(0,n)}$ を求める際の法線ベクトルもこの定義を用いる。また，図 3.11 に示す Q_D を原点とする座標を用い，図の z 軸に平行な面の法線ベクトルを $\hat{n} = (\cos\varphi, \sin\varphi, 0)$ とし，$\hat{l} = (0,0,1)$ とあわせて式 (3.66) と式 (3.33) に代入することにより，$(\hat{u}^{in}_\beta, \hat{u}^{in}_\varphi)$ と $(\hat{u}^{in}_\perp, \hat{u}^{in}_\parallel)$ を

$$\begin{cases} \hat{u}^{in}_\varphi = \dfrac{\sin\beta_{in}}{|\sin\beta_{in}|}(-\sin\varphi_{in}\hat{e}_x + \cos\varphi_{in}\hat{e}_y) \\ \hat{u}^{in}_\beta = \dfrac{\sin\beta_{in}}{|\sin\beta_{in}|}\{-\cos\beta_{in}(\cos\varphi_{in}\hat{e}_x + \sin\varphi_{in}\hat{e}_y) + \sin\beta_{in}\hat{e}_z\} \end{cases}$$

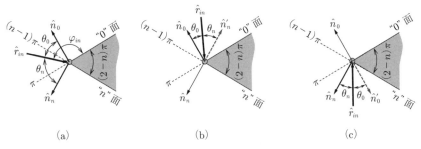

図 **3.15** 反射係数を求めるための入射角の定義

$$
\begin{cases}
\hat{u}_\perp^{in} = \dfrac{-\sin\varphi\cos\beta_{in}\hat{e}_x + \cos\varphi\cos\beta_{in}\hat{e}_y - \sin\beta_{in}\sin(\varphi_{in}-\varphi)\hat{e}_z}{\sqrt{\cos^2\beta_{in} + \sin^2\beta_{in}\cos^2(\varphi_{in}-\varphi)}} \\
\hat{u}_\parallel^{in} = \big\{(\sin^2\beta_{in}\sin\varphi_{in}\sin(\varphi_{in}-\varphi) + \cos^2\beta_{in}\cos\varphi)\hat{e}_x \\
\qquad\quad + (\cos^2\beta_{in}\sin\varphi - \sin^2\beta_{in}\cos\varphi_{in}\sin(\varphi_{in}-\varphi))\hat{e}_y \\
\qquad\quad - \sin\beta_{in}\cos\beta_{in}\cos^2(\varphi_{in}-\varphi)\hat{e}_z\big\} \\
\qquad\quad \div \sqrt{\cos^2\beta_{in} + \sin^2\beta_{in}\cos^2(\varphi_{in}-\varphi)}
\end{cases}
$$

と表せば，δ は

$$
\begin{aligned}
\delta &= \cos^{-1}\big(\hat{u}_\beta^{in}\cdot\hat{u}_\parallel^{in}\big) \\
&= \cos^{-1}\left(\frac{-\sin\beta_{in}\cos\beta_{in}\cos(\varphi_{in}-\varphi)}{|\sin\beta_{in}|\sqrt{\cos^2\beta_{in}+\sin^2\beta_{in}\sin^2(\varphi_{in}-\varphi)}}\right)
\end{aligned} \tag{3.88}
$$

で与えられる。

続いて，$\boldsymbol{\Gamma}_0$ と $\boldsymbol{\Gamma}_n$ について説明する。これらの行列の要素を $\boldsymbol{\Gamma}_{0,n} = \begin{bmatrix} \Gamma_{11}^{(0,n)} & \Gamma_{12}^{(0,n)} \\ \Gamma_{21}^{(0,n)} & \Gamma_{22}^{(0,n)} \end{bmatrix}$ とすると，その要素 $\Gamma_{xy}^{(0,n)}$ は式 (3.87) の反射係数の要素を用いて

$$
\Gamma_{xy}^{(0)} = \begin{cases} \dfrac{1}{1-R_{xy}^{(0)}} & when\ \varphi_{in}=0\ \&\ |1-R_{xy}^{(0)}|>0 \\ \dfrac{1}{2} & when\ \varphi_{in}=n\pi \\ 1 & elsewhere \end{cases}
$$
$$
\Gamma_{xy}^{(n)} = \begin{cases} \dfrac{1}{1-R_{xy}^{(n)}} & when\ \varphi_{in}=n\pi\ \&\ |1-R_{xy}^{(n)}|>0 \\ \dfrac{1}{2} & when\ \varphi_{in}=0 \\ 1 & elsewhere \end{cases}
\tag{3.89}
$$

で与えられる。ここで，式に対する理解を容易にするために，$\beta_{in}=\pi/2$ でレイが入射する特別な場合を考える。この場合，式 (3.88) より $\delta=\pi/2$ となることから，式 (3.87) は

$$\mathbf{R}_{0,n} = \begin{bmatrix} -R_\perp^{(0,n)} & 0 \\ 0 & -R_\parallel^{(0,n)} \end{bmatrix} \tag{3.90}$$

となり,式 (3.77) のスカラ回折係数は

$$\left.\begin{aligned} D_a &= \varGamma_{11}^{(0)}\bigl\{D^-(\varphi_D-\varphi_{in}) + R_\perp^{(0)}D^-(\varphi_D+\varphi_{in})\bigr\} \\ &\quad + \varGamma_{11}^{(n)}\bigl\{D^+(\varphi_D-\varphi_{in}) + R_\perp^{(n)}D^+(\varphi_D+\varphi_{in})\bigr\} \\ D_b &= D_c = 0 \\ D_d &= \varGamma_{22}^{(0)}\bigl\{D^-(\varphi_D-\varphi_{in}) + R_\parallel^{(0)}D^-(\varphi_D+\varphi_{in})\bigr\} \\ &\quad + \varGamma_{22}^{(n)}\bigl\{D^+(\varphi_D-\varphi_{in}) + R_\parallel^{(n)}D^+(\varphi_D+\varphi_{in})\bigr\} \end{aligned}\right\} \tag{3.91}$$

と表せる,式 (3.76) のダイアド回折係数は

$$\overline{\mathbf{D}} = -D_a \hat{u}_\beta^{in} \hat{u}_\beta^D - D_d \hat{u}_\varphi^{in} \hat{u}_\varphi^D \tag{3.92}$$

となる。なお,幾何光学的回折理論においては,しばしば,D_a と D_d をそれぞれ D_s と D_h (添字の s, h は "soft" と "hard" を意味する) で表記することに注意。回折係数の要素である $D^+(\varphi_D+\varphi_{in})$, $D^+(\varphi_D-\varphi_{in})$, $D^-(\varphi_D+\varphi_{in})$, $D^-(\varphi_D-\varphi_{in})$ の計算例を図 **3.16** に示す。図より,入射角 $\varphi_{in}=30°$ の場合には,$D^-(\varphi_D-\varphi_{in})$ の項が ISB を与え,$D^-(\varphi_D+\varphi_{in})$ が RSB を与えることがわかる。また,入射角 $\varphi_{in}=240°$ の場合には,$D^+(\varphi_D-\varphi_{in})$ の項が ISB

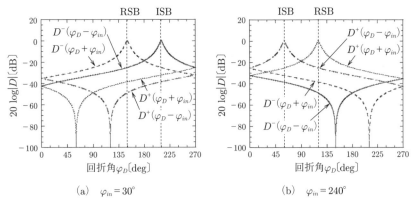

図 **3.16** 回折係数の各要素の計算例 (ただし,$\beta_{in}=\pi/2, n=3/2$)

を与え，$D^+(\varphi_D + \varphi_{in})$ が RSB を与えることがわかる．

┌─ コーヒーブレイク ─┐

式 (3.77) の回折係数に至るまで

クユムジャンとパサックにより提案された UTD において，回折係数は

$$\overline{\mathbf{D}} = -D_\beta \hat{u}_\beta^{in} \hat{u}_\beta^D - D_\varphi \hat{u}_\varphi^{in} \hat{u}_\varphi^D \tag{1}$$

ただし

$$\left.\begin{aligned}
D_\beta &= D^-(\varphi_D - \varphi_{in}) - D^-(\varphi_D + \varphi_{in}) \\
&\quad + D^+(\varphi_D - \varphi_{in}) - D^+(\varphi_D + \varphi_{in}) \\
D_\varphi &= D^-(\varphi_D - \varphi_{in}) + D^-(\varphi_D + \varphi_{in}) \\
&\quad + D^+(\varphi_D - \varphi_{in}) + D^+(\varphi_D + \varphi_{in})
\end{aligned}\right\} \tag{2}$$

で表される[51]．ここで，式 (2) の右辺の関数は式 (3.78)，(3.79) で表され，それぞれは図に示すように，$D^-(\varphi_D - \varphi_{in})$ と $D^-(\varphi_D + \varphi_{in})$ は "0" 面からレイが入射した場合にそれぞれ "ISB を基準とする回折パターン" と "RSB を基準とする回折パターン" を表しており，$D^+(\varphi_D - \varphi_{in})$ と $D^+(\varphi_D + \varphi_{in})$ は "n" 面からレイが入射した場合にそれぞれ "ISB を基準とする回折パターン" と "RSB を基準とする回折パターン" を表している．なお，これらは図 3.16 の計算結果からもわかるとおりである．

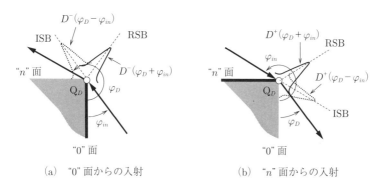

(a) "0" 面からの入射　　(b) "n" 面からの入射

図　回折係数に含まれる各関数の意味

RSB を基準とするということは回折点 Q_D における反射レイの散乱パターンを意味しており，特に $\beta_{in} = \pi/2$ でレイが入射（すなわち，レイが水平面内で入射）する場合を考えると，式 (2) の $D^-(\varphi_D + \varphi_{in})$ と $D^+(\varphi_D + \varphi_{in})$ の符号

は各偏波における完全導体の反射係数を表している．ルーバスはここに着目し，"導電率が有限な媒体" に適用できるよう

$$\left.\begin{aligned} D_\beta &= D^-(\varphi_D - \varphi_{in}) + R_\perp^{(0)} D^-(\varphi_D + \varphi_{in}) \\ &\quad + D^+(\varphi_D - \varphi_{in}) + R_\perp^{(n)} D^+(\varphi_D + \varphi_{in}) \\ D_\varphi &= D^-(\varphi_D - \varphi_{in}) + R_\parallel^{(0)} D^-(\varphi_D + \varphi_{in}) \\ &\quad + D^+(\varphi_D - \varphi_{in}) + R_\parallel^{(n)} D^+(\varphi_D + \varphi_{in}) \end{aligned}\right\} \quad (3)$$

と拡張した[50]．さらに，スロープ回折へも対応するために，ルーバスはこれを

$$\begin{aligned} D_{\beta,\varphi} &= \frac{1}{1 + R_{\perp,\parallel}^{(0)}} \{D^-(\varphi_D - \varphi_{in}) + R_{\perp,\parallel}^{(0)} D^-(\varphi_D + \varphi_{in})\} \\ &\quad + \frac{1}{1 + R_{\perp,\parallel}^{(n)}} \{D^+(\varphi_D - \varphi_{in}) + R_{\perp,\parallel}^{(n)} D^+(\varphi_D + \varphi_{in})\} \end{aligned} \quad (4)$$

と拡張した[52]．なお，式 (4) において，右辺の $\perp$, $\parallel$ はそれぞれ β, φ に対応している．ここで，ルーバスは式 (3) と式 (4) ともにレイが水平面内で入射した場合しか示していない．そこで，最後に，反射と回折の基底ベクトルの関係を考慮して "レイが斜め入射する場合" へと拡張して得られたのが式 (3.77) の回折係数である[53]．

3.6　複数回の反射・透過・回折を伴う伝搬

幾何光学近似（GO）および幾何光学的回折理論（GTD）において，反射・透過・回折のような相互作用の種類にかかわらず，相互作用点 Q から距離 r 離れた観測点における電界 $\mathbf{E}_{out}$ は，式 (3.42), (3.57), (3.72) に示すように

$$\mathbf{E}_{out}(r) = \mathbf{E}_{in}(Q) \cdot \overline{\mathbf{W}} A e^{-jkr} \quad (3.93)$$

で与えられる．ここで，$\overline{\mathbf{W}}$ は構造物との相互作用（反射・透過・回折）に伴う，ダイアドで表した係数，すなわち $\overline{\mathbf{R}}$, $\overline{\mathbf{T}}$, $\overline{\mathbf{D}}$ のいずれかである．したがって，送信点から受信点まで複数の相互作用を伴うレイが得られれば，i 番目の相互作用点における入射電界 $\mathbf{E}_{in}(Q_i)$ が

$$\mathbf{E}_{in}(Q_i) = \mathbf{E}_{in}(Q_{i-1}) \cdot \overline{\mathbf{W}}_i A_i e^{-jkr_i} \tag{3.94}$$

で表されることから，受信点までトータル N 回の相互作用を伴うレイの電界は，"$\mathbf{E}_{in}(Q_1) \Rightarrow \mathbf{E}_{in}(Q_2) \Rightarrow \cdots \Rightarrow \mathbf{E}_{in}(Q_{N-1}) \Rightarrow \mathbf{E}_{in}(Q_N) \Rightarrow \mathbf{E}_{out}$" と逐次計算していけばよい．ただし，この演算は

$$\begin{aligned}\mathbf{E}_{out} &= \mathbf{E}_{in}(Q_1) \cdot \overline{\mathbf{W}}_1 A_1 e^{-jkr_1} \cdot \overline{\mathbf{W}}_2 A_2 e^{-jkr_2} \cdots \overline{\mathbf{W}}_N A_N e^{-jkr_N}\\ &= \mathbf{E}_{in}(Q_1) \cdot \prod_{i=1}^{N} \overline{\mathbf{W}}_i A_i e^{-jkr_i}\\ &= \mathbf{E}_{in}(Q_1) \left(\prod_{i=1}^{N} A_i\right) \exp\left(-jk \sum_{i=1}^{N} r_i\right) \left(\prod_{i=1}^{N} \overline{\mathbf{W}}_i\right)\end{aligned} \tag{3.95}$$

とまとめられることから，送信点から受信点までのパラメータより各項目（拡散係数の積算，送信点から受信点までの延べ距離，相互作用係数の積算）を計算した後，式 (3.95) を用いて受信点の電界を求めてもよい．なお，$\overline{\mathbf{W}}_i$ はダイアドであることから，その積算の順番を変えることはできない．

また，前述したように移動伝搬では基本的に"電波は点波源から放射された球面波"と仮定することから，$\mathbf{E}_{in}(Q_1)$ を式 (3.20) で表せば，式 (3.95) は

$$\begin{aligned}\mathbf{E}_{out} &= E_0 \frac{e^{-jkr_0}}{r_0} \mathbf{D}_{T}(\theta_T, \varphi_T) \left(\prod_{i=1}^{N} A_i\right) \exp\left(-jk \sum_{i=1}^{N} r_i\right) \left(\prod_{i=1}^{N} \overline{\mathbf{W}}_i\right)\\ &= E_0 \frac{e^{-jkr_{total}}}{r_0} \mathbf{D}_{T}(\theta_T, \varphi_T) \left(\prod_{i=1}^{N} A_i\right) \left(\prod_{i=1}^{N} \overline{\mathbf{W}}_i\right)\end{aligned} \tag{3.96}$$

となる．ただし，送信点から最初の相互作用点 Q_1 までの距離を r_0，送信点から受信点までのレイの延べ距離を $r_{total} = \sum_{i=0}^{N} r_i$ としている．

以上が複数回の反射・透過・回折を伴うレイの電界を求める基本的な演算である．以下では，式 (3.96) についてより詳細に説明する．

3.6.1 反射と透過を複数伴う伝搬

電波が点波源から放射され，かつすべての反射面や透過面が図 3.3 に示すような平面で与えられる場合，i 番目の相互作用後のレイの波面は，その曲率半径

が $R'_1 = R'_2 = \sum_{j=0}^{i} r_j$ となる.したがって,その拡散係数 A_i は

$$A_i = \frac{\sum_{j=0}^{i-1} r_j}{\sum_{j=0}^{i-1} r_j + r_i} = \frac{\sum_{j=0}^{i-1} r_j}{\sum_{j=0}^{i} r_j} \tag{3.97}$$

で与えられ,その $i = 1 \sim N$ の積は

$$\prod_{i=1}^{N} A_i = \prod_{i=1}^{N} \frac{\sum_{j=0}^{i-1} r_j}{\sum_{j=0}^{i} r_j} = \frac{\sum_{j=0}^{0} r_j}{\sum_{j=0}^{1} r_j} \frac{\sum_{j=0}^{1} r_j}{\sum_{j=0}^{2} r_j} \cdots \frac{\sum_{j=0}^{N-2} r_j}{\sum_{j=0}^{N-1} r_j} \frac{\sum_{j=0}^{N-1} r_j}{\sum_{j=0}^{N} r_j} = \frac{r_0}{\sum_{i=0}^{N} r_i}$$

$$= \frac{r_0}{r_{total}} \tag{3.98}$$

で与えられる.したがって,式 (3.96) の電界は

$$\mathbf{E}_{out} = E_0 \frac{e^{-jkr_{total}}}{r_{total}} \mathbf{D}_{\mathrm{T}}(\theta_{\mathrm{T}}, \varphi_{\mathrm{T}}) \left(\prod_{i=1}^{N} \overline{\mathbf{W}}_i \right) \tag{3.99}$$

と簡易になる.

3.6.2 回折を複数伴う伝搬

すべての回折エッジが図 **3.17** に示すように直線で与えられる場合,エッジ $\#i$ で回折したレイの拡散係数は,回折点 $\mathrm{Q}_{\mathrm{D}}^{(i)}$ からつぎの回折点 $\mathrm{Q}_{\mathrm{D}}^{(i+1)}$ までの距離 r_i とエッジ$\#i$ 上の曲率半径 R_i を用いて

$$A_i = \sqrt{\frac{R_i}{r_i(R_i + r_i)}} \tag{3.100}$$

で与えられる.ここで,エッジ$\#(i-1)$ で回折後の波面,すなわちエッジ$\#i$ への入射波面の主曲率半径は $R_a = R_{i-1} + r_{i-1}$ と $R_b = r_{i-1}$ である.したがって,式 (3.100) の曲率半径 R_i は式 (3.74) と同様に

$$\frac{1}{R_i} = \frac{\cos^2 \Omega_i}{R_{i-1} + r_{i-1}} + \frac{\sin^2 \Omega_i}{r_{i-1}} \tag{3.101}$$

3.6 複数回の反射・透過・回折を伴う伝搬

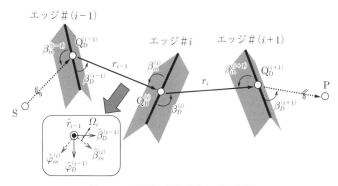

図 3.17 回折を複数伴うレイの伝搬

より求められる。また，角度 Ω_i は，図 3.17 に示すように，レイのエッジ#$(i-1)$ を基準とした座標系における単位ベクトル $\hat{\beta}_D^{(i-1)}$（もしくは $\hat{\varphi}_D^{(i-1)}$）とエッジ #i を基準とした座標系における単位ベクトル $\hat{\beta}_{in}^{(i)}$（もしくは $\hat{\varphi}_{in}^{(i)}$）のなす角として与えられる。なお，単位ベクトル $(\hat{\beta}_D^{(i-1)}, \hat{\varphi}_D^{(i-1)})$ はエッジ#$(i-1)$ の回折レイとしての電界基底ベクトル $(\hat{u}_\beta^D, \hat{u}_\varphi^D)$（式 (3.67) 参照）と同一であり，単位ベクトル $(\hat{\beta}_{in}^{(i)}, \hat{\varphi}_{in}^{(i)})$ はエッジ#i の入射レイとしての電界基底ベクトル $(\hat{u}_\beta^{in}, \hat{u}_\varphi^{in})$（式 (3.66) 参照）と同一である。したがって，特に"エッジ#$(i-1)$ とエッジ#i が直交（$\Omega_i = 90°$）"している場合には曲率半径 R_i が r_{i-1} と等しくなることから，拡散係数は $A_i = \sqrt{r_{i-1}/\{r_i(r_{i-1}+r_i)\}}$ となる。また，"エッジ#$(i-1)$ とエッジ#i が平行（$\Omega_i = 0°$）"の場合には曲率半径 R_i が $(R_{i-1}+r_{i-1})$ と等しくなることから，拡散係数は $A_i = \sqrt{(R_{i-1}+r_{i-1})/\{r_i(R_{i-1}+r_{i-1}+r_i)\}}$ となる。

以上より，各エッジで回折した後の拡散係数を求めれば，回折を複数伴ったレイの受信点における電界は

$$\mathbf{E}_{out} = E_0 \frac{e^{-jkr_{total}}}{r_0} \mathbf{D}_\mathrm{T}(\theta_\mathrm{T}, \varphi_\mathrm{T}) \left(\prod_{i=1}^N A_i\right) \left(\prod_{i=1}^N \overline{\mathbf{D}}_i\right) \tag{3.102}$$

で与えられる。なお，式 (3.76) より回折係数 $\overline{\mathbf{D}}_i$ を求める際のパラメータ L の計算には式 (3.101) で定義される曲率 R_i を考慮する必要がある。特別な場合と

して，すべてのエッジが交互に直交している場合，式 (3.102) における拡散係数の積は

$$\prod_{i=1}^{N} A_i = \prod_{i=1}^{N} \sqrt{\frac{r_{i-1}}{r_i(r_{i-1}+r_i)}}$$

$$= \sqrt{\frac{r_0}{r_1(r_0+r_1)}\frac{r_1}{r_2(r_1+r_2)}\cdots\frac{r_{N-2}}{r_{N-1}(r_{N-2}+r_{N-1})}\frac{r_{N-1}}{r_N(r_{N-1}+r_N)}}$$

$$= \sqrt{\frac{r_0}{(r_0+r_1)}\frac{1}{(r_1+r_2)}\cdots\frac{1}{(r_{N-2}+r_{N-1})}\frac{1}{r_N(r_{N-1}+r_N)}}$$

$$= \sqrt{\frac{r_0}{r_N}}\prod_{i=1}^{N}\sqrt{\frac{1}{r_{i-1}+r_i}} \tag{3.103}$$

で与えられる。また，すべてのエッジが平行しており，かつ送信点からの出射が球面波の場合，式 (3.102) の拡散係数の積は

$$\prod_{i=1}^{N} A_i = \prod_{i=1}^{N} \sqrt{\frac{R_{i-1}+r_{i-1}}{r_i(R_{i-1}+r_{i-1}+r_i)}}$$

$$= \sqrt{\frac{r_0}{r_1(r_0+r_1)}\cdots\frac{R_{N-1}+r_{N-1}}{r_N(R_{N-1}+r_{N-1}+r_N)}}$$

$$= \sqrt{\frac{r_0}{r_1}\frac{1}{r_2}\cdots\frac{1}{r_{N-1}}\frac{1}{r_N(R_{N-1}+r_{N-1}+r_N)}}$$

$$= \sqrt{\frac{r_0}{\sum_{i=0}^{N}r_i}}\prod_{i=1}^{N}\sqrt{\frac{1}{r_i}} = \frac{r_0}{r_{total}}\sqrt{\frac{r_{total}}{\prod_{i=0}^{N}r_i}} \tag{3.104}$$

で与えられる。例として，図 **3.18** のモデル（ナイフエッジ[†]が二つ（ダブルナイフエッジ），$\beta_{in} = \pi/2$ とする 2 次元モデル）を用いて 2 回回折を計算した結果を図 **3.19** に示す。ただし，受信アンテナ高 h_R が 100 m 以上では回折点 $Q_D^{(1)}$ からの 1 回回折レイを 2 回回折レイに加算し，送受が見通しとなる $h_R \geq 250\,\mathrm{m}$ ではさらに直接レイも加算している。また，図の縦軸は超過損失（経路長を同

[†] 図 3.11 のモデルにおいて，ナイフエッジは開き角が 0 の楔と考えればよい。すなわち，計算においては $n = 2$ とする。

3.6 複数回の反射・透過・回折を伴う伝搬　75

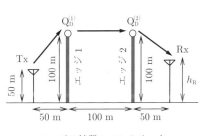

図 3.18　2回回折の評価用モデル

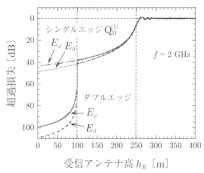

図 3.19　2回回折の計算結果

一とした場合の自由空間損失からの超過分）である．図には回折点 $Q_D^{(1)}$ のナイフエッジが一つ（シングルナイフエッジ）の場合の結果も示してあり，h_R が 100 m 以下になると急激に損失が大きくなることがわかる．

ところで，移動伝搬の解析では，図 3.20 に示すように，電波が厚みのある障壁（例えばビル）を回り込んで伝搬してくるような場合も計算する必要がある．このような場合においても，式 (3.77) の回折係数を用いれば計算は可能である．$Q_D^{(1)}$ と $Q_D^{(2)}$ の間はクリーピング波となり，このような回折は特にスロープ回折と呼ばれる．スロープ回折では $Q_D^{(2)}$ への入射角 $\varphi_{in}^{(2)}$ がゼロとなることから，その回折係数は小さな値となる．例えば，$\beta_{in} = \pi/2$ でレイが入射する場合の回折係数を考える．式 (3.91) のスカラ回折係数は，構造物が誘電体の場合では "$R_{\perp,\parallel}^{(0)} = -1$" となることから

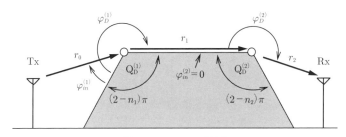

図 3.20　スロープ回折

76   3. レイトレーシング法の基礎

$$\begin{cases} D_a^{(2)} = \dfrac{\left(1 + R_\perp^{(n)}\right)}{2} D^+(\varphi_D) \\ D_d^{(2)} = \dfrac{\left(1 + R_\parallel^{(n)}\right)}{2} D^+(\varphi_D) \end{cases}$$

となり，構造物が完全導体の場合では "$R_\perp^{(0,n)} = -1,\ R_\parallel^{(0,n)} = 1$" となることから

$$\begin{cases} D_a^{(2)} = 0 \\ D_d^{(2)} = D^-(\varphi_D) + D^+(\varphi_D) \end{cases}$$

となる。

例として，図 **3.21**(a) の評価用モデル（$n_1 = n_2 = 3/2$ であり，$\beta_{in} = \pi/2$ とする 2 次元モデル）を用いてスロープ回折を計算した結果を図 3.21(b) に示

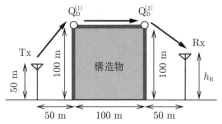

(a) 評価用モデル

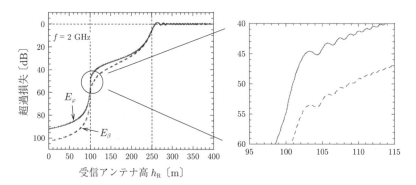

(b) 計算結果

図 **3.21**　スロープ回折の計算結果

す．ただし，図 3.19 の計算と同様に，受信アンテナ高 h_R が 100 m 以上では回折点 $\mathrm{Q}_\mathrm{D}^{(1)}$ からの 1 回回折レイを 2 回回折レイに加算し，送受が見通しとなる $h_\mathrm{R} \geq 250\,\mathrm{m}$ ではさらに直接レイも加算している．図 3.21(a) のモデルはスケールを図 3.18 とあわせていることから，結果を図 3.19 と直接比較することができる．これらを比較すると，スロープ回折の場合にはダブルナイフエッジの場合よりも，h_R が 100 m 前後で変化が滑らかになっていることがわかる．なお，E_β（電界の β 成分）が値を持つのは構造物の材質が誘電体であることによる．

ここでは文献53) と同様に式 (3.95) に基づく計算法を結果例とともに示したが，スロープ回折を厳密に求めるためにはより高次の回折を考慮する必要がある[52),55)]．その詳細については付録 A.5 節を参照されたい．

3.7 マルチパス伝搬への拡張

図 2.2 のマルチパス環境では，送信点から受信点まで複数のレイがトレースされる．いま，受信点に到来するレイの数を N_{ray}，式 (3.95) もしくは式 (3.96) より得られる各レイの電界を $\mathbf{E}_{out}^{(i)}$（ただし，$i = 0 \sim N_{ray}$）とする．ここで，一般的に $\mathbf{E}_{out}^{(i)}$ の基底ベクトルはそれぞれ異なることから，各レイに対して式 (3.21), (3.22) より受信アンテナを基準とする基底ベクトル $(\hat{\varphi}_\mathrm{R}, \hat{\theta}_\mathrm{R})$ へ変換した電界を $\mathbf{E}_{in}^{(i)}$ $(= E_{in}^{(i,\varphi)} \hat{\varphi}_\mathrm{R} + E_{in}^{(i,\theta)} \hat{\theta}_\mathrm{R})$ とする．この変換後の電界を用いると，受信点における電界は各レイの電界の加算として

$$\mathbf{E}_{in} = \sum_{i=1}^{N_{ray}} \mathbf{E}_{in}^{(i)} = \sum_{i=1}^{N_{ray}} E_{in}^{(i,\varphi)} \hat{\varphi}_\mathrm{R} + \sum_{i=1}^{N_{ray}} E_{in}^{(i,\theta)} \hat{\theta}_\mathrm{R} \tag{3.105}$$

で与えられる．また，アンテナで受信される信号の複素振幅は式 (3.105) を式 (3.23) の受信アンテナの指向性を用いることで，式 (3.24) より

$$\begin{aligned} a_\mathrm{R} &= \mathbf{E}_{in} \cdot \mathbf{D}_\mathrm{R}\big(\theta_\mathrm{R}^{(i)}, \varphi_\mathrm{R}^{(i)}\big) \frac{\lambda}{\sqrt{4\pi Z_0}} \\ &\left(= \sum_{i=1}^{N_{ray}} \mathbf{E}_{out}^{(i)} \cdot \mathbf{D}_\mathrm{R}\big(\theta_\mathrm{R}^{(i)}, \varphi_\mathrm{R}^{(i)}\big) \frac{\lambda}{\sqrt{4\pi Z_0}}\right) \end{aligned} \tag{3.106}$$

で与えられる．なお，右辺の第2式は "$\mathbf{E}_{in}^{(i)} \cdot \mathbf{D}_\mathrm{R} = \mathbf{E}_{out}^{(i)} \cdot \mathbf{D}_\mathrm{R}$" の関係による．
また，各レイにおける受信信号の複素振幅は

$$\begin{aligned}
a_\mathrm{R}^{(i)} &= \mathbf{E}_{out}^{(i)} \cdot \mathbf{D}_\mathrm{R}\bigl(\theta_\mathrm{R}^{(i)}, \varphi_\mathrm{R}^{(i)}\bigr) \frac{\lambda}{\sqrt{4\pi Z_0}} \\
&= \mathbf{E}_{in}^{(i)} \cdot \mathbf{D}_\mathrm{R}\bigl(\theta_\mathrm{R}^{(i)}, \varphi_\mathrm{R}^{(i)}\bigr) \frac{\lambda}{\sqrt{4\pi Z_0}}
\end{aligned} \tag{3.107}$$

と表せることから，式 (3.106) は

$$\begin{aligned}
a_\mathrm{R} &= \sum_{i=1}^{N_{ray}} \mathbf{E}_{out}^{(i)} \cdot \mathbf{D}_\mathrm{R}\bigl(\theta_\mathrm{R}^{(i)}, \varphi_\mathrm{R}^{(i)}\bigr) \frac{\lambda}{\sqrt{4\pi Z_0}} \\
&= \sum_{i=1}^{N_{ray}} \mathbf{E}_{in}^{(i)} \cdot \mathbf{D}_\mathrm{R}\bigl(\theta_\mathrm{R}^{(i)}, \varphi_\mathrm{R}^{(i)}\bigr) \frac{\lambda}{\sqrt{4\pi Z_0}} \\
&= \sum_{i=1}^{N_{ray}} a_\mathrm{R}^{(i)}
\end{aligned} \tag{3.108}$$

と表すことも可能である．複素振幅が与えられれば，受信電力は $P_\mathrm{R} = |a_\mathrm{R}|^2$ より求めればよい．

3.8 レイトレーシング法の適用範囲

3.8.1 構造物の大きさ（開口や面のサイズ）からみた適用範囲

いま，図 **3.22** に示すように，波源 S と観測点 P が矩形開口（サイズ $W \times L$）

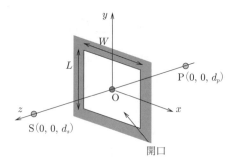

図 **3.22** 矩形開口における回折の解析モデル

の両側に存在しているものとする。幾何光学近似（GO）に基づくレイトレースでは，図 **3.23**(a) のように，S から P への直接レイと S から開口エッジで回折して P に至る回折レイをトレースし，その電界を求める。なお，図 3.22 のように S と P が z 軸上，もしくはその近辺にある場合には，回折レイは 4 本となる。直接レイの電界を E_0，4 本の回折レイの電界を E_{D1}, E_{D2}, E_{D3}, E_{D4} とすると，P での電界はそれらを加算した

$$E_{GO} = E_0 + E_{D1} + E_{D2} + E_{D3} + E_{D4} \tag{3.109}$$

で与えられる。一方，従来，この問題は付録 A.6 節に示す物理光学近似（physical optics, PO）がよい近似を与えることが知られている。物理光学近似では図 3.23(b) に示すように開口の微小領域 $dxdy$ を通って観測点に到来する素波を考え，電界 E_{PO} はこのような素波を開口内で面積分することで求める（詳細は付録 A.6.2 項参照）。

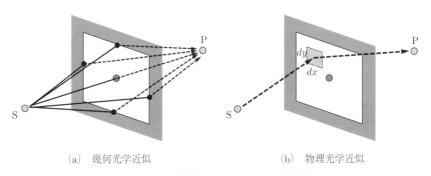

(a) 幾何光学近似　　　　　　(b) 物理光学近似

図 **3.23**　矩形開口における回折の解析法

図 3.22 の解析モデルをもとに $d_s = d_p = 100\,\mathrm{m}$, $f = 3\,\mathrm{GHz}$, $W = L$, 開口を有する障壁：完全導体，として幾何光学近似と物理光学近似による電界を計算した結果を図 **3.24** に示す。なお，図 3.24(a) と図 3.24(b) は同一の結果であり，図 3.24(b) は横軸のスケールを拡大したものである。図において，縦軸は自由空間における電界 E_f で規格化した相対電界強度 $|E/E_f|$ を表しており，横軸は開口サイズ $W\,(=L)$ を第 1 フレネルゾーンの直径（第 1 フレネル半径 R_1 の 2 倍であり，R_1 は付録 A.6 節の式 (A.75) において $n=1$ とした値）を

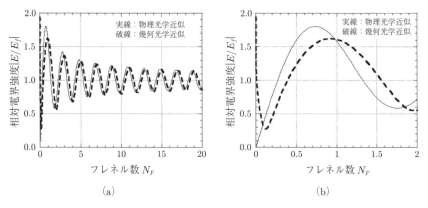

図 3.24 矩形開口からの回折波の電界

用いて規格化した

$$N_F = \left(\frac{W}{2R_1}\right)^2 = \frac{W^2}{4}\frac{d_s+d_p}{\lambda d_s d_p} \tag{3.110}$$

の値を示している。$W\ (=2R_n)$ に式 (A.75) を代入すればわかるとおり，N_F の整数値はフレネルゾーンの番号 n を表す。なお，一般に，N_F はフレネル数と呼ばれる[56]。図 3.24(a) からわかるとおり，物理光学近似では N_F がほぼ整数値をとるたびに振動の山谷が現れることがわかる。開口サイズを無限大 $(N_F \to \infty)$ とすれば，物理光学近似の結果は自由空間の値に限りなく漸近 $(|E_{PO}/E_f| \to 1)$ する。一方，幾何光学近似の結果も図 3.24(a) を見るとほぼ同様の結果が得られていることがわかる。ただし，N_F が小さいほど物理光学近似とのずれは大きい。特に，図 3.24(b) より $N_F < 0.1$ では大きく異なる。この理由はつぎのように考えることができる。

物理光学近似の場合，開口サイズを小さくしていくと面積分の範囲が狭くなることから，特に第 1 フレネルゾーン以下では観測点に到達するエネルギーが減少し，最終的には 0 となる。一方，幾何光学近似における直接レイの電界 E_0 は式 (3.18) で与えられ，その値が E_f と等しい。したがって，E_{GO} の振動は 4 本の回折レイとの干渉によるものである。ここで，開口サイズを小さくしていくと回折レイの電界 $E_{Di}\ (i=1,2,3,4)$ は "$E_0/2$" に漸近していく。すなわ

ち,すべてのレイを合成後の電界は $E_{GO} \to 3E_0$ となる。これは計算に用いたUTDの規範モデルが図 3.11 に示すように"エッジの長さは無限長"を前提としているためである。

幾何光学近似は 3.1 節で述べたとおり,高周波の極限($k \to \infty$ もしくは $\lambda \to 0$)を前提としている。これは物理光学近似の電界計算において高次のフレネルゾーン($\lim_{n \to \infty} R_n$)も考慮して面積分することに相当する。この場合を図 3.22(b) の矩形開口からの散乱解析に当てはめると,物理光学近似では

① 矩形開口内には高次のフレネルゾーンが含まれる。

② 隣接するフレネルゾーンは波の通路長に $\lambda/2$ の差があり,あるフレネルゾーンの電界は隣接フレネルゾーンの電界と干渉して打ち消しあう。

③ 高次のフレネルゾーンは矩形開口により切り取られ,不完全な状態である。

の条件で面積分をすることとなる。このイメージを**図 3.25** に示す。開口サイズが大きくて内部に高次のフレネルゾーンが含まれている場合,上記①と②の条件により,電界に寄与する領域は開口中心部と四つのエッジ中央部付近となる。この位置は幾何光学近似における直接レイの入射位置と回折レイの回折点と一致する。すなわち,幾何光学近似ではこれら五つの領域からの電界を計算し,加算しているといえる。一方,開口サイズが小さくなると,上記①と②の条件が満たされなくなってくることから電界に寄与する領域はたがいに近づき

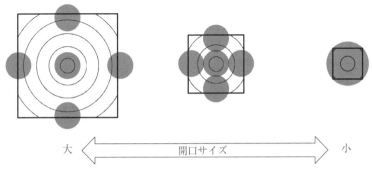

網掛けは電界の面積分に寄与する部分

図 3.25 物理光学近似による解析のイメージ

あい，開口サイズが第 1 フレネルゾーンより小さくなると最終的にこの領域は一つとなる。これを幾何光学的に考えると，もはや開口からの散乱波を"幾何光学的なレイ"として分離できない状態にあるといえる。これが，開口サイズが小さくなるにしたがって幾何光学近似の計算精度が悪くなる定性的な理由である。なお，より詳細な議論については文献43),57),58) を参照のこと。幾何光学近似の計算精度が保障される開口サイズを厳密に規定することは難しいが，一般的には"開口サイズは第 2〜3 フレネルゾーン以上（$N_F \geq 2 \sim 3$）"が目安とされる[59]。ここで，文献58) では物理光学近似と停留位相近似（stationary phase method, SP）を用いた解析より，幾何光学近似の計算精度が保障される条件は"開口サイズは第 1 フレネルゾーンより大きい（$N_F > 1$）"との結論もある。したがって，これらを鑑みると，第 2 フレネルゾーン（$N_F = 2$）を目安とするのが実用的といえる。

ところで，レイトレースの適用範囲の議論では電波が通過する開口サイズとともに，電波が散乱する構造物の面のサイズが問題になる。図 **3.26**(a) のように，波源 S から平板（ただし，表面が滑らかな完全導体）へ電波が入射した場合，観測点 P には平板の面で散乱した波が到達する。これは幾何光学的には面での反射レイとエッジでの回折レイを考慮することを意味する。ここで，図 3.26(b) のように波源 S の平板に対するイメージ（鏡像）を考えると，平板からの散乱問題は"イメージ波源から開口を通って観測点 P に至る伝搬の問題"と等価と

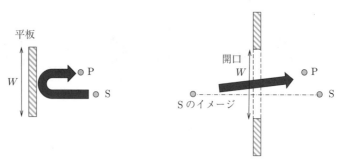

(a) 平板からの散乱問題　　(b) 平板からの散乱と等価な問題

図 **3.26**　平板からの散乱解析

なる．したがって，幾何光学近似の計算精度が保障される構造物の面のサイズについては，前述の開口サイズの議論とまったく同じになる．なお，電界の値は等価にならないが，構造物の面が粗くかつ材質が誘電体であっても，面のサイズとしての議論は同様である．

┤ コーヒーブレイク ├

MIMOのキーホール問題とレイトレーシング法

　MIMO伝送には，送信局と受信局の周囲に散乱体が多く存在するマルチパスリッチな環境であっても想定するチャネル容量が得られないという，いわゆる"キーホール問題"がある（詳細は下記文献などを参照）．

　キーホール問題が生じる典型的な例が，図に示す，送受信間にきわめて小さな開口（キーホール）の空いたスクリーンが存在する場合である．このような場合，3.8.1項で説明したように，開口からの散乱波を"幾何光学的なレイ"に分離できなくなる．すなわち，幾何光学近似に基づくレイトレースでは解析が不可能である．キーホールによる影響を考慮した解析を実施したい場合には，例えば，7.1節〔1〕（屋外から屋内への伝搬解析）で説明する，"物理光学近似とのハイブリッド"による方法が必要である．

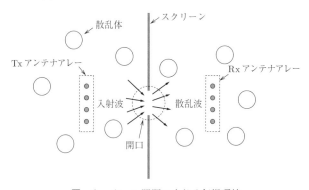

図　キーホール問題の生じる伝搬環境

参考文献：D. Chizhik, G. Foschini, M. Gans and R. Valenzuela, "Keyholes, Correlations, and Capacities of Multielement Transmit and Receive Antennas," IEEE Trans. on Wireless Communications, vol. 1, no. 2, pp. 361-368 (2002)

以上をまとめると，幾何光学近似の計算精度が保障されるためには

① 構造物の開口や面のサイズは，散乱波を直接レイ（または反射レイ）と回折レイに分離できる程度の大きさが必要。

② 各レイを分離できるサイズとしては"第2フレネルゾーン以上"が目安。

となる。なお，最後に留意点として波源と観測点の間にエッジ（長さは無限長）が一つのみ存在している場合（いわゆるナイフエッジ回折と同じ）について述べる。この場合の電界を幾何光学近似より求める際には，波源と観測点に見通しがあれば直接レイとエッジ回折レイの2本をトレースする。ここで，波源から観測点への見通し線にエッジが近づくと，前述の議論と同様に直接レイと回折レイが分離できなくなることから計算精度が劣化するように思われる。しかし，このような状態はすでにUTDの規範モデル（図3.11）において考慮済みであることから計算精度に問題はない。ナイフエッジにおける物理光学近似と幾何光学近似の精度比較については，文献50),60) に詳しい。

3.8.2　表面の粗さからみた適用範囲

幾何光学近似を前提とするレイトレーシング法において，反射は図3.3に示したように構造物の面が①サイズ：無限大，②表面：滑らか，③材質：一様であることを前提とし，反射の影響はフレネルの反射係数を用いて考慮する。また，フレネルの反射では入射波が平面波であることが仮定される。ここで，表面の粗さ（または滑らかさ）に着目する。サイズが無限大で材質が一様な面に平面波が入射した場合，表面が滑らかであれば散乱はスネルの法則を満たす方向へ伝搬する反射波のみである。この反射は特に"鏡面反射（または正規反射）"と呼ばれる。一方，表面の粗さが目立つようになると，その凹凸の影響により電波は面に対してさまざまな方向に反射するようになる。この反射は特に"拡散反射（光学的にいえば乱反射）"と呼ばれる。また，この現象をマクロに表現する場合には，"拡散散乱"と呼ばれる。図3.27は表面の粗さと鏡面反射成分・拡散反射成分の関係を模式的に表したものである。表面の粗さが大きくなるにしたがって，全体に対する鏡面反射成分の割合が小さくなってくる。ここで，鏡

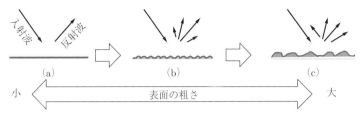

(a) 鏡面反射成分 ≫ 拡散反射成分，(b) 鏡面反射成分 > 拡散反射成分
(c) 鏡面反射成分 ≪ 拡散反射成分

図 **3.27** 粗面による散乱

面反射波と拡散反射波の区別がつかなく，かつどの方向にも一様に反射している理想的な拡散反射は"ランバート（Lambert）反射"[†]と呼ばれる。

〔1〕**粗さの基準** 　表面が電磁界的に粗いか否かは物理的な凹凸のサイズとともに電波の波長が関係し，一般的にその判定基準には

$$g = \frac{\sigma_h \alpha_R \cos \theta_{in}}{\lambda} \tag{3.111}$$

の値（粗面基準 g）が用いられる。ただし，σ_h と θ_{in} はそれぞれ図 **3.28** に示す凹凸の高さ h の標準偏差と面への入射角である。また，式 (3.111) は，$\alpha_R = 8$ とするといわゆる"レイリー（Rayleigh）基準"と呼ばれ，$\alpha_R = 32$ とすると"フラウンホーファー（Fraunhofer）基準"と呼ばれる。式 (3.111) で得られる値が "$g \geq 1$" の場合には粗面であるとみなす[61)〜63)]。粗さの基準としては，フラウンホーファー基準のほうがレイリー基準よりも厳しい。すなわち，より小さな σ_h の値で粗面とみなされる。なお，文献61) では，より現実的な基準としては $\alpha_R = 16$ とするのがよいとの記載もある。

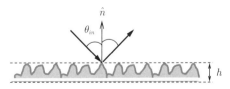

図 **3.28** 表面の粗さの判定に用いるパラメータ

[†] ランバート反射の詳細については付録 A.8.2 項を参照。

[2] **フレネルゾーンのサイズと粗面の関係**　前述までの議論は入射が平面波であり，かつ観測点が構造物から十分に離れている遠方界を前提としている。すなわち，第 1 フレネルゾーンのサイズが無限大であることを意味する。しかし，現実的にはフレネルゾーンのサイズは有限である。そこで，ここではフレネルゾーンのサイズと粗面の関係について述べる。

いま，図 **3.29** に示すように，サイズが $10\,\mathrm{m} \times 10\,\mathrm{m}$，その表面に矩形の凹凸が周期的に存在する面へ電波が入射する場合を考える。ただし，凹凸のサイズは $1\,\mathrm{m} \times 1\,\mathrm{m}$ とし，その高さは Δh とする。また，電波は平面波が角度 θ_0 で入射し，観測点の位置を (d_p, θ_p) とする。このモデルを用いて，$\theta_0 = \theta_p = 0°$ の場合の散乱電界を物理光学近似（付録 A.6 節）より計算した結果が図 **3.30** である。ただし，横軸は周波数であり，縦軸は観測点の位置 d_p（$\theta_p = 0°$ であることから，z 軸上の値と同一）である。また，濃淡は $\Delta h = 0.1\,\mathrm{m}$ とした場合の電界強度を $\Delta h = 0\,\mathrm{m}$ の場合（凹凸のない，滑らかな面）の電界強度で規格

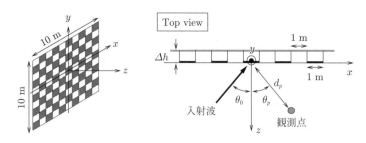

図 **3.29**　粗面散乱の解析モデル

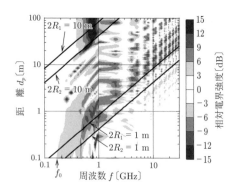

図 **3.30**　粗面における散乱特性

化した相対電界強度を表している。

まず，図 3.30 の結果を前述の"粗さの基準"より評価する。$\theta_0 = \theta_p = 0°$ の場合，$\sigma_h = \Delta h$（高さが一定であることによる[61]）とすると，式 (3.111) は

$$g = \frac{\Delta h \alpha_R}{\lambda} = \Delta h \alpha_R \frac{f}{c} \tag{3.112}$$

となる（c は光速）。ここで，$\Delta h = 0.1\,\mathrm{m}$ において $g = 1$ となる周波数は，レイリー基準（$\alpha_R = 8$）：$f = 0.375\,\mathrm{GHz}$，フラウンホーファー基準（$\alpha_R = 32$）：$f = 0.093\,\mathrm{GHz}$ である。式 (3.112) は観測点の距離 d_p に依存しないことから，図 3.30 において "d_p によらず相対電界強度が 0 dB 前後" となる周波数を見てみると $f = 0.2\,\mathrm{GHz}$ 弱（図の f_0）になっていることがわかる。これは前述の $\alpha_R = 16$ とする基準の周波数 $f = 0.1875\,\mathrm{GHz}$ とほぼ一致している。なお，ここでは粗面のモデルに "周期的な矩形凹凸を持つ表面" を仮定したが，文献62)では "周期や凹凸が不規則な表面（不規則粗面）" を仮定した評価を FDTD によるシミュレーションと実験より実施している。

つぎに，フレネルサイズとの関係から評価する。入射が平面波である場合，付録 A.6.2 項に示す式 (A.75) の第 n フレネル半径は，$d_s \to \infty$ より

$$R_n = \lim_{d_s \to \infty} \sqrt{\frac{n \lambda d_s d_p}{d_s + d_p}} = \sqrt{n \lambda d_p} = \sqrt{\frac{n c d_p}{f}} \tag{3.113}$$

で与えられる（c は光速）。図 3.30 において，$2R_1$ と $2R_2$ の直線は，第 1 と第 2 のフレネルゾーンの直径が 1 m（凹凸サイズと同一）となる観測点の位置と，10 m（面サイズと同一）となる観測点の位置を表している。図より，第 2 フレネルゾーンの直径（$2R_2$）が凸面の 1 辺のサイズ（1 m）と同等以下では鏡面的な散乱（鏡面反射成分が卓越）とみなせることがわかる。その距離 d_p は周波数が高いほど遠くなる。言い換えれば，第 2 フレネルゾーンの直径（$2R_2$）が凸面の 1 辺のサイズ（1 m）よりも大きくなると拡散散乱が現れてくることとなる。ただし，これは散乱の中心が凸（または凹）の中心と一致していることによる。散乱の中心が凸（または凹）の中心からずれ，第 2 フレネルゾーンに占める凸と凹の割合が同等となると，第 2 フレネルゾーンのサイズによらず拡散

散乱は現れることとなる。

〔3〕 **レイトレーシング法を適用する際の留意点** レイトレーシング法における粗面の影響とその扱い方の留意点を以下にまとめる。

① 表面の凹凸サイズが第2フレネルゾーンより小さい場合： レイトレーシング法における粗面の影響は，表面の凹凸が電磁界的に滑らかとみなせるか否かに依存する。式 (3.111) の粗面基準 g が 1 よりも小さな値となる場合，表面は滑らかとみなすことができることから，レイトレーシング法の結果に誤差は生じない。一方，表面が粗面と判断される場合にはレイトレーシング法の結果に"粗さの度合い"に応じた誤差が生じることとなる。これは，図 3.27 に示したように，レイトレーシング法で扱う鏡面反射成分が小さくなるためである。

② 表面の凹凸サイズが第2フレネルゾーンより大きい場合： 散乱の中心が凸（または凹）の中心と一致している場合には鏡面散乱，散乱の中心が凸（または凹）の中心からずれると拡散散乱となる。ここで，3.8.1 項の結論で述べた"散乱波を幾何光学的なレイとして分離できる面のサイズは第2フレネルゾーン以上"であることを考慮すると，この場合には表面の凹凸を面の集合としてレイトレーシング法を適用すればよい。ただし，各面を対象にレイをトレースすることになるため，その計算量は膨大となる。なお，面の数とレイトレースの計算量との関係は 4 章で述べる。

以上，レイトレーシング法の適用範囲について構造物の大きさと表面の粗さの観点から説明した。電波伝搬解析において，この適用範囲は"レイトレーシング法を適用可能な範囲"とその使用を限定するものではなく，"レイトレーシング法を精度よく適用できる範囲"として扱うのが一般的である。すなわち，適用範囲外の使用であっても，解析誤差が所望の値を超えていなければ問題とはならない。言い換えれば，この誤差評価は"電波伝搬解析におけるレイトレーシング法"を検討する際の重要な課題の一つといえる。さまざまな伝搬環境におけるレイトレーシング法の誤差については 6 章で述べる。また，7 章ではこの適用範囲を拡張するために現在検討が進められている方法について述べる。

4 レイのトレース法

反射・透過・回折を考慮したレイのトレース方法には大きく二通りの方法がある。一つはイメージング法（もしくはイメージ法，鏡像法）と呼ばれ，他方はレイ・ローンチング法（もしくは SBR (shooting and bouncing rays) 法，Brute–Force Ray–Tracing 法）と呼ばれるものである。これらは，アルゴリズムの違いからトレースの精度や計算量に対する特徴が大きく異なる。本章では，おのおのの方法について説明するとともに，両者を"トレース精度"と"計算量"の観点から比較する。

4.1 イメージング法

4.1.1 基本原理

イメージング法ではレイが反射や回折する構造物をあらかじめ抽出し，これらの構造物を経由して送信点から受信点に至る最短経路のレイを探索する。具体的には，図 4.1 に示すように抽出した反射面と回折エッジにおいてスネルの

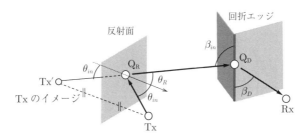

図 4.1 イメージング法によるレイのトレース

法則 ($\theta_{in} = \theta_R$, $\beta_{in} = \beta_D$) を同時に満たす反射点 Q_R と回折点 Q_D を探索する．ここで，Q_R については，送信点 Tx の反射面に対するイメージ（鏡像）Tx′ を仮定することにより，線分 Tx′Q_D と反射面との交点として容易に求めることができる．一方，Q_D については，"反射点における鏡像" に相当するものがないことから，反復演算などにより求める必要がある．なお，図 4.1 では反射回数と回折回数がともに 1 回であるレイの探索を示しているが，反射と回折が複数回となるレイについても同様である．また，透過については，反射・回折レイが他の面で遮られるか否かを判定し，遮られる場合にはその面とレイとの交点を透過点 Q_T とすればよい．

4.1.2 計 算 量

レイトレーシング法の計算量は "トレースするレイの数" に比例する．イメージング法において，このレイの数は "反射面と回折エッジの組合せ数" に等しい．例えば，**図 4.2** のように 2 回反射により面 1 から面 2 を経由して受信点に到来するレイ "Tx → 反射面 1 → 反射面 2 → Rx" は

1) 送信点 Tx の反射面 1 に対するイメージ Tx′ を設定
2) Tx′ の反射面 2 に対するイメージ Tx″ を設定
3) 線分 Tx″Rx と反射面 2 の交点より反射点 $Q_R^{(2)}$ を導出
4) 線分 Tx′$Q_R^{(2)}$ と反射面 1 の交点より反射点 $Q_R^{(1)}$ を導出

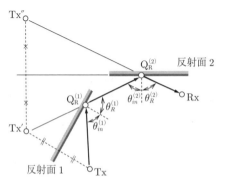

図 4.2 イメージング法による 2 回反射レイのトレース

の手順より各反射点を求めてトレースするが，反射の順番が異なるレイ "Tx → 反射面 2 → 反射面 1 → Rx" の反射点は前述のものと一般的に異なることから，上記 1) ～ 4) の手順によりあらためて反射点を求める必要がある．同一面内で連続反射することは物理的にありえないことから，図 4.2 の場合で 2 回反射を与える反射面の組合せはこの二通りのみである．いま，計算範囲内に反射面と回折エッジがあわせて M 個あるとし，"同一面内の連続反射，同一エッジの連続回折" を候補から外すと，反射と回折の合計を N 回とする組合せ数は $M(M-1)^{N-1}$ で与えられる．通常のレイトレースでは "反射と回折の合計が最大 N 回" の条件のもとで実施することから，この場合の組合せ総数，すなわちトレースするレイの総数は

$$S_{image} = 1 + \sum_{i=1}^{N} M(M-1)^{i-1}$$

$$= \begin{cases} 2 & (M=1) \\ 2N+1 & (M=2) \\ \dfrac{M(M-1)^N - 2}{M-2} & (M>2) \end{cases} \quad (4.1)$$

となる．したがって，イメージング法の計算量のオーダは，$M=1,2$ の場合にはそれぞれ $O(1)$ と $O(N)$ であるが，$M>2$ の場合には $O(M^N)$ となる．これは，$M>2$ においては計算量が N に対して指数時間で増加することを意味する．

4.1.3 アルゴリズム

イメージング法の一般的なアルゴリズムについて示す．

1) 考慮する最大反射回数 N_R，最大回折回数 N_D，最大透過回数 N_T を設定．
2) 考慮するすべての送信点と受信点の情報（位置，アンテナ高，アンテナ種別等）を設定．
3) 考慮する構造物の範囲（計算範囲）を設定．

4) 計算範囲内の構造物を面とエッジに分解し,反射と回折の回数が上記最大数以内となる面とエッジの組合せを導出。
5) 計算の対象とする送信点と受信点を選択。
6) ステップ 4 の組合せの中から一つを抽出。
7) 送信点から受信点までの反射点 Q_R または回折点 Q_D を導出。ここで,すべての Q_R と Q_D が面もしくはエッジ上に存在しない場合,選択した組合せによるレイは存在しないものとして破棄。ステップ 6 に戻る。
8) 送信点から受信点に至るレイを遮る面を抽出。この面の総数が N_T を超える場合には,選択した組合せによるレイは条件を満たさないものとして破棄。ステップ 6 に戻る。
9) トレースしたレイの電界を計算し,記録。
10) 探索していない組合せがある場合にはステップ 6 に戻る。すべての組合せに対して探索が終了した場合にはステップ 5 に戻る。
11) 新たに選択すべき送信点と受信点がない場合には演算を終了。

ここで,ステップ 7 の "選択した組合せに対して,すべての Q_R と Q_D が面もしくはエッジ上に存在するか否か" を判定する作業は "レイの存在判定" といわれる。

イメージング法は,後述するレイ・ローンチング法と異なり,送受信点間のレイを厳密に求めることができる利点がある。しかし,考慮する反射・回折回数を増やすと面とエッジの組合せ数が指数オーダで増加し,計算量が膨大となるのが欠点である。しかも,演算の過程において "レイの存在判定" により破棄される組合せも非常に多い。したがって,演算効率が悪いという欠点を持つ。ただし,つぎのような特別な場合においてはその限りではない。

① 図 4.2 に示すように $M \leq 2$ の場合。$M = 2$ であっても計算量のオーダは式 (4.1) に示すように $O(N)$ に留まる。

② 図 **4.3**(a) に示すように面がたがいに直交している場合。組合せに対するイメージが重なることにより,組合せ総数が減少する。すなわち,計算量は ① よりも少ない。なお,図には,"反射面 1 → 反射面 2" の順で作成し

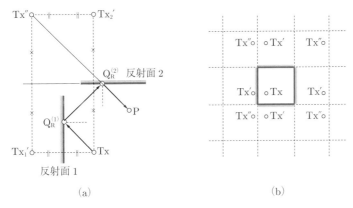

図 **4.3** 計算量が多項式オーダに収まるケース

た 2 回反射のイメージ点と "反射面 2 → 反射面 1" の順で作成したイメージ点がともに Tx'' となることを示してある。

③　図 4.3(b) に示すように長方形の各辺に面が配置されている場合。直交する 2 面間では上記②の関係によりイメージ点の重なりが生じ，平行する 2 面間ではイメージ数が $O(N)$ になることから，イメージ点の総数（計算量）は $O(N^2)$ と 2 乗オーダとなる。また，ちょうど立方体を構成するように 6 面が配置されている場合の計算量も同様の理由により減少し，そのオーダは $O(N^3)$ となる。なお，解析領域が 3 次元空間であり，すべての構造物の面が x, y, z 軸のいずれかと平行である場合にも同様の理由により計算量が多項式オーダに削減可能とする提案も報告されている[64],[65]。

4.2　レイ・ローンチング法

4.2.1　基本原理

〔**1**〕　**レイのトレース**　　レイ・ローンチング法は，送信点から複数のレイをあらかじめ設定した規則に基づいて出射させ，それらの伝搬を逐次追跡することにより受信点に至るレイを求める方法である。具体的には，図 **4.4** に示すように送信点からレイを一定間隔 $\Delta\Omega$ で出射させ，それらの軌跡を終了条件（透

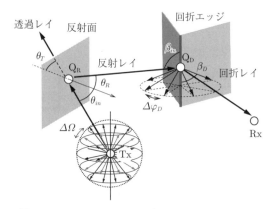

図 4.4　レイ・ローンチング法によるレイのトレース

過・反射・回折の最大回数，レイの最大経路長など）を満たすまで追跡する。ここで，レイが構造物の面に入射すると判定された場合には，反射点 Q_R を起点に反射レイと透過レイに分岐させる。なお，反射レイと透過レイの方向はそれぞれ式 (3.32) と式 (3.51) で説明したとおりである。また，レイが構造物のエッジに入射すると判定された場合には，回折点 Q_D から回折レイを一定間隔 $\Delta\varphi_D$ （ただし，$\beta_D = \beta_{in}$）で円錐状に出射させる。回折レイの方向は式 (3.65) で与えられる。

〔2〕　送信点からのレイの出射　　レイ・ローンチング法では，レイトレース処理の高速化などの特別な理由がない限り，レイを送信点から一様に出射することが基本である。レイを 2 次元の平面内で一様に出射する場合には図 4.5(a) のように出射間隔を $\Delta\varphi = 2\pi/N_{ray}$（ただし，$N_{ray}$ は出射レイの本数）と設定すればよいが，3 次元空間内で任意の本数のレイを一様に出射することは，厳密にはできない。それは，正多角形が正四面体，正六面体，正八面体，正十二面体，正二十面体の五種類であることから容易に理解できる。したがって，なんらかの工夫が必要である。以下に二つの方法を示す。

一つの方法は，3 次元空間内でレイを一様に出射することをあきらめて，"水平面内" と "垂直面内" のそれぞれで一様になるようレイを出射する方法である。すなわち，レイの出射間隔を図 4.5(b) に示すように水平面内 $\Delta\varphi$ と垂直

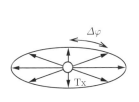 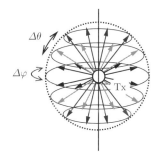

(a) 2次元平面内の出射　　(b) 3次元空間への出射

図 **4.5**　レイの出射

面内 $\Delta\theta$ のように設定する。この方法の場合，隣り合うレイの3次元的な間隔は出射方向が天頂方向もしくは大地方向に近づくにしたがって狭くなることとなる。すなわち，天頂方向や大地方向に対しては必要以上の細かさでレイを出射することとなり，これは意味のない計算量の増加を引き起こす結果となる。なお，レイトレースの精度については，後述する"レイの入射に関する制御"を実施していれば問題はない。

もう一つの方法は，S. Y. Seidel などにより提案された，"正二十面体を基準とするレイの出射法"である[66],[67]。本方法を用いると，レイを送信点からほぼ一様に出射することが可能である。なお，以降，本方法をアダプティブ出射法と呼ぶこととする。アダプティブ出射法では，まず，レイの出射方向を図 **4.6**(a)

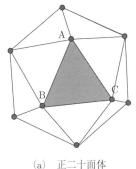 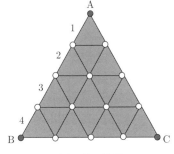

(a) 正二十面体　　(b) 面の分割

図 **4.6**　アダプティブ出射法

に示す正二十面体の頂点方向とする。しかし、正二十面体の頂点数は 12 であることから、このままではレイの出射本数はたかだか 12 本である。なお、この時点のレイ出射間隔は $\Delta\Omega = 63°$ である。

そこで、つぎに、図 4.6(b) のように、各辺を N 等分し、その長さを一辺とする正三角形で各面を分割する。なお、図は $N = 4$ として面を分割した場合である。アダプティブ出射法ではさらに分割した正三角形の各頂点方向もレイの出射方向として定義する。ここで、レイの出射本数はトータルで $(10N^2 + 2)$ 本、レイの出射間隔はほぼ一様であり平均 $\Delta\Omega = 69.0/N$〔°〕で与えられることとなる[67]。すなわち、制約はあるものの、レイの本数を必要な分だけ増やすことが可能である。

〔3〕レイの入射　　レイ・ローンチング法ではレイを離散的に出射することから、受信点やエッジにレイが到達する確率はほぼゼロである。そこで、本方法では図 4.7 に示すように受信点やエッジの周囲に入射領域を設け、この領域に入ったレイは受信点（またはエッジ）に到達したものとみなす。ここで、レイ・ローンチング法の空間分解能（隣接して出射されたレイ間の距離）Δl は、レイの出射間隔 $\Delta\Omega$ と経路長 r（送信点もしくは直前の回折点からの距離）の積、すなわち "$\Delta l = r\Delta\Omega$" で与えられる。したがって、入射領域のサイズは基本的に出射間隔と経路長に応じた制御が必要となる。なお、この入射領域はしばしば受信球と呼ばれる。

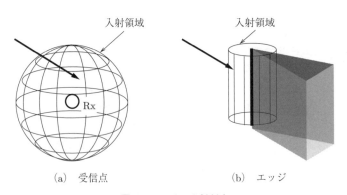

(a) 受信点　　　　　　(b) エッジ

図 4.7　レイの入射判定

図 4.8 は最適な入射領域のサイズについて示したものである。入射領域のサイズが A のよう小さすぎると，受信点にはレイが 1 本も到達しないことになる。一方，そのサイズが C のように大きすぎると，本来は到達することのない "送信点から受信点まで同一の経路をたどったレイ" までもカウントしてしまうことになる。したがって，B のような最適なサイズを前述の空間分解能を考慮して設定しなければならない。文献66) では，アダプティブ出射法を用いてレイを一様に出射している場合，最適な受信球のサイズは半径が "$r\Delta\Omega/\sqrt{3}$" となることを示している。なお，水平面内のみレイを出射する 2 次元のレイ・ローンチングの場合の最適サイズは "$r\Delta\Omega/2$" となる[68]。

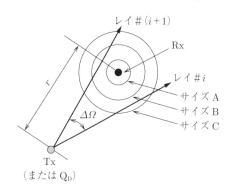

図 4.8　入射領域サイズの最適化

ところで，前述したように，3 次元空間へのレイの出射法としては図 4.5(b) に示すように $(\Delta\varphi, \Delta\theta)$ でレイの出射方向を定める方法がある。このような場合には受信球の半径を "$r\Delta\varphi/\sqrt{3}$（ただし，$\Delta\varphi \geq \Delta\theta$ と仮定）" と設定する。ただし，隣り合うレイの間隔は出射方向が天頂方向もしくは大地方向に近づくにしたがって狭くなることから，各受信点においてレイをトレースした後に "レイの重複処理" を実施する必要がある。具体的には

1) 送信点から受信点までまったく同一の経路（反射・透過・回折点の履歴）をたどって到来しているレイを重複してカウントしているか検索。
2) 重複レイが検出された場合には，受信点に最も近いレイを残し，それ以外はすべて削除。

の処理を実施する．図 4.8 の例を用いれば，受信球としてサイズ C を用いるとレイ $\#i$ とレイ $\#(i+1)$ が受信点に到達したとみなされるが，トレース後にレイの重複処理を実施することでレイ $\#i$ が削除されることになる．

4.2.2 計　算　量

4.1.2 項で述べたように，レイトレーシング法の計算量は "トレースするレイの数" に比例する．以下，レイ・ローンチング法の計算量について "トレースするレイの数" をもとに説明する．

いま，レイを送信点から $(\Delta\varphi, \Delta\theta)$ の間隔で出射したとすると，その数は $2\pi^2/\Delta\varphi\Delta\theta$ となる．ここで，各レイは構造物で反射するごとに透過レイと反射レイに分岐する．したがって，反射と透過の最大回数をともに N_R 回とすると，レイの総数は 2^{N_R} 倍になる．また，各レイは構造物（ただし，そのエッジは図 3.11 のように開き角 $(2-n)\pi$ の楔であるとする）で回折するごとに $n\pi/\Delta\varphi_D$ 本[†]のレイを出射することから，最大回折回数を N_D とすると，レイの総数は $(n\pi/\Delta\varphi_D)^{N_D}$ 倍になる．簡単化のために $\Delta\varphi = \Delta\theta = \Delta\varphi_D$ とすると，トレースするレイの総数は

$$\begin{aligned}S_{launch} &= \left(\frac{2\pi^2}{\Delta\varphi \cdot \Delta\theta}\right) 2^{N_R} \left(\frac{n\pi}{\Delta\varphi_D}\right)^{N_D} \\ &= \left(\frac{4\pi^2}{\Delta\varphi \cdot \Delta\varphi}\right) 2^{N_R - N_D - 1} \left(\frac{2\pi}{\Delta\varphi}\right)^{N_D} n^{N_D} \\ &= 2^{N_R - N_D - 1} n^{N_D} L^{N_D + 2}\end{aligned} \quad (4.2)$$

となる．ただし，$L = 2\pi/\Delta\varphi$ であり，2 次元平面内におけるレイの出射数を表している．したがって，レイ・ローンチング法の計算量のオーダは $O(2^{N_R - N_D - 1} n^{N_D} L^{N_D + 2})$ となる．一般的に $L \gg 2$ かつ $1 < n \leq 2$ であることから，設定する回折回数 N_D は計算量に対して大きなインパクトを与えるといえる．

[†] 楔の開き角が $(2-n)\pi$ である場合，回折レイの出射範囲が $0 \leq \varphi_D \leq n\pi$ となることによる．

4.2.3 アルゴリズム

レイ・ローンチング法の一般的なアルゴリズムについて示す。

1) 考慮する最大反射回数 N_R，最大回折回数 N_D，最大透過回数 N_T を設定。
2) 考慮するすべての送信点と受信点の情報（位置，アンテナ高，アンテナ種別等）を設定。
3) 考慮する構造物の範囲（計算範囲）を設定し，すべての構造物を面とエッジに分解。
4) 送信点および回折点からレイを出射する間隔，レイの最大経路長を設定。
5) 計算の対象とする送信点を選択。
6) 送信点からレイを 1 本出射。
7) レイの経路長が最大値以下となる範囲内で，レイの交差判定処理（レイと交差する面を検索する処理）を実施。
8) 交差する面が検出された場合には，反射点 Q_R（または透過点 Q_T）を導出。
9) 最大反射回数 N_R に達していない場合には反射レイを出射。最大透過回数 N_T に達していない場合には透過レイも出射。ステップ 7 に戻る。
10) レイの出射本数が設定値を満たしていない場合には，ステップ 6 に戻る。
11) すべてのレイの出射が終了した場合，レイが入射すると考えられる回折点 Q_D を導出。
12) 最大回折回数 N_D に達していないレイに対しては，回折点を送信点とみなして，ステップ 6 に戻る。
13) すべてのレイのトレースが終了した場合には，その結果から各受信点に入射するレイを抽出して電界を計算し，記録。
14) 新たにレイをトレースすべき送信点がある場合にはステップ 5 に戻る。送信点がない場合には演算を終了。

以上のアルゴリズムではすべてのレイのトレースが終了した後で受信点に入射するものを抽出している。しかし，アルゴリズムを "各レイをトレースする過程で受信点に入射するものを判定" するように変えることも可能である。

4.3 イメージング法とレイ・ローンチング法の比較

イメージング法は，送信点から受信点までのレイを厳密に求めることができる利点があるが，計算量を容易に制御できない欠点がある。一方，レイ・ローンチング法は，出射するレイの数により容易に計算量を制御できることが利点であり，受信点（および回折点）に到達するレイを厳密に求めることができない欠点がある。したがって，どちらの方法を用いるかは伝搬を解析する問題に対して要求される"精度と計算時間"より決めることになる。

4.3.1 計算量の簡易な比較法

イメージング法におけるレイの総数は式 (4.1) において "$M \gg 2$" を仮定すると $S_{image} \approx M^N$ と近似できる。また，トータルの最大反射・回折回数を $N = N_R + N_D$ とし，$N_D = \alpha N$, $N_R = (1-\alpha)N$（ただし，$0 \leq \alpha \leq 1$）と定義すると，レイ・ローンチング法におけるレイの総数を与える式 (4.2) は $S_{launch} = 2^{(1-2\alpha)N-1} n^{\alpha N} L^{\alpha N+2}$ と表せる。これらを用いると，レイの総数に対するイメージング法とレイ・ローンチング法の比は

$$\frac{S_{launch}}{S_{image}} = \frac{2^{(1-2\alpha)N-1} n^{\alpha N} L^{\alpha N+2}}{M^N} \tag{4.3}$$

と表せ，また，式 (4.3) の対数をとると

$$\log\left(\frac{S_{launch}}{S_{image}}\right) = N \log\left(\frac{2}{M}\left(\frac{nL}{4}\right)^\alpha\right) + \log\left(\frac{L^2}{2}\right) \tag{4.4}$$

となる。ここで，レイの出射本数 L は 2 より大きな値を設定することから，右辺第 2 項は正値となる。すなわち，反射・回折を考慮しない $N = 0$ の場合にはレイ・ローンチング法の計算量はイメージング法よりも多くなる。また，レイ・ローンチング法の計算量がイメージング法よりも少なくなるためには，式 (4.4) の右辺第 1 項の対数が負値である必要があり，その条件は

4.3 イメージング法とレイ・ローンチング法の比較

$$\left(\frac{nL}{4}\right)^\alpha < \frac{M}{2} \tag{4.5}$$

となる。この条件のもと，式 (4.4) からレイ・ローンチング法とイメージング法の計算量が等しくなる N を求めると

$$N = -\frac{\log\left(\frac{L^2}{2}\right)}{\log\left(\frac{2}{M}\left(\frac{nL}{4}\right)^\alpha\right)} = \frac{\log\left(\frac{L^2}{2}\right)}{\log\left(\frac{M}{2}\right) - \alpha\log\left(\frac{nL}{4}\right)} \tag{4.6}$$

となる。以下に具体的な計算例を示す。

いま，レイトレーシングの計算範囲を送信点から半径 d 以内とし，構造物が計算範囲内に一様に存在すると仮定する。単位面積当りの平均構造物数を M_0，一つの構造物当りの面とエッジの数を合わせて C_s とすると，計算範囲内の面とエッジの数は $M = C_s M_0 (\pi d^2)$ と表せる。一方，レイの最大経路長 $r = C_l d$，所望の空間分解能を Δl とすると，レイの 2 次元平面内出射数は $L = 2\pi C_l d/\Delta l$ と表せる。ここで，東京都心部において $d = 1\,\mathrm{km}$ の計算範囲でレイトレースを実施することを考える。文献23) より東京都心部における建物密度は約 270 件/km^2 であることから，$M_0 = 270 \times 10^{-6}$ 件/m^2 である。また，すべての建物は直方体 ($n = 3/2$) であると仮定すると，レイトレースの対象となる 1 建物当りの面数とエッジ数はそれぞれ 5 面と 8 本となることから，$C_s = 13$ とおける。したがって，イメージング法における計算範囲内の面とエッジの総数は $M = 3510\pi$ となる。さらに，レイ・ローンチング法において必要となるレイの最大経路長は計算領域 d の 2 倍と考えて $C_l = 2$ とし，所望の空間分解能は精度をイメージング法にできるだけ近づけるために電波の波長 λ の十分の一 ($\Delta l = \lambda/10$) とする。したがって，波長を $\lambda = 0.1\,\mathrm{m}$（周波数：$3\,\mathrm{GHz}$）とすれば，レイの 2 次元平面内出射数は $L = 4\pi 10^5$ となる。これらの値を用いてイメージング法とレイ・ローンチング法の計算量を比較した結果を**図 4.9** に示す。図 (a) は式 (4.4) より得られる計算量の比 $\log(S_{launch}/S_{image})$ であり，図 (b) は式 (4.6) より得られるレイ・ローンチング法とイメージング法の計算量が等しくなる反射・回折回数 N である。なお，レイ・ローンチング法の計算量が

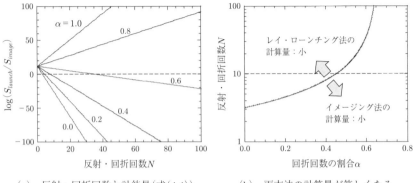

(a) 反射・回折回数と計算量(式(4.4))　(b) 両方法の計算量が等しくなる反射・回折回数(式(4.6))

図 4.9　イメージング法とレイ・ローンチング法の計算量比較

イメージング法よりも少なくなるための必要条件は式(4.5)より $\alpha <$ 約 0.659 となる。これらの結果より，例えば反射・回折回数を $N = 10$ とすると，その内の回折回数を4回以下（$\alpha \leq 0.4$）とするならばレイ・ローンチング法を用いたほうがよく，回折回数を5回以上（$\alpha \geq 0.5$）とするならばイメージング法を用いたほうがよいことがわかる。

以上がイメージング法とレイ・ローンチング法の計算量を簡易に比較する方法とその計算例である。なお，レイ・ローンチング法では考慮する空間分解能を $\Delta l = \lambda/10$ と考えたが，一般的には 1 m 以上とする場合が多い。ただし，適当な空間分解能については経験によるところが大きい。

4.3.2　アルゴリズムとしての一般的な位置づけ

レイのトレースは，制約条件（反射・透過・回折の条件）のもと，出発地（送信点）から目的地（受信点）に至る全経路を探索する問題であると捉えれば，これは計算機科学における組合せ最適化問題の一つと考えられる。組合せ最適化問題はよく知られているように効率的に最適解を得るのがきわめて難しく，現在もさまざまなアルゴリズムが検討されている。ここで，計算機科学における

アルゴリズムとは狭義には"結果が保証されるもの"を指す（本書では厳密アルゴリズムと呼ぶ）。また，"結果に誤差を伴うが，誤差の収まる範囲が保証されるもの"は近似アルゴリズムと呼ばれる。

　イメージング法は，4.1.3項で示したように"面とエッジの組合せから総当たりでレイの経路を探索する"ものであり，得られる結果に誤差はまったく生じない。すなわち，典型的な厳密アルゴリズムである。一方，レイ・ローンチング法は厳密に受信点に到達するレイの経路を探索することはできず，受信球のサイズ相当の誤差が生じる。ただし，4.3.1項で示したように誤差の収まる範囲は空間分解能として保証することが可能である。したがって，レイ・ローンチング法は近似アルゴリズムであるといえる。なお，4.2.3項のレイ・ローンチング法のアルゴリズムにおいて，ステップ4"送信点および回折点からレイを出射する間隔，レイの最大経路長を設定"は近似計算のための条件設定を意味する。

　近似アルゴリズムは厳密アルゴリズムとともに"決定論的手法"に分類され，問題の規模に対する計算量の増加は一般的に厳密アルゴリズムと同様に指数時間オーダである。レイ・ローンチング法においても計算量の増加が指数時間オーダになることは式 (4.2) で示したとおりである†。したがって，設定する最大反射・回折回数が大きくなると，レイ・ローンチング法においても"所望の空間分解能を保ちつつ，現実的な時間内で結果を得る"ことが難しくなる。

---- コーヒーブレイク ----

レイトレースの"第三の方法"は存在する？
　レイをトレースする基本的（または決定論的）方法はイメージング法とレイ・ローンチング法の二通りであると述べた。ここでは，これらとまったく特徴の異なる"第三の方法"について考えてみる。
　4.3.2項で述べたとおり，アルゴリズムは厳密アルゴリズムと近似アルゴリズムに分類することができる。厳密アルゴリズムの存在は，それが厳密であるがために，唯一である可能性が高い。一方，近似アルゴリズムは近似の方法によって

---

† レイのトレースにおいて，設定する最大反射・回折回数が"組合せ最適化問題としての本質的な規模"を表している。したがって，レイ・ローンチング法の計算量の増加は指数時間オーダといえる。

さまざまなバリエーションが考えられる。厳密アルゴリズムはすでにイメージング法として存在していることから，"第三の方法" は近似アルゴリズムの範疇から見出せそうである。そこで，近似アルゴリズムであるレイ・ローンチング法からそのヒントを考察してみる。

レイ・ローンチング法は，"送信点から複数のレイを出射し，その結果として受信点に到達するものを見つける" というものである。ここで，トレースの誤差に関しては，波面を極座標系の角度領域で離散化していることから，"解析精度（空間分解能）が計算範囲内で一様とならない" ことが特徴である。この特徴について，もう少し深く考えてみる。いま，許容誤差より所望の空間分解能を Δl_{req} とすると，設定すべきレイの出射間隔は $\Delta \Omega = \Delta l_{req}/d$ （ただし，d は計算範囲の半径）となる。ここで，この $\Delta \Omega$ は計算量の観点から最適な値であろうか？計算範囲内の空間分解能 Δl が "$\Delta l \leq \Delta l_{req}$" であることを考えると，空間分解能が必要以上となる場所がある分だけむだな計算をしているといえる。言い換えれば，"$\Delta l \approx \Delta l_{req}$" とできれば，解析精度および計算量ともに最適となる。

"解析精度を計算範囲内で一様" とするレイ・ローンチング法が実現できれば，それは従来のものとはまったく特徴の異なる "第三の方法" といえるだろう。ただし，実現の可能性はあるのだろうか？ じつは，筆者らはこのコンセプトに基づく具体的なレイのトレース法をすでに提案している（下記文献 a), b)）。名称は "Ray–Jumping 法" である。本方法は "ほとんどのレイは送信点より一定範囲内をジャンプし，そのトレースは着地点から開始される" といった特徴を持つ。また，その計算量は理論的に従来のレイ・ローンチング法の50%まで削減可能である。当然ながら，Ray–Jumping 法のほかにも実現方法はあるかもしれない。また，"解析精度を計算範囲内で一様" とすることに固執する必要もない。興味があったら，新たな方法を考えてみてはどうだろうか。

参考文献：a) 今井哲朗，大巻信貴，奥村幸彦，"空間分解能をほぼ均一とする新たなレイ・ローンチング法の提案とその計算量削減効果について，" 信学技報，AP2015-203, pp. 71–76 (2016)

b) 大巻信貴，今井哲朗，奥村幸彦，"Ray–Jumping 法の性能評価，" 2016 信学総大，B-1-44 (2016)

5 レイトレースの高速化手法

 実環境における解析を現実的な時間内で実施するためには,レイトレース処理の高速化が必須である.本章では,まず,高速化するには三つのアプローチがあることを明らかにする.つぎに,各アプローチについて,具体的な方法とともに詳しく説明する.

5.1 高速化の考え方

 4章で述べたとおり,イメージング法もレイ・ローンチング法もレイのトレースに要する計算量は反射・回折回数 N に対して指数時間オーダとなる.一方,移動伝搬のような環境では,レイが受信点に到達するには多くの反射・回折を伴う必要がある.そこで,実環境における解析を現実的な時間内で実施するため,これまでさまざまな高速化手法が提案されてきた.それらの手法は大きく,表 5.1 のように"探索範囲の効率化","探索処理の効率化","探索処理の分散化"の三つのアプローチに分類できる.

 表 5.1 にはおもな特徴とともに利点と欠点を示しているが,これらは三つのアプローチがそれぞれつぎの考えに基づくことによる.

1) **発見的手法の適用:** 大規模な組合せ最適化問題を現実的な時間で解くための方法として"発見的手法"の適用がある.発見的手法は経験的知識に基づくものであり,結果の保証(およびつねに成立するという保証)はないが,多くの場合で精度のよい結果と大幅な高速化が得られる.

2) **高速アルゴリズムの適用:** アルゴリズムを構成する各ステップに着目

表 5.1 高速化のためのアプローチ

アプローチ	おもな特徴	利点	欠点
探索範囲の効率化	レイトレース範囲を経験に基づき制限。具体的な方法は伝搬環境毎に異なる場合が多い。	大幅な高速化が期待できる。	解析精度の劣化を伴うことから、精度検証が必須。
探索処理の効率化	レイトレースに必要となる各種検索アルゴリズムを効率化。CG の分野で用いられているアルゴリズムが多い。	解析精度の劣化を伴わない。伝搬環境等によらず汎用的。	実装プログラムの複雑化。
探索処理の分散化	レイトレース処理を多数の計算機（または CPU）に分散し、並列処理。トータルの計算速度が計算機数に比例。	解析精度の劣化を伴わない。伝搬環境等によらず汎用的。	分散を制御する仕組みが必須。環境整備にかかる高コスト化。

すると，一部のステップに限ればすでに知られている高速アルゴリズム（ここでは，特に結果が保証されている厳密アルゴリズム）を適用できる。ただし，処理全体をつかさどるアルゴリズムは変えていないことから，計算量が指数時間オーダから多項式オーダに削減されることはない。

3) 並列処理の適用: 大規模なデータを取り扱う問題では同じような処理を並列的に実行できる要素が多く含まれ，複数の計算機（または CPU）による並列処理が有効となる。ただし，効率的に並列処理を実施するためにはプロセスを管理・制御する必要がある。

以下では，"探索範囲の効率化"，"探索処理の効率化"，"探索処理の分散化"のアプローチについて，具体的な方法とともに詳しく説明する。

5.2 探索範囲の効率化

"探索範囲の効率化" は "伝搬特性に大きな影響を及ぼすと考えられるレイ" のみが得られるようにトレースの範囲を制限し，解析におけるレイトレース処理の高速化を図るものである。具体的には，イメージング法であればレイトレースで考慮する構造物の数を削減し，レイ・ローンチング法であれば出射するレイ（および出射後にトレースするレイ）の本数を削減する。いずれの方法におい

ても構造物数またはレイの本数を適切に削減できれば，伝搬解析の精度を大きく損なうことなく大幅な高速化が図れる．以下では，まず，一般的な議論として伝搬解析時に設定するレイトレース条件について述べる．つぎに，本アプローチに基づいて提案されている方法について述べる．

5.2.1 探索範囲の効率化とレイトレース条件

一般的に，レイトレースを実施するためには，① 伝搬環境のモデル化，② 考慮する相互作用（反射・透過・回折）の最大回数，③ レイのトレース範囲を条件として設定する必要があり，これらの条件が適切なものであるならば，それは探索範囲の効率化を実施していることになる．

伝搬環境のモデル化については，そのモデルが単純であるほどレイトレース処理の計算量は少なくなる．例えば，複雑な形状の建物を極力面数の少ない多角形でモデル化できれば，イメージング法においては面とエッジの組合せ数が減り，レイ・ローンチング法においてはレイの交差判定処理に要する計算量が減ることから，トータルとしての計算量が減少する．また，"看板や標識，建物の細かな突起物，樹木などをモデル化の対象外"とすることも同様の効果を得られる．どのようにモデル化するかは経験によるところが大きく，また対象となる伝搬環境によっても異なる．具体的には 6 章の各節で述べる．

考慮する相互作用（反射・透過・回折）の最大回数は 4 章で述べたとおり，計算量を決定する重要なパラメータである．原理的に最大回数は多いほど真の値に近づくが，相互作用回数の多いレイは伝搬特性に及ぼす影響が小さくなる．したがって，相互作用の最大回数を必要以上に設定することは意味がない．一方で，最適な最大回数は経験によるところが大きく，また対象となる伝搬環境によっても異なる．例えば，市街地における屋外伝搬では，損失がきわめて大きくなる理由から，建物を透過するレイはトレースしないこと（最大透過回数を 0 回で設定）が一般的である．具体的には 6 章の各節で述べる．

レイのトレース範囲は考慮する最大遅延時間に基づいて設定するのが一般的である．いま，送受信間距離を l_0 とすると，最大遅延時間が τ_m となるレイの

通路長は "$l_m = l_0 + \tau_m c$（ただし，c は光速）" で与えられる．ここで，最大遅延時間が τ_m のレイは数多く存在するが，損失が小さく伝搬特性に与える影響が大きいレイは反射や回折が 1 回のものであると考えられる．反射や回折の方向は構造物の向きなどに依存することから任意であると仮定すると，最大遅延時間 τ_m のレイの反射や回折点は図 5.1 に示す "Tx と Rx を焦点とする楕円" 上に存在することとなる．そこで，レイトレースで考慮する構造物の範囲はこの楕円内に制限することができる．レイトレース処理においては

① イメージング法：楕円内の構造物のみを対象に面とエッジの組合せを求め，レイをトレース．

② レイ・ローンチング法：レイの経路長が l_m に達するか楕円外に出た時点でトレースを終了．

とすることから，計算量を必要最小限に抑えることが可能となる．なお，設定する τ_m の値は解析の対象とする問題（通信システム上の要求条件など）や伝搬環境に依存する．例えば，伝搬環境のみから設定するのであれば，すでに伝搬測定によりわかっている平均的な最大遅延時間や遅延スプレッド（この場合はスプレッド値の数倍）が目安となる．また，解析エリアが設定されており，その内部に計算すべき受信点が複数分布している場合にも本手法は容易に適用できる．適用法はいろいろ考えられるが，例えば，解析エリア境界の受信点を対象に複数の楕円を求め，その AND となる範囲を設定すればよい．なお，この場合の範囲は解析エリアを内包したものとなる．

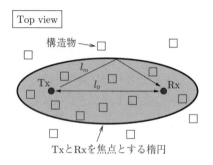

図 5.1　最大遅延時間に基づくレイトレース範囲の制限法

5.2.2 さらなる高速化のための手法

〔1〕 VPL 法　VPL (vertical plane launch) 法[69]は市街地における3次元レイトレース処理の高速化を図る方法であり，レイのトレースは図 **5.2** に示すように 2 次元平面内のみで実施する。具体的な手順はつぎのとおりである。

1) 送信点から 2 次元レイを出射。
2) 反射・回折・透過を考慮して受信点までの 2 次元レイをトレース。
3) 送信点と受信点の高さ（アンテナ高）を考慮して，2 次元レイを 3 次元レイに拡張。ここで，市街地においてレイが建物（ビル）を透過するとは考えにくいことから，2 次元レイの透過は建物屋上での回折とみなす。

VPL 法の計算量は 2 次元におけるレイ・ローンチング法と同等のオーダとなる。いま，2 次元レイの出射間隔を $\Delta\varphi$ とすると，その数は $2\pi/\Delta\varphi$ となる。ここで，反射と透過の最大回数をともに N_R 回とすると，2 次元レイの総数が 2^{N_R} 倍になるのは 4.2.2 項で述べた 3 次元レイ・ローンチングの場合と同じである。また，各 2 次元レイは構造物の垂直エッジで回折するごとに $n\pi/\Delta\varphi_D$ 本の 2 次元レイを出射することから，最大回折回数を N_D とすると，レイの総数は $(n\pi/\Delta\varphi_D)^{N_D}$ 倍になる。簡単化のために $\Delta\varphi = \Delta\varphi_D$ とすると，トレースする 2 次元レイの総数は

$$S_{2D\_launch} = \left(\frac{2\pi}{\Delta\varphi}\right)2^{N_R}\left(\frac{n\pi}{\Delta\varphi_D}\right)^{N_D} = \left(\frac{2\pi}{\Delta\varphi}\right)2^{N_R-N_D}\left(\frac{2\pi}{\Delta\varphi}\right)^{N_D}n^{N_D}$$
$$= 2^{N_R-N_D}n^{N_D}L^{N_D+1} \tag{5.1}$$

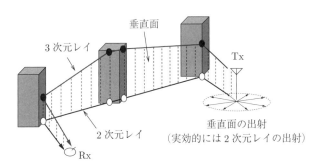

図 **5.2** VPL 法

となる。ただし，$L = 2\pi/\Delta\varphi$ である。以上より，厳密には2次元レイから3次元レイに拡張するための計算量を加味する必要があるが，VPL法の計算量のオーダはおおよそ $O(2^{N_R-N_D} n^{N_D} L^{N_D+1})$ といえる。式 (5.1) と式 (4.2) を比較すると，VPL法の計算量は3次元レイ・ローンチングに対して $2/L$ 倍に削減されることがわかる[†1]。

VPL法の考え方は屋内のレイトレースにも適用することが可能であり，文献70) では HY–RAYT 法（6.4.2項〔1〕参照）の名前で提案されている。

〔2〕 **SORT 法**　SORT (sighted objects–based ray–tracing) 法[13]は市街地における3次元レイトレース処理の高速化を図る方法であり，レイのトレースは図 **5.3** に示すように Tx または Rx から見通しとなる建物を対象とするイメージング法がベースとなる。具体的な手順はつぎのとおりである。

1) Tx または Rx から見通しとなる建物を探索する。
2) 見通し建物を対象に，イメージング法よりレイをトレースする。
3) トレースしたレイに沿って存在する建物を抽出する。
4) 市街地においてレイが建物（ビル）を透過するとは考えにくいことから，抽出した建物では屋上でレイが回折するようにレイの再トレースを実施する（図 **5.4** を参照）。

SORT法ではイメージング法の対象建物が Tx 見通し建物と Rx 見通し建物に限定される。また，SORT法ではレイの伝搬路が "Tx → Tx 見通し建物 → Rx 見通し建物 → Rx" に限定される。すなわち，伝搬特性に与える影響が小さいと考えられる伝搬路 "Tx → Rx 見通し建物 → Tx 見通し建物 → Rx" のレイ[†2]は初めから考慮されない。したがって，SORT法は伝搬解析の精度を大きく損なうことなく計算量の大幅な削減が可能であるといえる。

[†1] 式 (5.1) は，3次元レイ・ローンチングと同様に "あるエッジにレイが入射するたびに回折レイを出射する" とした場合である。2次元レイ・ローンチングでは "エッジに複数のレイが入射した場合でも回折レイの出射は1回のみ" とすることもできる。したがって，2次元の場合の計算量は式 (5.1) よりも少なくすることが可能である。

[†2] 伝搬路が "Tx → Rx 見通し建物 → Tx 見通し建物 → Rx" であることは，レイの伝搬が一度 Rx に近づいた後に Tx 方向にバックしていることを意味する。したがって，このレイは伝搬路長が長くなることから伝搬損失も大きくなる。

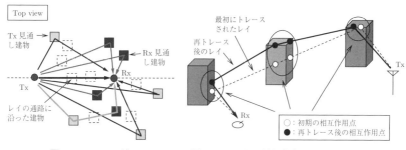

図 5.3 SORT 法   図 5.4 屋上回折を考慮したレイの再トレース

〔3〕 **SBR–image 法**　SBR–image 法[71)]は図 5.5 に示すように SBR (shooting and bouncing rays) 法（レイ・ローンチング法と同じ）とイメージング法をハイブリッドすることにより，探索範囲の効率化を図るものである。具体的な手順はつぎのとおりである。

1) レイ・ローンチング部：送信点からレイを $\Delta\Omega$ で出射し，受信点に到達するレイの伝搬路を探索（図 5.5 では Tx → 反射面 1 → Rx の伝搬路）。
2) イメージング部：①で得られたレイの伝搬路に対してイメージング法を適用し，正確な反射・回折点の位置を導出。

手順 1) では受信点に到達するレイの伝搬路を探索することが目的であることから，レイ・ローンチング法を単独で適用する場合よりも出射間隔 $\Delta\Omega$ を広めに設定することが可能である。すなわち，計算量は少ない。また，手順 2) ではすでに伝搬路を決定していることから，イメージング法において計算量が膨大となる

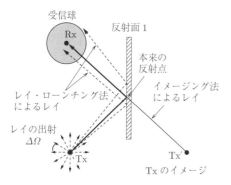

図 5.5 SBR–image 法

"反射面と回折エッジの組合せ導出処理" が必要ない。したがって，SBR–image 法のトータルの計算量はレイ・ローンチング法やイメージング法を単独で適用する場合よりも少なくなる。さらには，手順 2) でイメージング法を適用していることから，得られるレイは厳密に受信点に到達するものとなる。ただし，手順 1) において，少なくとも受信点に到達する可能性のあるレイは探索される必要があることから，出射間隔 $\Delta\Omega$ の設定には留意が必要である。なお，本手法は 5.2.2 項で唯一発見的手法によらないものである。

〔4〕その他　レイトレース範囲の効率化を図るその他の方法としては

① IHE 法[72]：市街地における 3 次元レイトレース処理の高速化を図る方法であり，トレースするレイを送信点と受信点を含む "垂直面内" と "横断面内" に限定することにより計算量を削減。なお，IHE 法では構造物による非鏡面反射波（または拡散散乱波）も考慮。

② GA レイトレース法[73]：イメージング法で考慮する反射面と回折エッジの組合せを GA（genetic algorithm）† より最適化。計算量を多項式オーダに削減可能。

などが提案されている。

5.3　探索処理の効率化

"探索処理の効率化" はイメージング法やレイ・ローンチング法のアルゴリズム（おもに幾何計算部のアルゴリズム）に対しての高速化を図るアプローチであり，基本的に伝搬解析の精度劣化は伴わない。以下，本アプローチに基づいて提案されている方法について述べる。なお，いずれのアプローチにおいても基本的な考え方はコンピュータグラフィックスの分野によるところが大きい。

〔1〕見通し関係のグラフ化[74],[75]　送信点から出射されたレイが最初に反射する面は送信点から見通しとなるものに限定される。同様に，ある面で反射したレイがつぎに反射する面はその "ある面" から見通しとなるものに限定さ

---

† GA のように任意の問題に対応できる発見的手法はメタヒューリスティックと呼ばれる。

れる。また，受信点に入射するレイが最後に反射した面は受信点から見通しとなるものに限定される。この関係はエッジにおける回折においても同様である。したがって，たがいに見通し関係にある面とエッジで送信点から受信点までをグラフ化すれば，その結果を用いることでレイのトレース処理を高速化することができ，特にイメージング法に対して有効である。この"たがいに見通し関係にある面とエッジで送信点から受信点までをグラフ化したもの"を Visibility graph もしくは Visibility tree と呼ぶ。具体的にはつぎのようなものである。

いま，図 **5.6**(a) のように二つの構造物が与えられ，簡単化のために Visibility graph は水平面内のみで作成するものとする。なお，$s_1 \sim s_8$ は構造物の面，

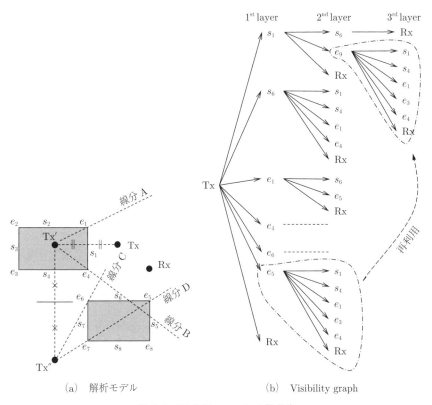

(a) 解析モデル　　　　　　(b) Visibility graph

図 **5.6**　Visibility graph の作成法

$e_1 \sim e_8$ は構造物の垂直エッジ（紙面に対して垂直）を表す。Visibility graph（図 5.6(b)）の作成では，まず，Tx から見通しとなるすべての面とエッジを探索し，その結果を "1st layer" に記録する。ここで，Rx が Tx から見通しとなる場合には Rx も記録する。

つぎに，1st layer に記載した面とエッジのそれぞれに対して，それらから見通しとなるすべての面とエッジを探索し，その結果を "2nd layer" に記録する。ここで，Rx が見通しとなる場合には Rx も記録する。ここで，ある面から見通しとなるものを探索する場合，例えば図 5.6(a) において面 s_1 から見通しとなる面・エッジを探索する場合には，s_1 に対する Tx のイメージ Tx$'$ を作成して線分 A と線分 B の範囲内に存在するものを探索する。このように限定することにより，s_1 でレイが反射後に到達することが不可能な面とエッジは探索から除外できる。あるエッジから見通しとなる面・エッジを探索する場合，例えばエッジ e_5 から見通しとなる面・エッジを探索する場合にはレイが e_5 で回折したものとみなして方位 $360°$ の範囲（ただし，建物内部を除く）で面・エッジを探索する。

続いて，同様のステップにより 2nd layer の面・エッジから見通しとなる面とエッジを探索して "3rd layer" に記録する。ここで，2nd layer のある面から見通しとなるものを探索する場合，例えば図 5.6(a) において "Tx $\Rightarrow s_1(1^{st}$ layer$) \Rightarrow s_6(2^{nd}$ layer$)$" のルート上にある s_6 から見通しとなる面・エッジを探索する場合には，s_6 に対する Tx$'$ のイメージ Tx$''$ を作成して線分 C と線分 D の範囲内に存在するものを探索する。また，エッジ e_5 のようにすでに下位の layer（ここでは 1st layer）において見通しとなるものが得られている場合にはその結果を再利用する。layer 数は "反射 + 回折回数" と一致することから，以上のステップを所望の layer 数，すなわちレイトレースで考慮する "最大の反射 + 回折回数" まで実施する。

Visibility graph を用いるレイトレースにおいては，"いかに高速かつ効率よく Visibility graph を作成するか" がポイントとなる。文献74) では後述する "Bounding–Volume" を用いることを提案している。また，文献76)~78) では

コンピュータグラフィックスの分野で用いられる "BSP（binary space partitioning）アルゴリズム" を用いることを提案している．BSP アルゴリズムは解析空間を面の表と裏で分割管理する方法である．例えば，いま，図 5.7(a) のように複数の構造物が存在する空間が与えられたとする．図において数字は構造物の面番号，矢印は面の法線ベクトル（ベクトルが向いている方向を $\overset{\text{おもて}}{\text{表}}$）を表す．BSP では解析空間を面の表と裏で順次分割していく．図 5.7(b) は分割の順番を定義したものであり，BSP tree と呼ばれる．本例では，まず面 ① を基準に空間を表と裏に分割する．続いて，表となった空間を面 ⑦ を基準に表裏で分割し，裏の空間を面 ④ で表裏分割する．これを空間内のすべての面がツリーに加わるまで繰り返す．なお，選択する面の順序に特別なルールはないが，最終的に空間が均等に分割されるように選ぶのがよいとされる．このように空間を分割管理することにより，送信点や受信点が与えられた際に見通しとなる面・エッジ，ある面やエッジから見通しとなる面・エッジを高速に探索することが可能となる．すなわち，Visibility graph 作成の高速化が図れる．なお，BSP アルゴリズムの詳細については文献76)～78) を参照されたい．

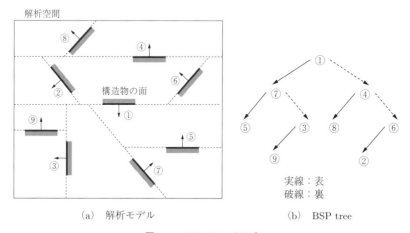

図 5.7　BSP アルゴリズム

〔2〕 **構造物のグループ化**　イメージング法にしてもレイ・ローンチング法にしても，レイのトレースではさまざまな場面で "レイが交差する構造物の

探索"や"ある点から見通しとなる構造物の探索"の処理が必要となる。その処理量は考慮する構造物の数が多くなると無視できない。従来からコンピュータグラフィックス分野のレイトレーシング法ではレイが交差する構造物の探索処理の効率化が大きな課題であり，その解決策の一つに"隣接する複数の構造物をまとめて扱う"という手法が提案されている[79]。ここで，複数の構造物をまとめるために新たに導入される立体は"Bounding–Volume"と呼ばれる。"レイが交差する構造物探索"と"ある点からの見通し構造物探索"は本質的に同じ処理であり，"隣接する複数の構造物をまとめて扱う"という考え方は電波伝搬解析のレイトレーシングにおいても有効である[13),70),74]。

(1) 見通し構造物探索への適用例[13]）： まず，図 **5.8**(a) に示すように解析エリアを複数のブロック（サイズ：$\Delta L \times \Delta L$）で分割し，各ブロックの高さ ΔH_b を"ブロック内で最も高い構造物の高さ"で定義する。ここでは，このブロックを探索ブロックと呼ぶこととし，また，Bounding–Volume として使用する。探索ブロックを用いた見通し構造物の探索はつぎのようにすればよい（あわせて図 5.8(b) を参照）。

1) 地表高も考慮して視点からの見込み角（仰角方向）が最も大きい探索ブロックを検出。
2) 検出した探索ブロック内で最も高い構造物を選択し，水平面内および垂直面内の見通し補助線を作成。

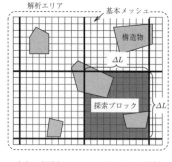
(a) 解析エリアのブロック分割

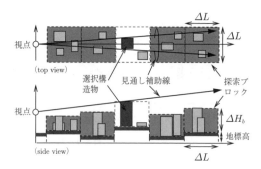
(b) 見通し建物の探索

図 **5.8** Bounding–Volume の適用例

3) 見通し補助線を用いて,ステップ2にて選択した構造物により完全に見通し外となる探索ブロックを以降の探索候補から削除。
4) ステップ2で選択した構造物により一部が見通し外となる探索ブロックはその内包する構造物を再構築し,見通し外となる構造物を探索候補から削除。必要に応じてこの探索ブロックの高さ ΔH_b を修正。
5) ステップ2にて選択した構造物を"見通し構造物"としてデータベースに保存し,以降の探索候補より削除。この構造物を内包していた探索ブロックの高さ ΔH_b を修正。

ステップ1〜5の処理を見通し構造物の候補がなくなるまで繰り返せば,最終的に視点から見通しとなる全構造物を得ることができる。本方法を用いると,一度に複数の見通し外構造物を削除できることから処理の効率化が図れる。なお,ここでは探索ブロックの大きさを一律としたが,文献74)のように内包する構造物の密度によってブロックのサイズを変える方法もある。

(2) 計算量の削減効果[70]: レイと交差する構造物の探索におけるBounding-Volume(以下,探索ブロック)の計算量削減効果について示す。**図5.9**は評価に用いるモデルであり,正方形の解析エリア(面積 A)に N_c 個の構造物(面積はすべて $\Delta A = \alpha A/N_c$,ただし α は $0 \sim 1$ の値をとるエリア内の構造物占有面積率)が一様に分布しているものとする。また,探索ブロックを用いた交

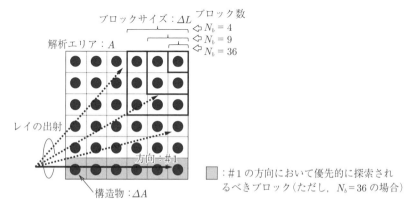

図 **5.9** 評価モデル

118   5. レイトレースの高速化手法

差構造物探索は，解析エリアを N_b 個のブロックに分割し

1) 任意の方向に出射したレイと交差するブロックをすべて探索。
2) 得られた交差ブロックを一つずつ抽出し，ブロック内の構造物とレイの交差判定を実施。

のステップにより探索するものとする。ここで，"ブロックを一つ抽出してレイとの交差判定に要する時間" を T_b とすると，ステップ 1 に要する時間は $T_1 = T_b N_b$ となる。また，ステップ 1 で得られた交差ブロック数を N ($\leq N_b$)（図 5.9 のレイ方向 #1 では $N = 6$），"構造物を一つ抽出してレイとの交差判定に要する時間" を T_a とすると，ステップ 2 に要する平均時間は

$$\langle T_2 \rangle = T_a \frac{1 - (1 - N_b P)^{N \cdot N_c / N_b}}{N_b P} \tag{5.2}$$

となる。ただし，P はレイが構造物と交差する確率であり，構造物の面積と解析エリアの面積の比より

$$P = \frac{\Delta A}{A} = \frac{\alpha}{N_c} \tag{5.3}$$

と表せる。以上より，探索ブロックを用いた場合の平均探索時間は

$$\langle T \rangle = T_1 + \langle T_2 \rangle = T_b N_b + T_a \frac{1 - \left(1 - \alpha \dfrac{N_b}{N_c}\right)^{N \cdot N_c / N_b}}{\alpha \dfrac{N_b}{N_c}} \tag{5.4}$$

で与えられる（導出の詳細は文献70) を参照）。探索ブロックを用いない場合の平均探索時間は，式 (5.4) において $T_b = 0$, $N_b = N = 1$ とした場合に相当することから

$$\langle T_0 \rangle = T_a \frac{N_c - N_c^{1-N_c}(N_c - \alpha)^{N_c}}{\alpha} \tag{5.5}$$

で与えられ，また，探索ブロックを用いることによる効果は

$$\frac{\langle T \rangle}{\langle T_0 \rangle} = \alpha \frac{T_b}{T_a} \frac{N_b}{N_c - N_c^{1-N_c}(N_c - \alpha)^{N_c}}$$
$$+ \frac{N_c - N_c^{1-N \cdot N_c / N_b}(N_c - \alpha N_b)^{N \cdot N_c / N_b}}{N_b \{N_c - N_c^{1-N_c}(N_c - \alpha)^{N_c}\}} \tag{5.6}$$

となる。図 5.9 のモデルを用いて式 (5.6) を評価した結果を図 **5.10** に示す。ただし、評価したレイの方向は #1 であり、したがってステップ 1 で得られる交差ブロック数 N は、$N_b = 1, 4, 9, 36$ に対しそれぞれ 1, 2, 3, 6 である。図より、$T_b/T_a = 1$ の場合、探索時間は探索ブロックを適用することにより約 1/2 にまで低減できることがわかる。なお、探索時間が最小となる探索ブロック数 N_b は構造物の大きさにより異なり、$\alpha = 0.1$ と 0.5 の場合で $N_b = 9$ であり、$\alpha = 1.0$ の場合で $N_b = 4$ である。また、α が同じであっても $T_b/T_a = 0.1$ と探索ブロックとレイの交差判定に要する時間が短い場合には、探索時間が最小となる N_b は大きな値となり、探索時間の低減効果も大きくなる。

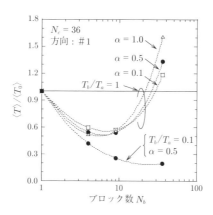

図 **5.10** 探索ブロックによる計算量削減効果

このように、探索ブロック（または Bounding–Volume）を用いることにより処理の効率化が図れる。最適なブロックサイズは、"構造物の大きさが小さく"、"ブロックとレイとの交差判定時間 T_b が短い" ほど小さくなる。したがって、実際に最適なブロックサイズを求めるには、まず、コーディングしたプログラムにおける各交差判定時間（T_a と T_b）を求めておく必要がある。その結果と、レイトレーシングを実行する解析エリア内の構造物数 N_c と構造物占有面積率 α を式 (5.6) に代入すれば、おおよその最適ブロックサイズを見積もることができる。

〔3〕 **解析領域の分割管理** レイが交差する構造物の探索処理（または，ある点から見通しとなる構造物の探索処理）に多くの時間を要するのは"レイと構造物の位置関係および構造物相互の位置関係が不明"なために総当たりで構造物との交点演算を実施することによる．その解決策の一つが"解析領域を分割して管理"する方法である[79]．2次元的に管理する場合には解析領域を水平面内においてメッシュ化し，各メッシュに構造物などの情報を付加する．3次元的に管理する場合には解析領域を3次元空間においてボクセル（voxel：volume element からの造語）で分割し，同様に各ボクセルに構造物などの情報を付加する．以下では簡単化のために2次元で管理する場合について述べる．

(1) 矩形メッシュによる方法[80]： まず，図 5.11(a) のように解析領域を矩形メッシュで分割し，各メッシュには (i,j) とインデックスを付ける．また，構造物にもインデックスを付け，各メッシュにはそれが属する構造物のインデックスを $\mathrm{ID}(i,j)$ と関連付ける．なお，構造物のないメッシュについては，例えば，$\mathrm{ID}(i,j) = 0$ のような値を付けておく．このように解析領域を管理しておくと，レイが交差する構造物の探索は "$\mathrm{ID}(i,j) \neq 0$ となるメッシュの探索" という問題に帰着する．具体的には送信点（もしくは，反射点，回折点，透過点）からレイが通過するメッシュをたどり，"$\mathrm{ID}(i,j) \neq 0$" であるかをチェックする．また，

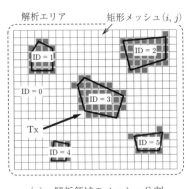

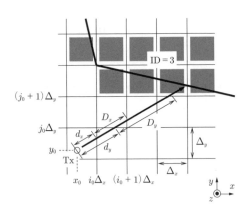

(a) 解析領域のメッシュ分割 (b) 2DDDA アルゴリズム

図 **5.11** 矩形メッシュによる方法

5.3 探索処理の効率化

レイが通過するメッシュを高速にたどるには，2DDDA (2D digital differencial analayzer) アルゴリズムを用いればよい．なお，3 次元的にレイの通過メッシュをたどるには 2DDDA を拡張した 3DDDA (3D digital differencial analayzer) アルゴリズムを用いる[79]．以下，2DDDA アルゴリズムについて説明する．

2DDDA で使用するパラメータを図 5.11(b) に示す．ここでは，レイを出射する送信点を (x_0, y_0)，送信点が存在するメッシュを (i_0, j_0)，メッシュのサイズを $\Delta_x \times \Delta_y$ としている．メッシュの要素をチェックするための 2DDDA アルゴリズムはつぎのとおりである．

1) レイが x 方向に進むときに，はじめて縦のグリッド線 "$x = i_0 \Delta_x$" と交差するまでのレイの長さ d_x を求める．
2) レイが x 方向に 1 セル分だけ進むときのレイの長さ D_x を求める．
3) レイが y 方向に進むときにはじめて横のグリッド線 "$y = j_0 \Delta_y$" と交差するまでのレイの長さ d_y を求める．
4) レイが y 方向に 1 セル分だけ進むときのレイの長さ D_y を求める．
5) チェックするセルの初期値として $(i, j) = (i_0, j_0)$ を設定する．
6) d_x と d_y の大小関係を判定．"$d_x < d_y$" の場合はステップ⑦へ，"$d_x > d_y$" の場合はステップ⑧へ進む．
7) ($d_x < d_y$ の場合)：$i \leftarrow i_0 + 1$，$d_x \leftarrow d_x + D_x$ に更新．ステップ⑨に進む．
8) ($d_x > d_y$ の場合)：$j \leftarrow j_0 + 1$，$d_y \leftarrow d_y + D_y$ に更新．ステップ⑨に進む．
9) ID(i, j) の値をチェック．値が "0 (構造物なし)" の場合はステップ⑥に戻る．
10) ID(i, j) のインデックスを持つ構造物を呼び出し，レイとの交点計算を実施．終了．

文献80) では本アルゴリズムをレイ・ローンチング法に適用したアプリケーションを提案しており，屋内のレイトレーシングにおける計算量が 5.3 節〔1〕の Visibility–graph を用いたイメージング法に比べて平均で 86% 削減されること

を報告している。なお，5.3 節〔2〕で述べた探索ブロック（または Bounding-Volume）においてもメッシュと同様に (i,j) のインデックスを付けておけば，2DDDA アルゴリズムにより"レイが通過するブロック"を高速に見つけることが可能である。したがって，特に解析領域内において構造物の粗密の差が大きいような場合には，探索ブロックと矩形メッシュとの併用が効果的と考えられる。

（2） 三角メッシュによる方法[81],[82]： 矩形メッシュよりも効率的な解析空間の分割管理法として三角メッシュによる方法が提案されている。なお，これは2次元平面を分割する場合であり，3次元空間においては，四面体（または三角錐）や三角柱で分割管理すればよい。ここでは，2次元平面を三角メッシュで分割管理する場合について述べる。

図 **5.12**(a) は解析エリアを三角メッシュで分割した例である。図において実線は構造物の面に対応するグリッド線であり，破線は導入したダミーのグリッド線である。ここで，解析エリアとして囲った多角形（図 5.12(a) の場合は矩形）の頂点数を N_{bv}，解析エリア内に設けた三角メッシュの総頂点数（構造物の頂点数と前述の N_{bv} を加えたもの）を N_v とすると，解析エリア内の三角メッシュの総数 $N_{triangle}$ と三角メッシュの辺の総数 N_{edge} は

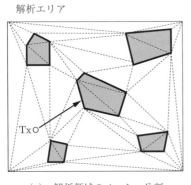
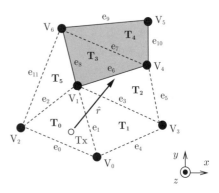

(a) 解析領域のメッシュ分割　　(b) 通過メッシュを辿る高速アルゴリズム

図 **5.12** 三角メッシュによる方法

$$N_{triangle} = 2(N_v - 1) - N_{bv} \tag{5.7}$$

$$N_{edge} = 3(N_v - 1) - N_{bv} \tag{5.8}$$

で与えられる[82]。図 5.12(a) の例では，N_{bv} =4，N_v =26 であることから，$N_{triangle} = 46$，$N_{edge} = 71$ である。このように，三角メッシュでは空間を分割するのに必要な数が一意に決まることが利点である。

つぎに矩形メッシュの際に用いる 2DDDA に相当する，"レイが通過するメッシュをたどる高速アルゴリズム"について図 5.12(b) を用いて説明する

1) Tx の存在するメッシュ T_0 を求める。
2) Tx からメッシュ T_0 の各頂点 V_i ($i = 0, 1, 2$) へのベクトル $\overrightarrow{TxV_i}$ とレイの方向ベクトル $\vec{r}$ との外積 $\vec{u_i} = \vec{r} \times \overrightarrow{TxV_i}$ を求める。

ここで，$\vec{u_i}$ の z 成分の符号に着目すると，"符号が正の場合：レイは頂点 V_i の右側を通過"，"符号が負の場合：レイは頂点 V_i の左側を通過"するものと考えられる。そこで

3) $\vec{u_0}, \vec{u_1}, \vec{u_2}$ の z 成分の符号からレイが交差するエレメントが e_1 であることが認識され，そのエレメントが属するもう一つのメッシュ番号 T_1 とともに記録する。
4) T_1 が建物に属するメッシュではないことから，T_1 に属する頂点の中でエレメント e_1 と対向する頂点 V_3 に着目し，ベクトル $\overrightarrow{TxV_3}$ と $\vec{r}$ との外積 $\vec{u_3} = \vec{r} \times \overrightarrow{TxV_3}$ を求める。
5) $\vec{u_3}$ の z 成分の符号が負となることから，レイがつぎに交差するエレメントが e_3 であることが認識され，そのエレメントが属するもう一つのメッシュ番号 T_2 とともに記録する。
6) T_2 が建物に属するメッシュではないことから，T_2 に属する頂点の中でエレメント e_3 と対向する頂点 V_4 に着目し，ベクトル $\overrightarrow{TxV_4}$ と $\vec{r}$ との外積 $\vec{u_4} = \vec{r} \times \overrightarrow{TxV_4}$ を求める。
7) $\vec{u_4}$ の z 成分の符号が負となることから，レイがつぎに交差するエレメントが e_6 であることが認識され，そのエレメントが属するもう一つのメッ

シュ番号 T_3 とともに記録する。

8) T_3 が建物に属するメッシュであることから，レイとエレメント e_6 の交点を求める。この交点を反射点として記録する。

本アルゴリズムは，レイがメッシュを通過する際にエレメントとの交差演算をつど実施する必要がなく，またステップ4以降では頂点に着目した外積演算が1回であることから，高速にレイの通過メッシュをたどることが可能である。ここでは，2次元平面の場合を示したが，このアルゴリズムを3次元の場合（空間の四面体や三角柱での分割管理）にも拡張が可能である。なお，文献82）では，探索範囲の効率化を図るために5.2.2項で述べたVPL法を採用しており，三角メッシュによる本アルゴリズムは2次元平面内のレイトレースに適用されている。

5.4 探索処理の分散化

"探索処理の分散化"はレイのトレース処理を多数の計算機（またはCPU）に分散させて並列計算させるアプローチである。4.1.3項に示したように，イメージング法では"送信点に対する計算"，"受信点に対する計算"，"面とエッジの組合せに対する計算"がまったく独立である。また，4.2.3項で示したように，レイ・ローンチング法では"送信点に対する計算"，"回折点に対する計算"，"出射するレイに対する計算"がまったく独立である。すなわち，レイのトレース処理は良好な並列性を備えているといえる。トータルとしての計算速度は基本的に利用する計算機の数に比例して速くなり，また当然のことながら処理の分散により伝搬解析の精度が劣化することはないことから，本方法は最も堅実な高速化法といえる。ただし，実際に利用できる計算機の数には限りがあること，分散させた各処理の計算時間はまちまちであることから，効率よく処理を分散させるにはなんらかの制御が必要である。以下では，例として，文献13),83),84)にて提案されている分散の制御法について述べる。

まず,レイのトレースにはイメージング法を用い,受信点を最小単位として分散を行うものとする。ここで,クライアントとなる計算機（アプリケーションサーバ）と分散処理に用いる計算機（分散サーバ）は図 **5.13** に示すようにネットワークで接続されているものとすると,両サーバ間の通信頻度が多いとネットワークの伝送速度が高速化のボトルネックとなりやすい。そこで,通信頻度を少なくするために,複数の受信点をまとめて一つの"プロセス"とし,このプロセス単位で分散をさせる方法が考えられる。一方で,分散サーバとして利用できる計算機の速度がすべて一律であるとは限らない。速度に差がある場合には能力の劣る分散サーバの計算速度がボトルネックとなる。そこで,図 5.13 に示すように計算機の速度に合わせて 1 回に分散させるプロセスのサイズ,すなわちプロセス当りの受信点の数を変更することが考えられるが,その最適化は一般的に困難である。

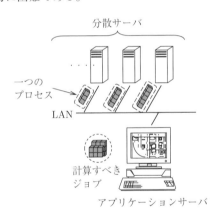

図 **5.13** 計算プロセスの分散とその制御

この問題の解決策として"プロセスの演算が終了するごとに,分散サーバに渡すプロセスのサイズを徐々に大きくしていく"という制御法が提案されている[83],[84]。具体的には,初回のプロセスサイズを α_0,増加率を r とすれば,n 回目の処理には $\alpha_n = \alpha_0 r^{n-1}$ となるサイズのプロセスが分散サーバに渡される。なお,n は分散サーバごとにカウントする値である。この処理を行うことにより,計算速度の遅い分散サーバがサイズの小さなプロセスの演算に時間を

コーヒーブレイク

速さは力なり！

計算速度はいくら速くなっても，それで十分ということはない．人はある問題が解けるようになったら，つぎはさらに大規模な問題に挑みたくなるものである．それは，解析精度を上げるために構造物の高精細化を図ることでもあるし，計算ポイントの数を増やすことでもある．

ハード面において，計算機は今後も高速化・大容量化が進むだろうが，最も効果的なのは 5.4 節で述べた複数の計算機による分散化である．環境を自前で整備するのは困難と思うかもしれないが，これは現在さまざまな企業が提供しているクラウド・コンピューティング・サービスを利用すれば解決できる．また，並列計算という意味では現在注目を浴びている GPGPU（general-purpose computing on graphics processing units）の利用があげられる．CPU もマルチコア化が進んでいるが，最新の GPU ボードでは 1 機当り数千のコアを搭載しており，CPU のコア数とは桁が違う．下記文献には FDTD 解析を CPU（Core i7 3960X，OpenMP にて 12 スレッド並列）と GPU（K20X）で実行した際の計算時間の比較が示されており，ここでは，GPU で CPU の約 13 倍の高速化が実現できている．本来 GPU が画像処理用のプロセッサであることを考えても，レイトレース解析への GPU の適用効果はおおいに期待できる．

問題が大規模になれば，やはりソフト面においても引き続き工夫は必要である．最も効果的なのは発見的手法による "探索範囲の効率化" のアプローチであるが，ここでのポイントはいかに経験的知識を効果的・効率的に得るかである．そこで考えられるのがメタヒューリスティックな手法（任意の問題に対応できる発見的手法），具体的には機械学習の適用である．5.2.2 項で紹介した GA レイトレース法は機械学習の一つである遺伝的アルゴリズムをレイトレースに適用したものであるが，現在，機械学習は深層学習（ディープラーニング）を筆頭に進歩が著しい．このような機械学習をレイトレースに適用すれば，ユーザが伝搬環境を意識することなく探索範囲の効率化が実現できるだろう．ところで，5.3 節で述べたように，ソフト面のアプローチにはもう一つ "探索処理の効率化" がある．こちらは新たな手法を考えるのはなかなか難しいが，4 章のコーヒーブレイクで紹介した "Ray-Jumping 法" の実用化がその一つであるかもしれない．

参考文献：有馬卓司，"FDTD 法 基礎から最新技術まで，" 電子情報通信学会アンテナ・伝播における設計・解析手法ワークショップ（第 51 回）アンテナ・伝播研究専門委員会 (2015)

費やす間に，計算速度の速い分散サーバがよりサイズの大きなプロセスをつぎつぎに演算していくことになる。したがって，各分散サーバで扱う処理量が自動的に最適化されることとなる。なお，本方法は
　① 接続するネットワーク環境により伝送速度が各分散サーバで異なる場合
　② 各受信点の計算量が送受信間のレイの伝搬環境に大きく依存することから，それらをまとめたプロセスの処理量もそれぞれで大きく異なる場合
においても有効である（効果などの詳細は文献84)参照）。

6 レイトレーシング法の実環境への適用

本章では,まず,レイトレーシング結果から電波伝搬の評価指標を求める方法について説明する.つぎに,レイトレーシング法の実環境への適用について,① 平面大地伝搬,② トンネル内伝搬,③ 屋内伝搬,④ 低基地局アンテナ屋外伝搬,⑤ 高基地局アンテナ屋外伝搬の順番で説明する.

6.1 レイトレーシング結果と評価指標

移動伝搬では基本的に送信アンテナから放射する電波を球面波と仮定する.したがって,レイの受信点における電界は式 (3.96) より

$$\mathbf{E}_{out} = \mathbf{D}_\mathrm{T}(\theta_\mathrm{T}, \varphi_\mathrm{T}) \cdot \overline{\mathbf{U}} \tag{6.1}$$

ただし

$$\overline{\mathbf{U}} = E_0 \frac{e^{-jkr_{total}}}{r_0} \left(\prod_{i=1}^{N} A_i \right) \left(\prod_{i=1}^{N} \overline{\mathbf{W}}_i \right) \tag{6.2}$$

で与えられる.いま,レイトレーシングにより送受信間で L 本のレイが得られたとする.#l レイの受信点における電界を $\mathbf{E}_{out}^{(l)}$ とすると,そのレイに伴う受信信号の複素振幅は式 (3.107) と式 (6.1) より

$$\begin{aligned}
a_l &= \mathbf{E}_{out}^{(l)} \cdot \mathbf{D}_\mathrm{R}(\theta_{\mathrm{R}l}, \varphi_{\mathrm{R}l}) \frac{\lambda}{\sqrt{4\pi Z_0}} \\
&= \mathbf{D}_\mathrm{T}(\theta_{\mathrm{T}l}, \varphi_{\mathrm{T}l}) \cdot \overline{\mathbf{U}}^{(l)} \cdot \mathbf{D}_\mathrm{R}(\theta_{\mathrm{R}l}, \varphi_{\mathrm{R}l}) \frac{\lambda}{\sqrt{4\pi Z_0}}
\end{aligned} \tag{6.3}$$

で与えられる.また,各レイには受信点に到達するまでの延べ距離 r_l,出射方

向 $\hat{r}_{Tl}$（ただし，単位ベクトルとする），到来方向 $\hat{r}_{Rl}$（ただし，単位ベクトルとする）の情報があることから，伝搬遅延時間を $\tau_l\,(=r_l/c)$ とすれば（c は光速），すべてのレイを考慮したチャネルの複素インパルス応答を

$$h(\tau,\hat{r}_R,\hat{r}_T)=\sum_{l=1}^{L}a_l\cdot\delta(\tau-\tau_l)\cdot\delta(\hat{r}_R-\hat{r}_{Rl})\cdot\delta(\hat{r}_T-\hat{r}_{Tl}) \qquad(6.4)$$

と表すことができる．

受信点に到来する波をレイとみなせば，2.2節で述べたすべての伝搬特性（図2.5，図2.11，図2.13，図2.16）を式 (6.3) のレイトレーシングの結果より評価することが可能である．本節では，伝搬特性を評価するうえで特に重要である"平均受信電力"，"遅延スプレッド"，"角度スプレッド"，"交差偏波識別度"について，レイトレーシング結果からの演算法について述べる．また，広帯域伝搬や MIMO 伝搬をレイトレーシング法より評価する場合の留意点についても述べる．

6.1.1 平均受信電力

受信点#i に到来するレイ#l に伴う受信信号の複素振幅と電力をそれぞれ $a_l^{(i)}$，$P_l^{(i)}\,(=|a_l^{(i)}|^2)$ とすると，受信点#i に $L^{(i)}$ 本のレイが到来した場合の複素振幅は

$$a^{(i)}=\sum_{l=1}^{L^{(i)}}a_l^{(i)} \qquad(6.5)$$

受信電力は

$$P^{(i)}=\left|\sum_{l=1}^{L^{(i)}}a_l^{(i)}\right|^2 \qquad(6.6)$$

で与えられる．ここで，式 (6.6) の受信電力は各レイの干渉による影響が含まれる瞬時値である．移動通信の各種設計では，2.2.1項で述べたように，瞬時値による影響を除いた平均受信電力の特性（短区間変動や長区間変動の特性）が必要となることが多々ある．すなわち，平均区間内に受信点が N_p あったとすると，平均区間ごとに

$$\langle P^{(i)} \rangle = \left\langle \left| \sum_{l=1}^{L^{(i)}} a_l^{(i)} \right|^2 \right\rangle = \frac{\sum_{i=1}^{N_p} \left| \sum_{l=1}^{L^{(i)}} a_l^{(i)} \right|^2}{N_p} \tag{6.7}$$

の演算が必要である。一般的に，平均受信電力を求めるためにサンプル数を少なくすると，平均値の精度が劣化[†]し，サンプル数を多くすると計算に要する時間が長くなる。ここで，平均受信電力を求めるための空間的な範囲は"短区間変動が生じない範囲"であることが望ましい。これはレイトレーシングの観点からすると，図 6.1 に示すように"受信点に到来するレイの伝搬路（もしくは，反射点，回折点，透過点の位置）が変化しないとみなせる範囲"と考えることができ，さらに，平均受信電力を求めるためにレイトレーシングを実施する計算ポイントを"平均化区間内の 1 点（通常は中心点）のみ"とできることを意味する。以下，この考えに基づいて平均受信電力の近似解を求める 3 種類の方法について述べる。

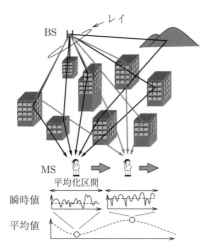

図 6.1 レイトレース結果と受信電力変動

〔1〕 **受信電力加算** 平均化区間内において受信点に到来する各レイの伝搬路（もしくは反射点，回折点，透過点の位置）が変化しないとみなせる場合，

[†] 大数の法則に従い，サンプルの平均値（標本平均値）はサンプル数が少ないほど真の平均値からのバラつきが大きくなる。

6.1 レイトレーシング結果と評価指標

各レイの振幅（または受信電力）も変化しないと仮定することができる。そこで $L = L^{(i)}$, $|a_l| \approx |a_l^{(i)}|$（ただし, $i = 1, 2, \cdots, N_p$）とすると, 式 (6.7) の演算は

$$\langle P^{(i)} \rangle \approx \left\langle \left| \sum_{l=1}^{L} a_l^{(i)} \right|^2 \right\rangle = \left\langle \sum_{l=1}^{L} |a_l|^2 \right\rangle + \left\langle \sum_{m=1}^{L} \sum_{\substack{n=1 \\ n \neq m}}^{L} \left(a_m^{(i)} \right) \left(a_n^{(i)} \right)^* \right\rangle \tag{6.8}$$

と表せる。ここで, さらに, "平均化区間内において各レイの位相がたがいに独立に変化する" と仮定すると式 (6.8) の第 2 式第 2 項はゼロと近似できる。したがって, 平均受信電力は

$$\langle P^{(i)} \rangle \approx \left\langle \sum_{l=1}^{L} P_l \right\rangle = \frac{\sum_{i=1}^{N_p} \sum_{l=1}^{L} P_l}{N_p} = \sum_{l=1}^{L} P_l \tag{6.9}$$

と表せる。ただし, $P_l = P_l^{(i)}$ ($i = 1, 2, \cdots, N_p$) である。

式 (6.9) は, "平均受信電力は, 平均区間内のある 1 点で得られたレイの電力を加算したもので近似できる" ことを意味している。なお, 各レイの電力を加算することを "レイの電力加算" と呼ぶ。また, マルチパスフェージングとなる移動通信環境では, 平均化区間を数十 λ とすれば式 (6.9) の導出に用いたすべての仮定がほぼ成り立つ。

〔2〕 ランダム位相合成　前述と同様, 平均化区間内において受信点に到来するレイの伝搬路は変化しないとみなし, $L = L^{(i)}$, $|a_l| \approx |a_l^{(i)}|$, $P_l \approx P_l^{(i)}$ （ただし, $i = 1, 2, \cdots, N_p$）と仮定する。ここで, 各レイの複素振幅を $a_l^{(i)} = |a_l| \exp(j\xi_l^{(i)})$（ただし, $\xi_l^{(i)}$ は各レイの位相）とすると, 式 (6.7) の演算は

$$\langle P^{(i)} \rangle \approx \left\langle \left| \sum_{l=1}^{L} |a_l| \exp(j\xi_l^{(i)}) \right|^2 \right\rangle = \sum_{l=1}^{L} P_l + \langle \Delta P^{(i)} \rangle \tag{6.10}$$

ただし

$$\Delta P^{(i)} = \sum_{m=1}^{L} \sum_{\substack{n=1 \\ n \neq m}}^{L} |a_m| |a_n| \exp\left(j \left(\xi_m^{(i)} - \xi_n^{(i)} \right) \right) \tag{6.11}$$

と表せる。ランダム位相合成による方法[85],[86]では，"平均区間内において各レイの位相はランダムである"と仮定し，$\xi_l^{(i)}$ に $[0, 2\pi)$ の一様乱数を与えたシミュレーションより $\Delta P^{(i)}$ の分布を評価する。十分なサンプル数でシミュレーションすれば $\langle \Delta P^{(i)} \rangle$ はゼロとなり式 (6.10) は式 (6.9) の受信電力加算と同じになる。

ランダム位相合成で使用するレイトレースの結果は"平均区間内のある1点で得られたレイの振幅"のみである。また，本方法の利点は受信電力の中央値や標準偏差などの統計量も得ることができることにある†。なお，ここではシミュレーションによる方法を示したが，文献85),86)では"位相が一様にランダム"の条件のもとで $P^{(i)}$ の分布を確率密度関数として解析的に求めている。

〔3〕 **平面波近似**　"平均区間内において，受信点に到来するレイの伝搬路は変化せず，各レイの振幅（または受信電力）も変化しない"と仮定することは，"平均区間内において受信点に到来するレイはすべて平面波で近似できる"ことと等価である。図 **6.2** に示すようにレイトレーシングを実施したポイントを受信点#0 とし，得られたレイの複素振幅と単位方向ベクトルをそれぞれ $a_l^{(0)}$，$\hat{r}_{Rl}$（ただし，$l = 1, 2, \cdots, L_0$），とする。ここで，レイを平面波で近似すると，受信点#0 から $\mathbf{d}^{(i)}$ の方向に位置する受信点#i における複素振幅 $a_l^{(i)}$ は

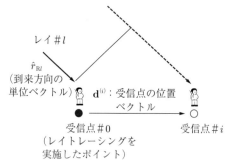

図 **6.2**　平面波近似

---

† 例えば，レイトレースした結果，各レイが等振幅である場合にはレイリーフェージングとしての統計量が得られ，あるレイのみ振幅が卓越（ただし，他のレイは等振幅）している場合には仲上–ライスフェージングとしての統計量が得られる。

$$a_l^{(i)} = a_l^{(0)} \exp(-jk\hat{r}_{\mathrm{R}l} \cdot \mathbf{d}^{(i)}) \tag{6.12}$$

で与えられる。式 (6.12) より平均区間内のすべての受信点の複素振幅を求めれば，平均受信電力は

$$\langle P^{(i)} \rangle \approx \left\langle \left| \sum_{l=1}^{L} a_l^{(i)} \right|^2 \right\rangle = \frac{\sum_{i=1}^{N_p} \left| \sum_{l=1}^{L} a_l^{(0)} \exp(-jk\hat{r}_{\mathrm{R}l} \cdot \mathbf{d}^{(i)}) \right|^2}{N_p} \tag{6.13}$$

より求めることができる。

平面波近似を用いた場合，ランダム位相合成による方法と同様に受信電力の中央値や標準偏差などの統計量も得ることができる。また，平均区間内での各レイの位相変化が小さく，各レイの干渉による影響が平均受信電力に顕在するような場合（例えば，6.2 節で述べる平面大地伝搬）においても精度よく平均受信電力を求めることが可能である。

6.1.2 遅延スプレッドと角度スプレッド

〔1〕 遅延スプレッド　　レイトレースで得られた複素インパルス応答は式 (6.4) となることから，遅延プロファイルは

$$P(\tau) = \left| \iint h(\tau, \hat{r}_{\mathrm{R}}, \hat{r}_{\mathrm{T}}) d\hat{r}_{\mathrm{R}} d\hat{r}_{\mathrm{T}} \right|^2 = \sum_{l=1}^{L} |a_l|^2 \cdot \delta(\tau - \tau_l)$$

$$= \sum_{l=1}^{L} P_l \cdot \delta(\tau - \tau_l) \tag{6.14}$$

で与えられる。したがって，式 (2.27) で定義される平均遅延時間は

$$\mu_\tau = \frac{\sum_{l=1}^{L} \tau_l P_l}{\sum_{l=1}^{L} P_l} \tag{6.15}$$

より求められ，式 (2.26) で定義される遅延スプレッドは

より求められる。

$$\sigma_\tau = \sqrt{\frac{\sum_{i=1}^{L}(\tau_i - \mu_\tau)^2 P_l}{\sum_{l=1}^{L} P_l}} = \sqrt{\frac{\sum_{l=1}^{L}\tau^2 P_l}{\sum_{l=1}^{L} P_l} - \mu_\tau^2} \qquad (6.16)$$

より求められる。

〔**2**〕**角度スプレッド**　レイの出射方向と到来方向のパラメータとして立体角 $\Omega = (\varphi, \theta)$ を用いれば、式 (6.4) の複素インパルス応答は

$$h(\tau, \Omega_\mathrm{R}, \Omega_\mathrm{T}) = \sum_{l=1}^{L} a_l \cdot \delta(\tau - \tau_l) \cdot \delta(\Omega_\mathrm{R} - \Omega_{\mathrm{R}l}) \cdot \delta(\Omega_\mathrm{T} - \Omega_{\mathrm{T}l}) \qquad (6.17)$$

と表せる。ここで、特に垂直面内の出射角度 θ_T に着目すると、その複素インパルス応答は

$$h(\theta_\mathrm{T}) = \iiint h(\tau, \Omega_\mathrm{R}, \Omega_\mathrm{T}) d\tau d\Omega_\mathrm{R} d\varphi_\mathrm{T} \qquad (6.18)$$

で与えられ、垂直面内出射角度プロファイルは

$$P(\theta_\mathrm{T}) = |h(\theta_\mathrm{T})|^2 = \sum_{l=1}^{L} |a_l|^2 \cdot \delta(\theta_\mathrm{T} - \theta_{\mathrm{T}l})$$

$$= \sum_{l=1}^{L} P_l \cdot \delta(\theta_\mathrm{T} - \theta_{\mathrm{T}l}) \qquad (6.19)$$

で与えられる。したがって、式 (2.32) で定義される垂直面内の角度スプレッドは

$$\sigma_\theta = \sqrt{\frac{\sum_{l=1}^{L}(\theta_{\mathrm{T}l} - \mu_\theta)^2 P_l}{\sum_{l=1}^{L} P_l}} = \sqrt{\frac{\sum_{l=1}^{L} \theta_{\mathrm{T}l}^2 P_l}{\sum_{l=1}^{L} P_l} - \mu_\theta^2} \qquad (6.20)$$

ただし

$$\mu_\theta = \frac{\sum_{l=1}^{L} \theta_{\mathrm{T}l} P_l}{\sum_{l=1}^{L} P_l} \tag{6.21}$$

より求められる．一方，同様に，水平面内の出射角度 φ_T の複素インパルス応答と角度プロファイルはそれぞれ

$$h(\varphi_\mathrm{T}) = \iiint h(\tau, \Omega_\mathrm{R}, \Omega_\mathrm{T}) d\tau d\Omega_\mathrm{R} d\theta_\mathrm{T} \tag{6.22}$$

$$P(\varphi_\mathrm{T}) = |h(\varphi_\mathrm{T})|^2 = \sum_{l=1}^{L} |a_l|^2 \cdot \delta(\varphi_\mathrm{T} - \varphi_{\mathrm{T}l})$$

$$= \sum_{l=1}^{L} P_l \cdot \delta(\varphi_\mathrm{T} - \varphi_{\mathrm{T}l}) \tag{6.23}$$

で与えられることから，式 (2.34) で定義される水平面内の角度スプレッドは

$$\sigma_\varphi = \min_\Delta \sqrt{\frac{\sum_{l=1}^{L} (\varphi_\mu(\Delta))^2 P_l}{\sum_{l=1}^{L} P_l}} \tag{6.24}$$

ただし

$$\varphi_\mu(\Delta) = \begin{cases} (\varphi_{\mathrm{T}l} - \Delta - \mu_\varphi(\Delta)) + 2\pi & ((\varphi_{\mathrm{T}l} - \Delta - \mu_\varphi(\Delta)) < -\pi) \\ (\varphi_{\mathrm{T}l} - \Delta - \mu_\varphi(\Delta)) & (|\varphi_{\mathrm{T}l} - \Delta - \mu_\varphi(\Delta)| \le \pi) \\ (\varphi_{\mathrm{T}l} - \Delta - \mu_\varphi(\Delta)) - 2\pi & ((\varphi_{\mathrm{T}l} - \Delta - \mu_\varphi(\Delta)) > \pi) \end{cases} \tag{6.25}$$

$$\mu_\varphi(\Delta) = \frac{\sum_{l=1}^{L} \varphi(\Delta) P_l}{\sum_{l=1}^{L} P_l}, \quad \varphi(\Delta) = \begin{cases} (\varphi_{\mathrm{T}l} - \Delta) + 2\pi & ((\varphi_{\mathrm{T}l} - \Delta) < -\pi) \\ (\varphi_{\mathrm{T}l} - \Delta) & (|\varphi_{\mathrm{T}l} - \Delta| \le \pi) \\ (\varphi_{\mathrm{T}l} - \Delta) - 2\pi & ((\varphi_{\mathrm{T}l} - \Delta) > \pi) \end{cases} \tag{6.26}$$

より求められる。垂直および水平面内の到来角度に対する演算もまったく同様であり，式 (6.18) ～ (6.26) において添え字の T を R に変更すればよい。

6.1.3 交差偏波識別度

送信アンテナと受信アンテナはともに水平面に対して垂直に立っているものとする ($\hat{l}_\mathrm{T} = \hat{l}_\mathrm{R} = (0,0,1)$)。ここで，送信アンテナの指向性を $\mathbf{D}_\mathrm{T}(\theta_\mathrm{T}, \varphi_\mathrm{T}) = \hat{\theta}_\mathrm{T}$ と仮定すると，理想アンテナから垂直偏波のみが送信されることになる。一方，受信アンテナの指向性を $\mathbf{D}_\mathrm{R}(\theta_\mathrm{R}, \varphi_\mathrm{R}) = \hat{\theta}_\mathrm{R}$ と仮定すると，理想アンテナで垂直偏波成分のみが受信されることになる。よって，これらを式 (6.3) に代入すると，理想アンテナを用いた場合の主偏波受信（送信と同じ偏波で受信した場合であり，ここでは垂直偏波受信）におけるレイの複素振幅は

$$a_l^{(\mathrm{VV})} = \hat{\theta}_\mathrm{T} \cdot \overline{\mathbf{U}}^{(l)} \cdot \hat{\theta}_\mathrm{R} \frac{\lambda}{\sqrt{4\pi Z_0}} \tag{6.27}$$

で与えられる。また，受信アンテナの指向性を $\mathbf{D}_\mathrm{R}(\theta_\mathrm{R}, \varphi_\mathrm{R}) = \hat{\varphi}_\mathrm{R}$ と仮定すると，理想アンテナで水平偏波成分のみが受信されることになる。これらを式 (6.3) に代入すると，理想アンテナを用いた場合の交差偏波受信（送信と直交する偏波で受信した場合であり，ここでは水平偏波受信）におけるレイの複素振幅は

$$a_l^{(\mathrm{VH})} = \hat{\theta}_\mathrm{T} \cdot \overline{\mathbf{U}}^{(l)} \cdot \hat{\varphi}_\mathrm{R} \frac{\lambda}{\sqrt{4\pi Z_0}} \tag{6.28}$$

で与えられる。さらに送信アンテナの指向性を $\mathbf{D}_\mathrm{T}(\theta_\mathrm{T}, \varphi_\mathrm{T}) = \hat{\varphi}_\mathrm{T}$ と仮定すれば，理想アンテナから水平偏波のみが送信されることになることから，理想アンテナを用いた場合の主偏波受信と交差偏波受信時のレイの複素振幅 $a_l^{(\mathrm{HH})}$，$a_l^{(\mathrm{HV})}$ も得られる。

交差偏波識別度（XPD）は主偏波受信時の平均受信電力 $\langle P^{(\mathrm{XX})} \rangle$ と交差偏波受信時の平均受信電力 $\langle P^{(\mathrm{XY})} \rangle$ の比で評価される。したがって，送信偏波を垂直偏波とすれば

6.1 レイトレーシング結果と評価指標

$$XPD = \frac{\langle P^{(\mathrm{VV})} \rangle}{\langle P^{(\mathrm{VH})} \rangle} = \frac{\sum_{l=1}^{L} |a_l^{(\mathrm{VV})}|^2}{\sum_{l=1}^{L} |a_l^{(\mathrm{VH})}|^2} \tag{6.29}$$

で求められる．ただし，式 (6.29) では平均受信電力を求めるために受信電力加算を用いた場合を示している．

6.1.4 レイトレーシング法を用いる場合の留意点

〔1〕 広帯域伝搬を評価する場合の留意点　広帯域伝搬をレイトレーシング法より評価する場合，通常は中心周波数で式 (6.4) の複素インパルス応答を求め，遅延スプレッドなどの伝搬遅延特性を評価する．ここには，"考慮すべき周波数帯域内ではどの周波数においてもレイの振幅（ただし，絶対値）は変わらない"という前提がある．なお，この前提は 2.2.2 項〔1〕で述べた WSS 仮定が成立していることに相当する．したがって，UWB (ultra wideband)[87] のような超広帯域の伝搬を評価する際には注意が必要である．このような場合には，考慮すべき周波数帯域内の複数ポイントで各レイの振幅を計算し，周波数特性（図 2.11 のブロック 2 の伝達関数）を求めることで対処する．なお，幸いなことに周波数が変わってもレイの伝搬経路は変わらないことから，周波数ごとにレイのトレースを実施する必要はない．

〔2〕 MIMO 伝搬を評価する場合の留意点　MIMO 伝搬をレイトレーシング法より評価する場合，レイトレース処理の簡易化のため，図 **6.3** に示すように送信側と受信側ともにアレーの中心でレイトレーシングを行う．ここで，送信側のアンテナ素子の位置ベクトルを $\mathbf{s}_m$，受信側のアンテナ素子の位置ベクトルを $\mathbf{u}_n$ と定義すると，MIMO の複素インパルス応答は

$$h(\tau, \mathbf{u}_m, \mathbf{s}_n) = \sum_{l=1}^{L} a_l \cdot \delta(\tau - \tau_l) \cdot \exp(-jk\hat{r}_{\mathrm{R}l} \cdot \mathbf{u}_m) \cdot \exp(-jk\hat{r}_{\mathrm{T}l} \cdot \mathbf{s}_n) \tag{6.30}$$

で与えられる．ここには，"送信側と受信側ともに平面波近似が成り立ち，どの

138   6. レイトレーシング法の実環境への適用

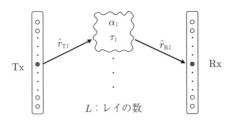

図 **6.3** MIMO 伝搬のレイトレース

アンテナ素子においてもレイの振幅（ただし，絶対値）は変わらない"という前提がある。なお，この前提は 2.2.2 項〔2〕で述べた WSS 仮定が成立していることに相当する。したがって，Massive–MIMO[88]のようにアンテナ素子数が多くなり，かつアレーアンテナの占有する空間が広い場合には

① アンテナ素子間でトレースされるレイの内容が異なる
② 送信側もしくは受信側において平面波近似が成り立たない

ことが想定されることから注意が必要である[89]。このような場合には，送信側と受信側のアンテナ素子の組合せごとにレイトレーシングを実施することで対処する必要がある（図 2.13 のブロック 2 の特性を求めることに相当）。この処理はきわめて多くの計算量を必要とすることから，例えば "アンテナ素子を平面波近似が成立つ範囲でグルーピングし，各グループの中心を基準にレイトレーシングを実施する" などの工夫が必要である。なお，文献89) では平面波近似による誤差評価とともに，上記とは異なる簡易で精度のよい対処方法（vector–rotation approximation technique，VRA technique）を提案している。

6.2 平面大地伝搬の解析

電波伝搬において自由空間伝搬についで単純なものは，送受信間に構造物が一つもない，いわゆる平面大地伝搬である。平面大地伝搬において受信局に到来する波は，"直接波"と"平面大地による反射波"の 2 種類である。したがって，平面大地伝搬は "レイトレーシング法の実環境への適用" の基礎といえる。

6.2.1 伝搬路のモデルとレイトレース

解析のためのモデルを図 **6.4** に示す。平面大地伝搬の場合，トレースするレイは直接波相当のレイ（直接レイ）と大地反射波相当のレイ（大地反射レイ）の2本であり，大地反射レイのトレースには，図に示すように送信点（もしくは受信点）の大地に対するイメージを用いればよい。その結果，各レイの出射角度 ($\theta_{Tl}, \varphi_{Tl}$)，到来角度 ($\theta_{Rl}, \varphi_{Rl}$)，経路長 r_l，大地反射レイの大地への入射角（または反射角）θ が得られる。直接レイの電界 $\mathbf{E}_1$ と大地反射レイの電界 $\mathbf{E}_2$ は，これらを式 (6.1), (6.2) に代入した

$$\mathbf{E}_1 = E_0 \frac{e^{-jkr_1}}{r_1} \mathbf{D}_T(\theta_{T1}, \varphi_{T1}) \tag{6.31}$$

$$\mathbf{E}_2 = E_0 \frac{e^{-jkr_2}}{r_2} \mathbf{D}_T(\theta_{T2}, \varphi_{T2}) \cdot \overline{\mathbf{R}}(\theta) \tag{6.32}$$

の演算より求められる。なお，$\overline{\mathbf{R}}(\theta)$ は大地におけるダイアド反射係数である。各レイの電界が求まれば，それらに伴う受信信号の複素振幅は式 (6.3) より，2本のレイを合成した後の受信信号の複素振幅と受信電力は式 (6.5), (6.6) より求めることができる。なお，これらの演算は式 (6.31), (6.32) を用いると

i) 各レイの受信複素振幅：

$$a_1 = E_0 \frac{e^{-jkr_1}}{r_1} \mathbf{D}_T(\theta_{T1}, \varphi_{T1}) \cdot \mathbf{D}_R(\theta_{R1}, \varphi_{R1}) \frac{\lambda}{\sqrt{4\pi Z_0}} \tag{6.33}$$

$$a_2 = E_0 \frac{e^{-jkr_2}}{r_2} \mathbf{D}_T(\theta_{T2}, \varphi_{T2}) \cdot \overline{\mathbf{R}}(\theta) \cdot \mathbf{D}_R(\theta_{R2}, \varphi_{R2}) \frac{\lambda}{\sqrt{4\pi Z_0}} \tag{6.34}$$

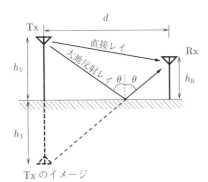

図 **6.4** 平面大地伝搬の解析モデル

ii) レイを合成した後の受信複素振幅と受信電力：

$$a = a_1 + a_2$$
$$= \frac{E_0 \lambda}{\sqrt{4\pi Z_0}} \left(\frac{e^{-jkr_1}}{r_1} \mathbf{D}_\mathrm{T}(\theta_{\mathrm{T}1}, \varphi_{\mathrm{T}1}) \cdot \mathbf{D}_\mathrm{R}(\theta_{\mathrm{R}1}, \varphi_{\mathrm{R}1}) \right.$$
$$\left. + \frac{e^{-jkr_2}}{r_2} \mathbf{D}_\mathrm{T}(\theta_{\mathrm{T}2}, \varphi_{\mathrm{T}2}) \cdot \overline{\mathbf{R}}(\theta) \cdot \mathbf{D}_\mathrm{R}(\theta_{\mathrm{R}2}, \varphi_{\mathrm{R}2}) \right) \quad (6.35)$$

$$P = |a|^2$$
$$= P_\mathrm{T} \left(\frac{\lambda}{4\pi} \right)^2 \left| \frac{e^{-jkr_1}}{r_1} \mathbf{D}_\mathrm{T}(\theta_{\mathrm{T}1}, \varphi_{\mathrm{T}1}) \cdot \mathbf{D}_\mathrm{R}(\theta_{\mathrm{R}1}, \varphi_{\mathrm{R}1}) \right.$$
$$\left. + \frac{e^{-jkr_2}}{r_2} \mathbf{D}_\mathrm{T}(\theta_{\mathrm{T}2}, \varphi_{\mathrm{T}2}) \cdot \overline{\mathbf{R}}(\theta) \cdot \mathbf{D}_\mathrm{R}(\theta_{\mathrm{R}2}, \varphi_{\mathrm{R}2}) \right|^2$$
$$(6.36)$$

と表せる。なお，式 (6.36) では 2.1 節で述べた "$|E_0|^2 = P_\mathrm{T} Z_0 / 4\pi$" の関係を用いている。

6.2.2 理論解析

平面大地伝搬の場合，条件によってはより簡易に伝搬特性を理論解析できる[23]。そこで，レイトレースして得られた結果を容易に評価できるように，本項では平面大地伝搬を理論解析し，そこから得られる伝搬特性について述べる。

いま，直接レイと大地反射レイの経路長をそれぞれ r_1, r_2 とし，簡単化のために送信アンテナは "全方位無指向性の理想アンテナ" かつ "垂直偏波成分のみを送信する" と仮定する。したがって，送信アンテナの指向性関数は $\mathbf{D}_\mathrm{T}(\theta_\mathrm{T}, \varphi_\mathrm{T}) = \hat{\theta}_\mathrm{T}$ となる。この場合，式 (6.31)，(6.32) の電界はそれぞれ

$$\mathbf{E}_1 = E_0 \frac{e^{-jkr_1}}{r_1} \hat{\theta}_{\mathrm{T}1} \quad (6.37)$$

$$\mathbf{E}_2 = E_0 \frac{e^{-jkr_2}}{r_2} \hat{\theta}_{\mathrm{T}2} \cdot \overline{\mathbf{R}}(\theta)$$
$$= E_0 \frac{e^{-jkr_2}}{r_2} \hat{\theta}_{\mathrm{T}2} \cdot R_\parallel(\theta) \hat{u}_\parallel^{in} \hat{u}_\parallel^R$$
$$= E_0 \frac{e^{-jkr_2}}{r_2} R_\parallel(\theta) \hat{u}_\parallel^R \quad (6.38)$$

6.2 平面大地伝搬の解析

と表せる。なお，式 (6.38) では $\hat{\theta}_{T2} = \hat{u}_{\parallel}^{in}$ となる関係を用いている。さらに，受信アンテナも垂直偏波成分のみを受信する理想アンテナ（すなわち，$\mathbf{D}_R(\theta_R, \varphi_R) = \hat{\theta}_R$）とすると，式 (6.33), (6.34) で与えられる各レイの受信複素振幅は

$$a_1 = \left(E_0 \frac{e^{-jkr_1}}{r_1} \hat{\theta}_{T1}\right) \cdot \hat{\theta}_{R1} \frac{\lambda}{\sqrt{4\pi Z_0}} = \frac{E_0 \lambda}{\sqrt{4\pi Z_0}} \frac{e^{-jkr_1}}{r_1} \tag{6.39}$$

$$a_2 = \left(E_0 \frac{e^{-jkr_2}}{r_2} R_{\parallel}(\theta) \hat{u}_{\parallel}^R\right) \cdot \hat{\theta}_{R2} \frac{\lambda}{\sqrt{4\pi Z_0}} = \frac{E_0 \lambda}{\sqrt{4\pi Z_0}} \frac{e^{-jkr_2}}{r_2} R_{\parallel}(\theta) \tag{6.40}$$

と表せる。なお，式 (6.39) では $\hat{\theta}_{T1} = \hat{\theta}_{R1}$ となる関係を，式 (6.40) では $\hat{u}_{\parallel}^R = \hat{\theta}_{R2}$ となる関係を用いている。さらに，式 (6.35), (6.36) で与えられるレイ合成後の受信複素振幅と受信電力は

$$a = \frac{E_0 \lambda}{\sqrt{4\pi Z_0}} \left(\frac{e^{-jkr_1}}{r_1} + \frac{e^{-jkr_2}}{r_2} R_{\parallel}(\theta)\right) \tag{6.41}$$

$$P = |a|^2 = \left|\sqrt{\frac{P_T}{4\pi} Z_0} \frac{\lambda}{\sqrt{4\pi Z_0}} \left(\frac{e^{-jkr_1}}{r_1} + \frac{e^{-jkr_2}}{r_2} R_{\parallel}(\theta)\right)\right|^2$$

$$= P_T \left(\frac{\lambda}{4\pi}\right)^2 \left|\frac{e^{-jkr_1}}{r_1} + \frac{e^{-jkr_2}}{r_2} R_{\parallel}(\theta)\right|^2 \tag{6.42}$$

と表せる。ここで，r_1, r_2, θ は，図 6.4 の水平面内の送受信間距離：d，送信アンテナ高：h_T，受信アンテナ高：h_R を用いると

$$r_1 = \sqrt{d^2 + (h_T - h_R)^2}, \quad r_2 = \sqrt{d^2 + (h_T + h_R)^2} \tag{6.43}$$

$$\theta = \frac{\pi}{2} - \tan^{-1}\left(\frac{h_T + h_R}{d}\right) \tag{6.44}$$

より与えられる。続いて，式 (6.42) の近似について考える。

式 (6.43) の r_1 と r_2 は二項定理より，以下のように展開できる。

$$\left.\begin{array}{l} r_1 = d\left\{1 + \dfrac{1}{2}\left(\dfrac{h_T - h_R}{d}\right)^2 - \dfrac{1}{8}\left(\dfrac{h_T - h_R}{d}\right)^4 + \cdots\right\} \\ r_2 = d\left\{1 + \dfrac{1}{2}\left(\dfrac{h_T + h_R}{d}\right)^2 - \dfrac{1}{8}\left(\dfrac{h_T + h_R}{d}\right)^4 + \cdots\right\} \end{array}\right\} \tag{6.45}$$

ここで，$d \gg (h_T + h_R) > |h_T - h_R|$ と仮定し，振幅項にある r_1 と r_2 については式 (6.45) の第 1 項のみで近似 ($r_1 = r_2 = d$) すると，式 (6.42) は

$$P \approx P_{\mathrm{T}} \left(\frac{\lambda}{4\pi}\right)^2 \left| \frac{e^{-jkr_1}}{d} + \frac{e^{-jkr_2}}{d} R_{\|}(\theta) \right|^2$$

$$= P_{\mathrm{T}} \left(\frac{\lambda}{4\pi}\right)^2 \frac{1}{d^2} |1 + Re^{j\xi} e^{-jk\Delta r}|^2$$

$$= P_{\mathrm{T}} \left(\frac{\lambda}{4\pi}\right)^2 \frac{1}{d^2} (1 + R^2 + 2R\cos(k\Delta r - \xi)) \tag{6.46}$$

と表せる。ただし、反射係数はあらためて "$R_{\|}(\theta) = Re^{j\xi}$ (または、$R = |R_{\|}(\theta)|$, $\xi = \angle R_{\|}(\theta)$)" と表している。また、$\Delta r$ は 2 本のレイの経路長差 "$r_2 - r_1$" である。式 (6.46) には $\cos(\cdot)$ の項が含まれていることから、受信電力は送受信間距離 d の増加に伴って振動しながら減少することがわかる。その包絡線は、$\cos(\cdot) = 1$ とおくことにより次式で与えられる。

$$P_{env} = P_{\mathrm{T}} \left(\frac{\lambda}{4\pi}\right)^2 \frac{1}{d^2} (1 + R)^2 \tag{6.47}$$

〔**1**〕 **送信点近傍の受信電力**　受信点が送信点の近傍にある場合、反射係数は小さく $R^2 \approx 0$ とみなせる。また、$\cos(\cdot)$ の距離に対する変動が激しいことから、短区間における $\cos(\cdot)$ の平均はゼロとみなせる。したがって、これらを考慮すると、送信点近傍の受信電力は平均的に

$$P_{near} \approx P_{\mathrm{T}} \left(\frac{\lambda}{4\pi}\right)^2 \frac{1}{d^2} \tag{6.48}$$

とみなせる。なお、これは自由空間の電力と等しいことを意味する。

〔**2**〕 **送信点遠方の受信電力**　受信点が送信点から遠方にある場合、反射係数は "$R \approx 1, \xi = \pi$" とみなせる。また、レイの経路長差 Δr も十分に小さくなっていることから、$\cos(\cdot)$ の項は

$$\cos(k\Delta r - \xi) \approx \cos(k\Delta r - \pi)$$
$$= -\cos(k\Delta r) = -1 + 2\sin^2\left(\frac{k\Delta r}{2}\right)$$
$$\approx -1 + 2\left(\frac{k\Delta r}{2}\right)^2 \tag{6.49}$$

と近似できる。ここで，$d \gg (h_\mathrm{T} + h_\mathrm{R}) > |h_\mathrm{T} - h_\mathrm{R}|$ の条件において，r_1 と r_2 を式 (6.45) の第 2 項までで近似すると

$$\Delta r = r_2 - r_1$$
$$\approx d\left\{1 + \frac{1}{2}\left(\frac{h_\mathrm{T} + h_\mathrm{R}}{d}\right)^2\right\} - d\left\{1 + \frac{1}{2}\left(\frac{h_\mathrm{T} - h_\mathrm{R}}{d}\right)^2\right\} = \frac{2h_\mathrm{T}h_\mathrm{R}}{d} \tag{6.50}$$

と表せることから，式 (6.49)，(6.50) を式 (6.46) に代入すると，送信点遠方の受信電力は

$$\begin{aligned}P_{far} &\approx P_\mathrm{T}\left(\frac{\lambda}{4\pi}\right)^2 \frac{1}{d^2}(1 + 1 + 2\cos(k\Delta r - \pi))\\&\approx P_\mathrm{T}\left(\frac{\lambda}{4\pi}\right)^2 \frac{1}{d^2}\left\{2 + 2\left(-1 + 2\left(\frac{k\Delta r}{2}\right)^2\right)\right\}\\&\approx P_\mathrm{T}\left(\frac{\lambda}{4\pi}\right)^2 \frac{1}{d^2}\left(\frac{4\pi}{\lambda}\frac{h_\mathrm{T}h_\mathrm{R}}{d}\right)^2\\&= P_\mathrm{T}\frac{(h_\mathrm{T}h_\mathrm{R})^2}{d^4}\end{aligned} \tag{6.51}$$

で与えられる。これは，伝搬損失指数が 4 であり，自由空間よりも大きく減少することを意味する。

〔3〕ブレークポイント　前述したように，伝搬損失指数は，送信点近傍では自由空間と同様に 2 であるのに対して，送信点遠方では 4 となる。伝搬損失指数が 2 から 4 に変化する位置はブレークポイントと呼ばれ，平面大地伝搬を評価するうえでの重要な指標となっている。ただし，ブレークポイントには 3 種類の定義があり，十分に注意する必要がある。以下，それぞれの定義について示す。

① 自由空間伝搬をベースとする定義：本定義では送信点近傍の受信電力を自由空間相当である式 (6.48) で近似し，ブレークポイントは"式 (6.48) の値が送信点遠方の近似式 (6.51) で得られる値と等しくなる位置 ($P_{near} = P_{far}$)"で定義する。したがって，その位置は

$$d_{B1} = \frac{4\pi h_\mathrm{T} h_\mathrm{R}}{\lambda} \tag{6.52}$$

で与えられる。

② 変動の包絡線をベースとする定義：本定義では送信点近傍の受信電力を式 (6.47) で近似し，ブレークポイントは "式 (6.47) の値が送信点遠方の近似式 (6.51) で得られる値と等しくなる位置（$P_{env} = P_{far}$）" で定義する。ここで，ブレークポイント近傍において反射係数は $R \approx 1$ とみなせると仮定し，ブレークポイントの位置は

$$d_{B2} = \frac{2\pi h_\mathrm{T} h_\mathrm{R}}{\lambda} \tag{6.53}$$

で与えられる。

③ 振動の極大点をベースとする定義：受信電力は式 (6.46) で与えられることから，振動の極大点は $\cos(\cdot) = 1$ となる位置であり，経路長差 Δr が距離 d とともに減少することを考えれば，"送信点から最も遠い極大点" は

$$k\Delta r - \xi = 0 \tag{6.54}$$

を満たす必要がある。本定義は，ブレークポイントをこの "送信点から最も遠い極大点" の位置で定義する。ここで，ブレークポイントが送信点から十分に離れているとすれば，反射係数の位相は $\xi = \pi$ とみなせ，経路長差 Δr は式 (6.50) で表せることから，これらを式 (6.54) に代入することにより，ブレークポイントは

$$d_{B3} = \frac{4 h_\mathrm{T} h_\mathrm{R}}{\lambda} \tag{6.55}$$

で与えられる。

式 (6.52)，(6.53) および式 (6.55) から明らかなように，これらのブレークポイントの関係は $d_{B1} > d_{B2} > d_{B3}$ の関係にある。従来，測定結果よりブレークポイントとしては d_{B2} がよく利用されてきたが，近年は ITU-R[7] や 3GPP[8] の標準化で採用されたこともあり，特に断りがない場合のブレークポイントは d_{B3} を指すことが多い。

6.2.3 レイトレーシング法による解析

理論解析と同様に，送受信アンテナを垂直偏波成分のみ送受信する理想アンテナ（$\mathbf{D}_\mathrm{T}(\theta_\mathrm{T},\varphi_\mathrm{T})=\hat{\theta}_\mathrm{T}$，$\mathbf{D}_\mathrm{R}(\theta_\mathrm{R},\varphi_\mathrm{R})=\hat{\theta}_\mathrm{R}$）として，レイトレーシング法より求めた計算結果例を図 6.5 に示す．ただし，$P_\mathrm{T}=1\,\mathrm{mW}\,(=0\,\mathrm{dBm})$，$f=1\,\mathrm{GHz}\,(\lambda=0.3\,\mathrm{m})$，$h_\mathrm{T}=3\,\mathrm{m}$，$h_\mathrm{R}=1.5\,\mathrm{m}$ とし，大地の媒質定数は $\varepsilon_r=6.76$，$\sigma=0.0023\,\mathrm{S/m}$，$\mu_r=1$（コンクリート相当[45]）としている．図 6.5(a) は各レイの受信電力と複素振幅の位相差である．各レイの受信電力は式 (6.55) によるブレークポイント d_{B3} を超えるとほぼ等しくなり，また d_{B3} ではレイの位相差が 0 と一致していることがわかる．これは，理論解析において仮定した "送信点から十分に離れた場所の反射係数は $R\approx1$ かつ $\xi=\pi$（すなわち，$R_\|(\theta)=-1$）とみなせる" が成立していることを意味する．なお，P_2 の 10 m を超えた直後のヌル点はレイの大地への入射角がブリュースタ角度となるポイントである．図 6.5(b) には式 (6.42) で与えられる 2 本のレイを合成した後の受信電力（瞬時値）を示してある．なお，図には参考のために式 (6.48) による自由空間近似式，式 (6.47) による包絡線近似式（ただし，$R=1$），式 (6.51) による遠方近似式も示してある．理論解析で示したように，合成後の受信電力は 2 本のレイの干渉により，ブレークポイント d_{B3} 以内では自由空間の値の周辺で

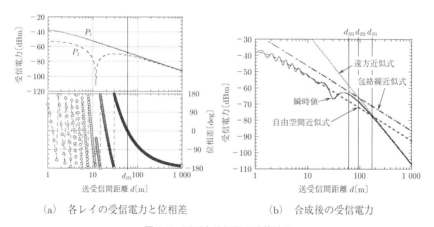

(a) 各レイの受信電力と位相差 　　(b) 合成後の受信電力

図 6.5 平面大地伝搬の計算結果

振動し，d_{B3} 以遠では自由空間よりも速く減衰していることがわかる。また，ブレークポイント d_{B1} と d_{B2} の位置も理論値とよく一致していることがわかる†。

以上が平面大地伝搬のレイトレーシング法による解析である。ここでは，理論解析と同様に送受信アンテナとして垂直偏波成分のみを送受信する理想アンテナによる結果を示したが，レイトレーシング法による解析では理論解析とは異なり任意のアンテナによる特性を求めることができる利点がある。なお，同様に大地の媒質定数も任意の値に設定可能であることもレイトレーシング法による解析の利点である。

6.3 トンネル内伝搬の解析

従来，トンネルは誘電体で囲まれたオーバサイズの導波路とみなせることから，導波管理論に基づくモード解析が主流であった[90],[91]。本方法は，トンネル断面形状が方形や円形のように単純な構造については厳密解を得ることができるが，複雑な形状になると解析的に解くことが困難となる。ただし，断面形状として代表的な "円形"，"楕円形"，"馬蹄形"，"矩形" に対しては，受信電力の送受信間距離に対する減衰定数（または伝搬定数）を推定する実用的な近似式が提案されている[92]。また，現在の計算機能力の限界から 2 次元モデルを用いてはいるが，波動方程式の数値的な直接解法である FVTD (finite–volume time–domain) 法を用いた解析も検討されている[93]~[95]。

移動通信において，セルを設計する場合にはアンテナの設置場所や指向特性がセル形状に及ぼす影響を具体的に推定する必要があり，また，ダイバーシチに代表される要素技術の評価では受信電力の長区間的な距離減衰（長区間変動特性）に加え，短区間内における瞬時値の変動特性（瞬時変動特性）の把握が重要となる。レイトレーシング法では構造物の幾何学的形状と媒質定数を与え

---

† 平面大地伝搬において，送信点遠方（d_{B3} 以遠）の特性はレイの干渉によって生じるものである。これは，6.1.1 項で述べた受信電力加算がこの場合の平均電力の近似として不適切であることを意味する。ただし，レイの干渉周期が短い送信点近傍（d_{B3} 以内）においては，受信電力加算は平均電力のよい近似となる。

るだけで伝搬特性を簡易に解析できる。したがって，移動通信のためのトンネル内伝搬の解析法として，レイトレーシング法は

① 基本的にトンネル断面やその奥行形状に制約を受けない。
② アンテナ設置場所や指向性を容易に考慮できる。
③ 瞬時変動特性も推定可能†である。

の理由から前述の解析手法より有利である。

6.3.1 トンネル内伝搬の特徴

トンネル内伝搬は，その形態を図 **6.6** に示すようにトンネル断面サイズと波長より分類することができる。図において，a と b はそれぞれトンネル断面の幅と高さである。自由空間波長 λ に対して

$$\text{約 } 20 < \frac{a}{\lambda} \ \left(\text{or } \frac{b}{\lambda}\right) \tag{6.56}$$

の関係にあるとき，その伝搬は幾何光学的となる。すなわち，マルチパス伝搬であるために，受信電力の長区間的な距離減衰に深くてランダムな瞬時変動が重畳することが特徴である。一方，波長 λ に対して

$$\text{約 } 0.5 < \frac{a}{\lambda} \ \left(\text{or } \frac{b}{\lambda}\right) < \text{約 } 20 \tag{6.57}$$

の関係にあるとき，その伝搬はモード伝搬的となる。すなわち，瞬時変動が比較的穏やかで，かつ，距離減衰の傾き（伝搬定数）も自由空間より緩やかにな

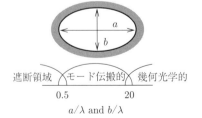

図 **6.6** トンネル内における電波伝搬の形態

---

† トンネル内に車両や突起物のようなものがある場合には，統計的な特性のみが推定可能。ただし，そのような構造物がない場合には波形も推定が可能となる（6.3.4 項参照）。

ることが特徴である。なお，代表的な断面形状を有するトンネル内の伝搬定数は，モード解析より導出された簡易な近似式を用いて推定することが可能である[90),92)]。例えば，比誘電率 ε_r の損失媒質で囲まれた幅 a，高さ b の矩形断面を有するトンネル内の伝搬定数 α_h と α_v は

$$\alpha_h = 4.343\lambda^2 \left(\frac{\varepsilon_r}{a^3\sqrt{\varepsilon_r - 1}} + \frac{1}{b^3\sqrt{\varepsilon_r - 1}} \right) \quad [\text{dB/m}] \quad (6.58\text{a})$$

$$\alpha_v = 4.343\lambda^2 \left(\frac{1}{a^3\sqrt{\varepsilon_r - 1}} + \frac{\varepsilon_r}{b^3\sqrt{\varepsilon_r - 1}} \right) \quad [\text{dB/m}] \quad (6.58\text{b})$$

より求められる。ここで，α_h と α_v はそれぞれ水平偏波，垂直偏波を送信した場合に相当する。なお，図 6.6 および式 (6.56) と式 (6.57) において各領域の境界が明確に限定できない理由の一つは，トンネルが損失媒質で囲まれていることによる。

6.3.2 伝搬路のモデルとレイトレース

トンネル内伝搬の解析に用いる基本伝搬路モデルを図 **6.7** に示す。断面形状はサイズ $a \times b$ の矩形であり，周囲が損失媒質で囲まれた無限の長さを持つ直線のトンネルである。図において，w_T, w_R は送受信アンテナの壁面からの距離であり，h_T, h_R はアンテナ高である。なお，送受信間距離は図 6.7 に示すトンネル断面に垂直な距離 d で定義する。本モデルにおいてトレースの対象となる波は，直接波と上下左右の面で反射を伴う波である。

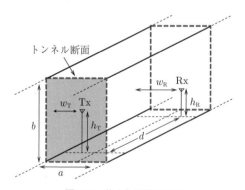

図 **6.7** 基本伝搬路モデル

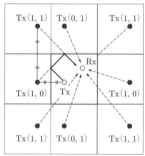

図 **6.8** イメージング法の適用

6.3 トンネル内伝搬の解析

図 6.7 の伝搬路モデルの場合には図 **6.8** のように，上下左右の面に対する送信点（または受信点）のイメージを容易に設けることができることから，レイトレースにはイメージング法を用いることができる．なお，図に示したように，$n_r^{(h)}$ は左右の面（壁面）における反射回数であり，$n_r^{(v)}$ は上下の面（天井と床）における反射回数である．図には各送信点イメージからトレースされるレイも示してあり，各レイの電界を式 (6.1) より求めれば，式 (6.3)，(6.5)，(6.6) より受信電力を求めることができる．

ところで，実際にはトンネル断面が馬蹄形であったり，トンネルが長手方向に対して曲がっていたりと，構成面に曲面を有することも多い．曲面のままレイのトレースを実行するにはレイ・ローンチング法が適している[71]．ただし，図 **6.9** のようにすべての曲面を平面で近似すれば，レイのトレースにイメージング法を用いることも可能である[96]．以降では，すべての場合においてイメージング法を用いてトンネル内伝搬を解析する．

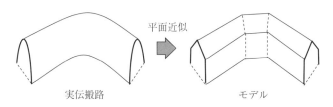

図 **6.9** 伝搬路のモデル化

6.3.3 レイトレーシング法による解析

図 6.7 の基本伝搬路モデルを用いてトンネル内の受信電力距離特性を，最大反射回数をパラメータとして評価した結果を図 **6.10** に示す．ただし，周波数は $f = 2.2\,\text{GHz}$，トンネル断面サイズは $a \times b = 1.8\,\text{m} \times 2.2\,\text{m}$，送受信アンテナはともに垂直偏波成分のみ送受信する理想アンテナ（$\mathbf{D}_T(\theta_T, \varphi_T) = \hat{\theta}_T$，$\mathbf{D}_R(\theta_R, \varphi_R) = \hat{\theta}_R$）であり，それらがトンネル断面の中心に位置している場合である．また，トンネルを囲む損失媒質はコンクリートとし，その媒質定数は文献45) の値，すなわち，比誘電率 $\varepsilon_r = 6.76$，導電率 $\sigma = 0.0023\,\text{S/m}$，比透

6. レイトレーシング法の実環境への適用

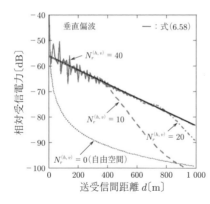

図 6.10 最大反射回数の影響

磁率 $\mu_r = 1$ を仮定した。図 6.10 において，$N_r^{(h,v)}$ は考慮した $n_r^{(h)}$ と $n_r^{(v)}$ の最大反射回数（$N_r^{(h,v)} = \max(n_r^{(h,v)})$）であり，$N_r^{(h)} = N_r^{(v)}$ としている。なお，考慮した最大反射回数の合計は $N_r = N_r^{(h)} + N_r^{(v)}$ となる。$N_r^{(h,v)} = 0$ では当然のことながらその特性は自由空間と等価である。図より受信電力の距離特性は $N_r^{(h,v)}$ の値に依存して変化することがわかる。$N_r^{(h,v)} = 40$ では送受信間距離 d に対して直線的に減衰している。これは，従来のモード伝搬的領域における検討結果と同様である。$0 < N_r^{(h,v)} < 40$ では，送受信間距離 d が短い場合には $N_r^{(h,v)} = 40$ の値と完全に一致し，d がある距離に達すると自由空間の特性に近づいていく。その距離は $N_r^{(h,v)} = 10$ で約 400 m，$N_r^{(h,v)} = 20$ で約 800 m である。これは，つぎのように考えることで理解できる。簡単のために，トンネルを 2 次元（反射面が左右の 2 面）で考え，n 回の反射を伴うレイの経路長と反射係数の積（n 回分の反射係数を積算したもの）をそれぞれ r_n と R_n，経路長のみで定義される電界を $E(r_n)$ とする。この場合，最大反射回数を N_r と設定して得られる電界 E は

$$\begin{aligned} E &= \{R_0 E(r_0) + R_1 E(r_1)\} + \{R_1 E(r_1) + R_2 E(r_2)\} + \cdots \\ &= \sum_{n=1}^{N_r} \{R_{n-1} E(r_{n-1}) + R_n E(r_n)\} + R_{N_r} E(r_{N_r}) \\ &= \sum_{n=1}^{N_r} \Delta(r_{n-1}, r_n) + R_{N_r} E(r_{N_r}) \end{aligned} \qquad (6.59)$$

ただし

$$\Delta(r_{n-1}, r_n) = R_{n-1}E(r_{n-1}) + R_n E(r_n) \tag{6.60}$$

と表せる．式 (6.59) において n 回反射レイが二つ存在するのは，左右 2 面での反射を考えているためである（図 6.8 参照）．式 (6.59) において，$N_r \to \infty$ の場合，$R_{N_r}E(r_{N_r}) \to 0$ となり電界 E は $\sum \Delta(r_{n-1}, r_n)$ のみの関数となる．一方，N_r が有限である場合，ある送受信間距離に達すると $r_{n-1} \approx r_n$，$R_{n-1} \approx -R_n$ および $|R_{N_r}| \to 1$ となることから，$\sum \Delta(r_{n-1}, r_n)$ の項は 0 に収束し，電界 E は $E(r_{N_r})$ だけとなり自由空間損失と等しくなる．レイトレーシング法では $N_r \to \infty$ が理想的な条件であるが，実際のシミュレーションでは推定値が十分に収束する最大反射回数を設定する必要がある．図 6.10 の例において，$d \leq 400\,\mathrm{m}$ では $N_r^{(h,v)} \geq 10$，$d \leq 800\,\mathrm{m}$ では $N_r^{(h,v)} \geq 20$，$d \leq 1\,000\,\mathrm{m}$ では $N_r^{(h,v)} \geq 40$ の反射回数が必要となるのは，この理由によるものである．

設定すべき最大反射回数は，トンネル内を伝搬する波のモードとその壁面への入射角（反射角）との関係から以下のように目安を付けることができる．簡単のために，完全導体の 2 次元トンネルを仮定し，伝搬する波は TE 波とする．ここで，トンネルの幅を a，波長を λ とした場合，モード番号 η とその入射角 θ との関係は

$$\cos\theta = \frac{\eta \cdot \lambda}{2a} \tag{6.61}$$

と表せる[97]．一方，レイトレーシング法において，n 回反射波（またはレイ）の壁面への入射角 θ は，送受信間距離 d を用いて次式で表せる．

$$\cos\theta = \frac{n \cdot a}{\sqrt{d^2 + (n \cdot a)^2}} \tag{6.62}$$

ただし，送受信アンテナがトンネル断面中央に位置している場合であり，式 (6.62) の右辺の分母は n 回反射波の経路長を表している．ここで，モード番号 η の波が n 回反射波と同一であるとすれば，式 (6.61) と式 (6.62) より以下の関係を得ることができる．

6. レイトレーシング法の実環境への適用

$$d = n \cdot a \cdot \sqrt{\left(\frac{2a}{\eta \cdot \lambda}\right)^2 - 1} \quad (6.63)$$

この式は，トンネルの幅が a であったときにモード番号 η の波を推定するために必要な反射回数と送受信間距離の関係を示している．例えば，図 6.10 のパラメータより，トンネルの幅が $a = 1.8\,\mathrm{m}$，周波数が $f = 2.2\,\mathrm{GHz}$ である場合，基本モード（$\eta = 1$）を最大反射回数 $N_r\,(= n) = 10,\,20,\,40$ で推定できる距離 d は 475, 950, 1 900 m 以下となる．これらの値は，図 6.10 の結果とほぼ等しい．また，同一距離内で $\eta \geq 2$ の高次モードも推定対象とする場合には，最大反射回数を基本モード時よりさらに増やさなければならないことが式 (6.63) よりわかる．図 **6.11** は，式 (6.63) より求めた，反射回数 n とモード番号 η をパラメータとするトンネルサイズ a と送受信間距離 d の関係である．図より，レイトレーシング法とモード解析の関係を理解することができる．例えば，トンネルサイズが小さく，かつ，送受信間距離が長くなるほど，基本モードの波の推定に多くの最大反射回数を設定しなければならないことがわかる．一方，トンネルサイズが大きく，かつ，送受信間距離が短い場合，反射回数 $n = 1$ に対応する波は高次モードの波であり，多モード伝搬となっていることがわかる．一般的に，レイトレーシング法では最大反射回数が多いほど，モード解析では多モードとなるほど計算量は増加する．したがって，伝搬推定法としては，図 6.11 の $(n = 1,\,\eta = 1)$ を基準として，$(n > 1,\,\eta = 1)$ となる領域ではモー

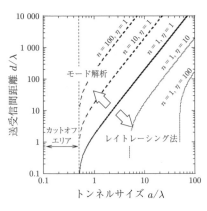

図 **6.11** レイトレーシング法とモード解析の関係

ド解析が，$(n=1, \eta>1)$ となる領域ではレイトレーシング法が有利であるといえる。

最大反射回数を $N_r^{(h,v)}=60$ と十分に推定値が収束する値に設定し，周波数をパラメータとした結果を図 **6.12** に示す。なお，トンネル断面サイズと送受信アンテナに関するパラメータは図 6.10 と同じである。この図より，いずれの周波数においても送受信間距離 $d \geq 200\,\mathrm{m}$ では，その伝搬特性が d に対して直線的に減衰することがわかる。ただし，周波数 f が低いほどその傾き（伝搬定数）は大きい。

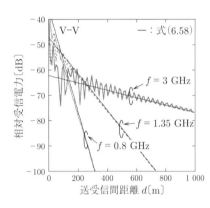

図 **6.12** 周波数特性

ところで，図 6.10，図 6.12 に示した結果の周波数は $0.8\,\mathrm{GHz} \leq f \leq 3\,\mathrm{GHz}$，であり，断面サイズとの関係は，$4.8 \leq a/\lambda \leq 18$，$5.9 \leq b/\lambda \leq 22$ である。したがって，これらは式 (6.57) の条件からモード伝搬の領域に対する結果といえる。そこで，図 6.10，図 6.12 には，同一条件で式 (6.58) から求めた伝搬定数 α_v を用い，受信電力が $P_\mathrm{R} = P_0 \exp(-\alpha_v d \ln 10/10)$ で与えられると仮定して求めた直線も示している。ただし，係数 P_0 はレイトレーシング法の結果とフィットするように適当に選んだ。レイトレーシング法による結果と比較すると，$d \geq 200\,\mathrm{m}$ では両者の傾きはきわめてよく一致しており，モード伝搬的領域においてもレイトレーシング法で十分に推定可能であるといえる。一方，距離に対する瞬時変動が大きな $d \leq 200\,\mathrm{m}$ では，完全なモード伝搬的領域には遷移していない幾何光学的領域となっているといえる。

6.3.4 実測結果との比較

〔1〕**実測結果** 比較には"内壁がコンクリートで囲まれた全長4kmの直線トンネル"で得られた結果を用いる。実測トンネルの断面形状とサイズは図**6.13**のとおりである。このトンネルは本来導水路であるため，断面サイズが一般的なトンネルよりも小さく，床が多少湾曲している。なお，トンネル内には照明も含め一切の什器や突起物はない。ただし，実測結果は床に高さ$9 \sim 10\,\mathrm{cm}$の水が全区間に渡って溜まっていたときのものである。測定諸元は**表6.1**のとおりである。なお，以下では，実測結果およびレイトレーシング法による解析結果ともに図6.7の距離dに沿って得られた瞬時値を$3\,\mathrm{m}$の短区間で平均化処理した値で評価する。

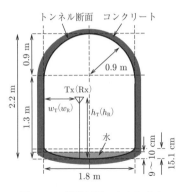

図 **6.13** 測定に用いたトンネル

表 **6.1** 測定諸元

Tx	値
周波数	2.2 GHz
送信電力	10 mW
アンテナ位置	w_T = 0.3, 0.6, 0.9 m h_T = 1.25, 1.5, 2.0 m
アンテナ利得	10 dBi （半値幅：60°）
Rx	値
アンテナ位置	w_R = 0.9 m, h_R = 1.5 m
アンテナ利得	2.2 dBi （水平面内無指向性）

測定周波数は$2.2\,\mathrm{GHz}$であり，波長で規格化したトンネル断面サイズは幅の最長$a/\lambda = 13.2$，高さの最長$b/\lambda = 16.1$である。したがって，式(6.57)の条件より本トンネル内の伝搬はモード伝搬的領域に属することとなる。測定結果の例を図**6.14**に示す。図6.14(a)は送信アンテナの断面内位置を受信アンテナと同一とした垂直偏波および水平偏波のときの受信電力の距離特性である。垂直，水平ともにdが約$200\,\mathrm{m}$以下では不規則な変動が見られる。一方，dが$200\,\mathrm{m}$以上の場合，垂直偏波は距離に対して直線的に減衰し，水平偏波は周期

6.3 トンネル内伝搬の解析　155

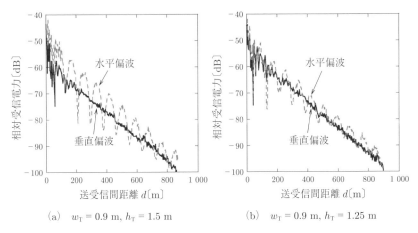

(a) $w_T = 0.9$ m, $h_T = 1.5$ m　　　(b) $w_T = 0.9$ m, $h_T = 1.25$ m

図 **6.14**　測定結果例

が約 90 m の大きな変動を伴いながら減衰している．ここで，水平偏波の場合に周期的な変動が生じるのは，送信アンテナがトンネル断面の中心からずれていること，トンネルの高さが幅より大きいことより現れたものであり，送信アンテナが中心に近い図 6.14(b) のほうが変動は小さい．

〔**2**〕**レイトレーシング法の評価**　　実測のトンネルは図 6.13 に示すように曲面を持つ馬蹄形である．そこで，これに対する解析用モデルとして図 **6.15** に示すように天井の曲面を平面で近似した，図 (a) 四角形モデル，図 (b) 六角形モデル，図 (c) 八角形モデルを用い，レイトレーシング法の評価を行う．それ

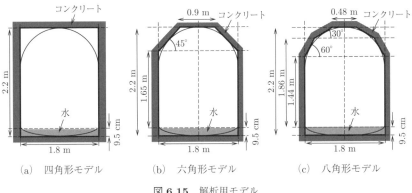

(a) 四角形モデル　　(b) 六角形モデル　　(c) 八角形モデル

図 **6.15**　解析用モデル

それのモデルにおいて,床には深さ 9.5 cm の水の層を考慮する.ただし,実際のレイトレーシングの演算では,水の層内部におけるレイのトレースは行わず,床に "3 層媒質における反射係数(式 (3.46))" を適用する.図 6.16 は,天井と壁に適用した "2 層媒質(空気–コンクリート)における反射係数" と床に適用した "3 層媒質(空気–水–コンクリート)における反射係数" の入射角に対する特性である.ただし,水の層は 9.5 cm の場合であり,その媒質定数は $\varepsilon_r = 80.0$,$\sigma = 0.001\,\mathrm{S/m}$,$\mu_r = 1$ としている[98].図からわかるように,振幅と位相ともに 2 層媒質(天井,壁)と 3 層媒質(床)の反射は特性が大きく異なる.

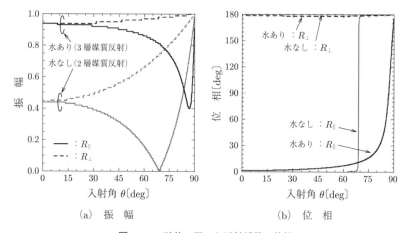

(a) 振 幅　　　　　　　　　　(b) 位 相

図 6.16　計算に用いた反射係数の特性

以下では,図 6.15 の解析用モデルと図 6.16 の反射係数を用いてレイトレーシングをイメージング法より実行し,測定値と比較した結果を示す.なお,図 6.14 の測定結果より,$d > 200\,\mathrm{m}$ ではモード伝搬的領域,$d < 200\,\mathrm{m}$ では幾何光学的領域と考えられることから,まず,モード伝搬的領域について示し,つぎに,幾何光学的領域について示す.

■　**モード伝搬的領域**:　モード伝搬的領域の全区間をレイトレーシング法より推定する場合,送受信間距離が最長 1 km であることから,最大反射回数をきわめて大きく設定しなければならない.計算量の関係から,ここでの評価は四角形モデル(Model 1)のみを対象とする.その結果を図 6.17 に示す.ただし,

6.3 トンネル内伝搬の解析

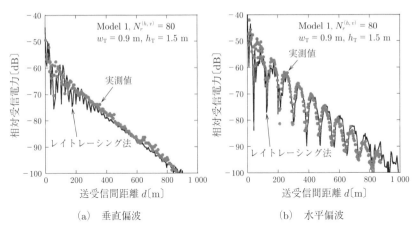

図 **6.17** 実測値との比較

図 (a) は送受信アンテナの偏波面を垂直，図 (b) は偏波面を水平とした場合である．なお，最大反射回数は推定値が $d \leq 1\,000\,\mathrm{m}$ で十分に収束する $N_r^{(h,v)} = 80$ （すなわち，最大反射回数の合計 $N_r = 160$）とした．図より，$d > 200\,\mathrm{m}$ のモード伝搬的領域ではレイトレーシング法による推定値と実測値がきわめてよく一致していることがわかる．なお，トンネル内に水の層を考慮しない場合，$d < 200\,\mathrm{m}$ の幾何光学的伝搬領域では水の有無による差は顕著に表れないが，$d > 200\,\mathrm{m}$ のモード伝搬的領域ではその差は歴然であり，垂直偏波の場合は減衰の傾きが実測値より小さくなり，水平偏波の場合は約 $90\,\mathrm{m}$ ごとに現れる変動のピーク位置が実測値とずれることとなる（詳細は文献96) 参照）．

図 **6.18** はモード伝搬的領域として $d \geq 200\,\mathrm{m}$ のデータを距離 d に対して

$$P_\mathrm{R} = P_0 \cdot \exp(\alpha \cdot d \cdot \ln 10/10) \tag{6.64}$$

と近似（回帰分析）し，得られた伝搬定数 α と定数項（オフセット量）$\beta = 10\log P_0$ を比較した結果である．レイトレーシングの結果と実測結果はともに，"伝搬定数は壁面からの距離および送信アンテナ高にほとんど依存せず"，"オフセット量は壁面に近づくほど，また，送信アンテナ高が高くなるほど小さくなる" という傾向を示している．また，α と β の値もほぼ一致している．

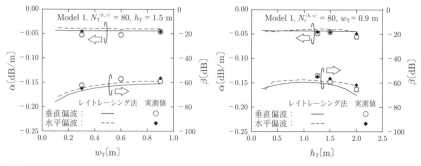

(a) アンテナの壁からの距離に対する特性　(b) アンテナの高さに対する特性

図 **6.18**　近似式による比較評価

図 **6.19** は図 6.18 の評価に用いたすべての結果を用いて，実測結果とレイトレーシング結果の dB 差分（レイトレーシング法の推定誤差）を累積分布で評価した結果である．なお，図には参考のため，幾何光学的領域を含む全データ（$d \leq 1\,000\,\mathrm{m}$）を対象とした結果も示してある．図において，垂直偏波のほうが水平偏波と比べて誤差が小さいのは，$d \geq 200\,\mathrm{m}$ における受信電力の伝搬特性に周期的な変動が伴わないことによる．また，$d \geq 200\,\mathrm{m}$ のほうが全データ（$d \leq 1\,000\,\mathrm{m}$）の場合に比べて誤差が小さいことも，ランダムな変動を伴う幾何光学的領域を含まないことに起因する．$d \geq 200\,\mathrm{m}$ の場合，誤差の累積 50% 値は，垂直偏波と水平偏波ともに 3 dB 以下と小さい．

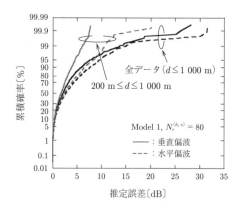

図 **6.19**　推定誤差

■ **幾何光学的領域：** 図 6.19 において，幾何光学的領域のデータを含む $d \leq 1000\,\mathrm{m}$ の結果では推定誤差が大きかった。その要因の一つとして馬蹄形の伝搬路を四角形モデル（Model 1）で近似して幾何光学的領域も推定したことが考えられる。そこで，ここでは図 6.15 に示す 3 種類の伝搬路モデルに対してレイトレーシングを行い，実測値と比較する。ただし，計算量の関係から $d \leq 100\,\mathrm{m}$ のデータを対象とする。

図 **6.20** は送信アンテナを $w_\mathrm{T} = 0.9\,\mathrm{m}$, $h_\mathrm{T} = 1.5\,\mathrm{m}$ としたときの受信電力の距離特性である。なお，各モデルにおいて最大反射回数は $N_r = 8$ としている。モード伝搬的領域と比べて，推定値と実測値ともにランダムな変動を伴っている。また，この変動を各モデルで比較してみると，八角形モデルが比較的実測値に近い。

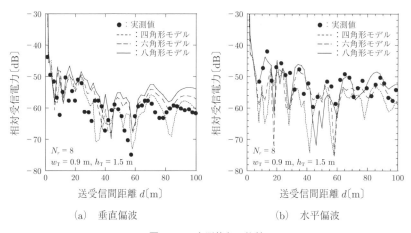

図 **6.20** 実測値との比較

推定誤差をモデルごとに比較した結果を図 **6.21** に示す。なお，結果には表 6.1 に示すように送信アンテナの位置を変えたデータも含んでいる。図より，垂直偏波の場合はモデルを変更しても誤差の累積分布はほとんど変わらない。一方，水平偏波の場合は，四角形モデルよりも六角形モデル，さらには八角形モデルを適用することで推定誤差は小さくなる。八角形モデルの推定誤差は累積 50%値で 3 dB 以下である。

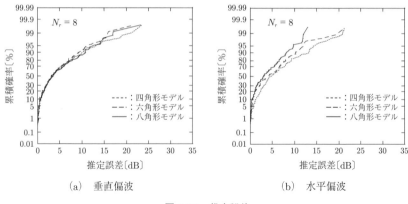

(a) 垂直偏波 (b) 水平偏波

図 **6.21** 推定誤差

測定に用いたトンネルのように天井に曲面を持つトンネルは数多く存在する。図 6.21 の結果より，幾何光学的領域の伝搬推定にレイトレーシング法を適用する場合，特に水平偏波の推定では，天井の曲面をより詳細にモデル化する必要があるといえる。

6.4 屋内伝搬の解析

屋内は壁面，柱，パーティションなどによりレイアウトがきわめて複雑であることから，レイトレーシング法による伝搬解析はきわめて魅力的である。しかし，レイアウトが複雑であることは計算に多くの時間を要することを意味する。したがって，レイトレーシング法を屋内伝搬の解析に適用するには5章で述べた高速化手法のいずれか（もしくはいくつかの組合せ）を適用する必要がある。高速化手法の適用例としては

① 文献70)：HY-RAYT（または VPL 法），構造物のグループ化
② 文献75)～78)：見通し関係のグラフ化
③ 文献80)～82)：解析領域の分割管理

などがある。なお，4.1.3項で述べた文献64), 65) による "解析領域が3次元空間であり，すべての構造物の面が x, y, z 軸のいずれかと平行である場合のイメー

ジング法の計算量削減に関する提案"も屋内伝搬の解析を想定したものである。

　本節では，まず，什器などがまったくない長方形の部屋を基本伝搬路モデルとし，その特徴をレイトレーシング法による解析と測定結果より述べる。つぎに，実伝搬環境をレイトレーシング法により解析するために導入する高速化手法の効果について，① 文献70) の方法を例に述べる[99]）。

6.4.1　屋内伝搬の特徴

〔1〕　伝搬路のモデルとレイトレース　　屋内の基本伝搬路モデルは図 **6.22** に示すように，前述のトンネル内伝搬のもの（図 6.7）とほぼ同じであり，手前と奥に新たに面が設定されているだけである。図 6.22 において，部屋のサイズ（幅 × 高さ × 奥行）は $a \times b \times c$ としており，h_T, h_R は送受のアンテナ高である。

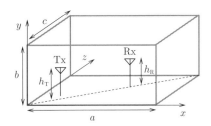

図 **6.22**　基本伝搬路モデル

　図 6.22 の基本伝搬路モデルの場合には，図 **6.23** のように，左右（x 方向），上下（y 方向），前後（z 方向）の面に対する送信点（または受信点）のイメージを容易に設けることができることから，レイトレースにはイメージング法を用いることができる。図 6.23 において，送信点のイメージは Tx $(n_r^{(x)}, n_r^{(y)}, n_r^{(z)})$ を表している。ただし，$n_r^{(x)}$：x 方向の反射回数，$n_r^{(y)}$：y 方向の反射回数，$n_r^{(z)}$：z 方向の反射回数。なお，符号がマイナスの反射回数はイメージ点の位置が座標のマイナス方向にあることを示している。各送信点イメージから受信点までのレイをトレースし，その電界を式 (6.1) より求めれば，式 (6.3)，(6.5)，(6.6) を用いて受信電力を求めることができる。

6. レイトレーシング法の実環境への適用

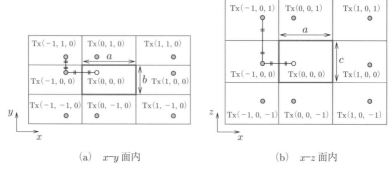

(a) x-y 面内　　　　　　(b) x-z 面内

図 **6.23**　イメージング法の適用

〔2〕**レイトレーシング法による解析**　一般的な部屋のサイズは幅や奥行に比べて高さ方向が小さい。加えて一般的に屋内に設置される送信アンテナの偏波方向が垂直偏波であることを考慮すると，天井と床における反射は TM 入射による反射となり，その減衰量は壁面（左右と前後の面）による反射減衰量より大きくなることが想定される。そこで，天井と床の反射回数がレイトレーシング法の解析結果に及ぼす影響について評価する。ただし，部屋の材質はすべてコンクリート[45]（$\varepsilon_r = 6.76$, $\sigma = 0.0023\,\mathrm{S/m}$, $\mu_r = 1$）とし，サイズは $500\lambda \times b \times 500\lambda$（高さ b はパラメータ）とする。また，送受信アンテナはともに垂直偏波であり，その水平面内の位置は送信アンテナが（$10\lambda, 10\lambda$）で受信アンテナが P1（$100\lambda, 100\lambda$），P2（$250\lambda, 250\lambda$），P3（$400\lambda, 400\lambda$）の三通りとする。なお，**表 6.2** はその他の計算条件である。

図 6.24 は，垂直面内の最大反射回数 $N_r^{(y)}$（$n_r^{(y)}$ の最大値）に対する伝搬損失をレイトレーシング法より計算した結果である。なお，水平面内の最大反射

表 **6.2**　計算条件

材　質	コンクリート
周波数	2.2 GHz
Tx アンテナ高	$10\,\lambda$
Tx アンテナ	理想アンテナ
Rx アンテナ高	$10\,\lambda$
Rx アンテナ	理想アンテナ

6.4 屋内伝搬の解析   163

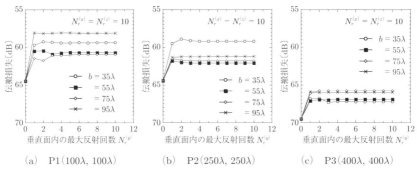

(a) P1(100λ, 100λ)   (b) P2(250λ, 250λ)   (c) P3(400λ, 400λ)

図 6.24 垂直面内の最大反射回数のインパクト

回数 $N_r^{(x)}$ と $N_r^{(z)}$ ($n_r^{(x)}$ と $n_r^{(z)}$ の最大値) は 10 回である．図より，すべての受信位置 (P1 〜 P3) およびすべての天井の高さ ($b = 35\lambda, 55\lambda, 75\lambda, 95\lambda$) に対して，$N_r^{(y)} \geq 1$ では伝搬損失に大差がないことがわかる．

〔3〕 実測結果との比較　　基本伝搬路モデルと同等の環境で測定した結果と比較することにより，レイトレーシング法の推定精度を評価する．測定場所のレイアウトを図 6.25 に，測定諸元を表 6.3 に示す．評価点は図中の P1 〜 P5 の 5 点である．送受信局を設置した部屋は片側が厚さ 5 mm のガラスで廊下と仕切られており，さらにその廊下は屋外とガラス窓で仕切られている．測定は，1 評価点について半径 34 cm の円周上の 25 点で遅延プロファイルを取得した．レイトレーシング法による推定結果との比較はこれら 25 個の遅延プロファイ

表 6.3 測定諸元

Tx	値
周波数	2.2 GHz
送信電力	10 mW
アンテナ高	1.5 m
アンテナ利得	2.2 dBi (半波長ダイポールアンテナ)
Rx	値
アンテナ高	1.5 m
アンテナ利得	2.2 dBi (半波長ダイポールアンテナ)

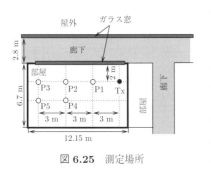

図 6.25 測定場所

ルを平均化し,フェージングによる影響を除いた平均遅延プロファイルを用いた。一方,レイトレーシング法による推定は測定と同一条件で実施し,送受信間の最大反射回数は 20 回 ($N_r^{(x)} = N_r^{(z)} = 20$),ただし,天井と床における最大反射回数は 1 回 ($N_r^{(y)} = 1$) である。なお,部屋と廊下の間のガラスの部分のみ透過を考慮し,その最大回数は 20 回とした。

評価点 P1 と P5 において得られた遅延プロファイルを図 **6.26** に示す。図 **6.27** は,得られた遅延プロファイルから求めた各ポイントの遅延スプレッド値である。図より推定と実測の結果はほぼ一致しており,特に遅延スプレッドは 10 ns 以下の誤差にとどまっている。

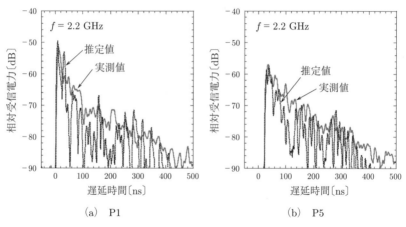

図 **6.26** 遅延プロファイルの比較

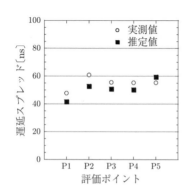

図 **6.27** 遅延スプレッドの比較

以上の結果より，送受信アンテナに垂直偏波を仮定すれば，垂直面内の最大反射回数は1回（$N_r^{(y)} = 1$）とすることが可能といえる。すなわち，計算量の削減が図れる。

6.4.2 レイトレースの高速化

〔1〕 **HY–RAYT法** HY–RAYT (hybrid ray–trace) 法では，図 **6.28** に示すように，まず送受信間の2次元レイをレイ・ローンチング法より求める。つぎに，イメージング法（送信点のイメージ）を用いて，2次元レイを天井または床での反射回数 $N_r^{(y)}$ を1回だけ考慮した3次元レイへと拡張する。$N_r^{(y)} = 1$ としているのは 6.4.1 項の結果に基づくものであり，アルゴリズム的には $N_r^{(y)} \geq 1$ への対応も容易であり，天井と床に対する送信点イメージを複数設定（例えば，図 6.23 の表現であれば Tx $(0, n_r^{(y)}, 0)$）すればよい。

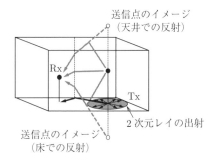

図 **6.28** HY–RAYT 法

HY–RAYT法のレイトレーシング処理に要する計算時間は，2次元レイのトレース時間と2次元から3次元への拡張時間の合計である。ここで，3次元レイへの拡張にイメージング法を用いているが，考慮する面数は天井と床のたがいに平行な2面であることから，送信点イメージはあらかじめ容易に決定できる。加えて最大反射回数が1回であることを考慮すれば，3次元レイへの拡張時間はごくわずかであり，HY–RAYT法の処理時間は2次元レイのトレース時間でほぼ決定されるといえる。

〔2〕 **入射領域固定モデル** HY–RAYT法では2次元レイを求めるためにレイ・ローンチング法を用いる。したがって，4.2.1項〔3〕で述べたように，

受信点の周りに入射領域を設定する必要があり，2次元レイ・ローンチングにおける入射領域（受信点を中心とする円形）の最適サイズ（円の半径）は "$r\Delta\varphi/2$ (r：2次元レイの経路長，$\Delta\varphi$：2次元レイの出射間隔)" となる．この方法では，図 **6.29**(a) に示すように，レイの経路長が短いときには入射領域 ΔS を小さく，経路長が長いときには入射領域 ΔS を大きくするように制御することで本来受信点に到達する2次元レイのみの選択を行う．しかしながら，複数回の反射・透過・回折を伴うレイを対象とした場合にはそのアルゴリズムは複雑となる．

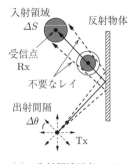 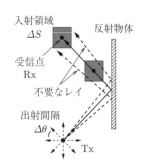

(a) 入射領域可変モデル　　　　(b) 入射領域固定モデル

図 **6.29** 入射領域のモデル

ところで，4.2.1項〔3〕では3次元レイを間隔 ($\Delta\varphi, \Delta\theta$) で出射する場合に生じる不具合を解消するために

1) 送信点から受信点までまったく同一の経路（反射・透過・回折点の履歴）をたどって到来しているレイを重複してカウントしているか検索．

2) 重複レイが検出された場合には，受信点に最も近いレイを残し，それ以外はすべて削除．

の "レイの重複処理" の必要性について述べた．ここで見方を変えれば，レイの重複処理の実施を大前提とすれば，図 6.29(b) のように入射領域 ΔS のサイズを固定することが可能となる（なお，ΔS の形状は円形でもよいが，ここでは文献70) に合わせて矩形としている）．ただし，到達すべきレイを取り逃すことなく受信するためには一定以上の大きさの入射領域を設定しておく必要がある．換言すれば，推定精度を上げるには出射間隔 $\Delta\varphi$ をより小さく設定するだ

けでよい．

〔3〕 探索ブロックによる探索処理の効率化　　HY–RAYT 法ではレイ・ローンチング法を用いていることから，出射した各2次元レイに対して反射面（透過面，回折エッジ）を逐次探索する必要があり，屋内レイアウトを構成する構造物（壁，柱，パーティション等）が多い場合にはこの探索時間が大幅に増大する．そこで，文献70), 99) では5.3節〔2〕で述べた探索ブロック（またはBounding–Volume）を用いることで探索処理の効率化を図っている．

6.4.3　高速化手法の効果

〔1〕 **HY–RAYT 法**　　イメージング法と3次元レイ・ローンチング法と比較することにより，HY–RAYT 法の推定精度および計算量を評価する．ここで，HY–RAYT 法では入射領域固定モデルを適用する．一方，3次元レイ・ローンチング法では入射領域は固定するが"レイの重複処理"は行わない．すなわち，3次元レイ・ローンチング法としては最も計算量が少ない条件となる．

評価に用いる部屋形状を図 **6.30** に示す．ここでは，基本特性を得るために直方体とし，部屋の大きさは幅 200λ，高さ 30λ，奥行 200λ とする．また，送信点は $(20\lambda, 10\lambda, 20\lambda)$ の位置とし，評価する受信点は P1，P2，P3 の三通りとする．なお，計算条件は表 6.2 と同一とする．比較する受信電力は図 6.30 に

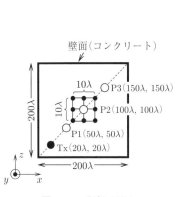

図 **6.30**　評価モデル

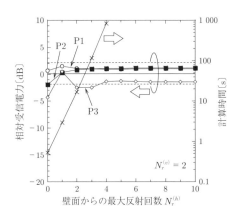

図 **6.31**　計算結果（イメージング法）

示すように，受信点を中心とする 5λ 間隔の周囲 9 点の平均値とし，計算量は計算機での CPU 時間とする．なお，ここでは最大反射回数を，垂直面内の最大反射回数（天井と床での最大反射回数）$N_r^{(v)}$ と水平面内の最大反射回数（天井床と垂直な図 6.30 に示す壁面での反射）$N_r^{(h)}$ で定義する．

まず，イメージング法を用い，$N_r^{(v)} = 2$ としたときの $N_r^{(h)}$ と受信電力および計算時間の関係を図 **6.31** に示す．ここで，縦軸の受信電力は各受信点において $N_r^{(v)} = N_r^{(h)} = 6$ としたイメージング法による値を真とした相対値である．図より，P1〜P3 の全受信点の推定誤差を $\pm 2\,\mathrm{dB}$ 以下とするには，$N_r^{(h)} \geq 4$ とする必要があり，この場合の計算時間は約 $827.4\,\mathrm{s}$ となる．

つぎに，3 次元レイ・ローンチング法と HY–RAYT 法における出射間隔 $\Delta\varphi$（ただし，3 次元レイ・ローンチング法では $\Delta\theta = \Delta\varphi$）と受信電力の関係をそれぞれ図 **6.32** と図 **6.33** に示す．ただし，両方法とも入射領域 ΔS は $10\lambda \times 10\lambda$（矩形）と固定してある．最大反射回数は，3 次元レイ・ローンチング法では $(N_r^{(h)}, N_r^{(v)}) = (6, 2)$ とし，HY–RAYT 法では $(N_r^{(h)}, N_r^{(v)}) = (6, 1)$ とした．なお，縦軸の受信電力は図 6.31 と同様に $(N_r^{(h)}, N_r^{(v)}) = (6, 6)$ としたイメージング法の結果を真とする相対値である．

図 6.32 より，3 次元レイ・ローンチング法では P1〜P3 の全受信点で推定誤

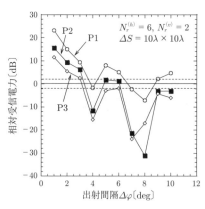

図 **6.32** 計算結果（3 次元レイ・ローンチング法）

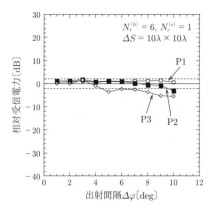

図 **6.33** 計算結果（HY–RAYT 法）

6.4 屋内伝搬の解析

差が ±2 dB 以下となる出射間隔 $\Delta\varphi$ が存在しないことがわかる。例えば、$\Delta\varphi$ が 4° 以上になると本来のレイが入射領域に到達しないため、また、$\Delta\varphi$ が 4° 以下になると同一の経路履歴を持つレイが複数到達するために推定誤差は大きくなる。一方、図 6.33 から HY–RAYT 法において P1 ～ P3 の全受信点で推定誤差を ±2 dB 以下にするには、出射間隔 $\Delta\varphi$ が 4° 以下であればよいことがわかる。HY–RAYT 法では $\Delta\varphi$ を小さくするほど推定精度は向上する。これは、"レイの重複処理" の適用により同一経路履歴のレイが重複して受信されないよう処理されるためである。

図 6.34 はイメージング法、3 次元レイ・ローンチング法、HY–RAYT 法による計算時間の比較結果である。図では計算時間を出射間隔のべき乗 $\Delta\varphi^{\gamma}$ で回帰した結果もあわせて点線で示している。HY–RAYT 法では、全受信点において推定誤差が ±2 dB 以下となる最大出射間隔 $\Delta\varphi$ は 4° 以下であり、4° のときの計算時間は約 1.3 s とイメージング法の約 1/640 である。一方、3 次元レイ・ローンチング法ではすべての受信点において推定誤差が ±2 dB 以下となる出射間隔が存在しないことから、HY–RAYT 法との時間比較を厳密には議論できない。しかし、例えば HY–RAYT 法と同一出射間隔 $\Delta\varphi = 4°$ で比較すれば、HY–RAYT 法の計算時間は 3 次元レイ・ローンチング法の約 1/4 である。また、回帰した結果、計算時間は 3 次元レイ・ローンチング法では出射間隔 $\Delta\varphi$ の −1.8 乗（$\gamma = -1.8$）に比例し、HY–RAYT 法では −0.8 乗（$\gamma = -0.8$）に

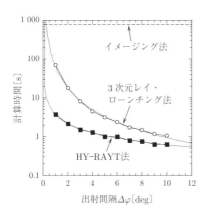

図 6.34 計算時間の比較

比例している.なお,これらは5.2.2項[1]のVPL法で示した理論解析と一致している.したがって,3次元レイ・ローンチング法に比べて,HY–RAYT法では出射間隔 $\Delta\varphi$ をある程度小さく設定しても計算量の増加を抑えることができるといえる.

[2] 入射領域固定モデル　HY–RAYT法への入射領域固定モデル(レイの重複処理)の適用の有無による推定精度を数値解析により比較し,その適用効果を評価する.評価モデルは図6.30,計算条件は表6.2とし,ここではレイの出射間隔を $\Delta\varphi = 1°$ と固定する.また,入射領域は $\Delta S = \Delta l \times \Delta l$ (矩形)としてサイズ Δl をパラメータとする.

図6.35は,レイ重複処理の有無による入射領域サイズと受信電力の関係を比較した結果である.なお,縦軸の受信電力は $(N_r^{(h)}, N_r^{(v)}) = (6, 6)$ としたイメージング法の結果を真とする相対値である.図より,レイ重複処理を用いない場合には Δl の増加とともに推定精度が大幅に劣化することがわかる.一方,レイ重複処理を用いれば Δl を大きくするほど推定精度は向上する.例えば,全受信点の推定誤差を $\pm 2\,\mathrm{dB}$ 以下にするには, $\Delta l \geq 10\lambda$ とすればよい.

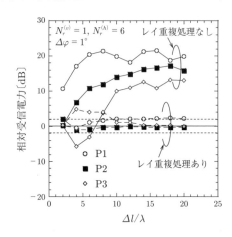

図 **6.35**　レイ重複処理の効果

このようにレイ重複処理を行う入射領域固定モデルを用いれば,入射領域 ΔS を大きくしてもレイの加算処理による推定精度の劣化を避けることができる.逆に,固定した入射領域に対して出射間隔をより小さく設定することにより,

容易に推定精度の向上が図れる.

〔3〕 探索ブロックによる探索処理の効率化　探索処理の探索ブロックによる効果について理論的な評価は5.3節〔2〕で述べたとおりである.ここでは,具体的な屋内レイアウトを用いて数値解析より評価した結果を示す.

図 6.36 に評価モデルを示す.本モデルは屋内のレイトレース解析用に CAD を用いて作成した屋内レイアウトである.本モデルを用いて探索ブロックの適用効果を評価した結果を図 6.37 に示す.なお,ベースとなるレイのトレースは前述の HY–RAYT 法である.横軸は図 5.9 で定義したブロックサイズ ΔL であり,左右の縦軸はレイトレーシング処理開始から終了までの CPU 時間を計測した結果である.なお,左の縦軸は $\Delta L = 60\,\mathrm{m}$（全構造物が含まれるサイズ）時の CPU 時間で規格化した値である.この結果より,ブロックサイズ ΔL を 10 m 以下とすれば計算時間が 1/2 以下に削減できることがわかる.

図 6.37 には式 (5.6) より求めた理論値もあわせて示してある.ここで,$T_b/T_a = 0.001$（数値解析に用いたレイトレーシング法のアプリケーションと同様の値）とし,レイが構造物と交差する確率は $P = 1/N_c$ としている.ただし,N_c はパラメータとし,図には 3 600（1 m × 1 m に構造物が 1 個）,900（2 m × 2 m に構造物が 1 個）,144（5 m × 5 m に構造物が 1 個）の場合を示している.評価に用いた屋内の構造物は,図 6.36 からわかるように一様分布していない.そ

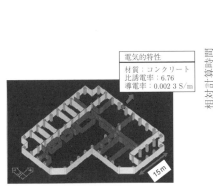

図 6.36　評価モデル

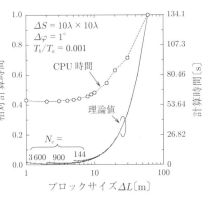

図 6.37　探索ブロックの適用効果

のため，数値解析による計算時間は，構造物が一様分布していると仮定した理論値とは当然ながら異なる。しかし，その傾向は比較的よく一致している。このことから，最適なブロックサイズの目安を得ることを目的とすれば，屋内に構造物が一様分布していると仮定した式 (5.6) の結果で十分といえる。

6.4.4 解析結果例

図 6.36 の評価モデルに対して伝搬特性を解析した結果例を示す。レイトレースには 6.4.3 項で述べた "HY–RAYT 法"，"入射領域固定モデル"，"探索ブロックによる探索処理" をすべて適用している。なお，入射領域のサイズは $\Delta S = 10\lambda \times 10\lambda$ とする。図 6.38 は，出射間隔 $\Delta\varphi = 45°$ で放射した場合のレイのトレース結果（最大反射回数：2回，最大透過回数：2回，最大回折回数：0回）である。また，図にはレイが到来（または入射）したメッシュ（大きさは ΔS と同じ）に対して計算した受信電力†も示してある。ただし，その値は自メッシュを含めた周囲 9 メッシュの平均値である。口絵 1 は $\Delta\varphi = 1°$ として求めた受信電力と遅延スプレッドの計算結果である。なお，値は前述した平均値である。このようにレイトレーシング法では受信電力の小さいところや遅延スプレッドの大きいところなど，移動通信システムのエリア設計に必要な情報（site specific な情報）を得ることができる。例えば，口絵 2 はサービスエリア

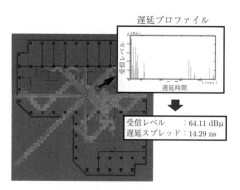

図 6.38　レイのトレース例

---

†　正確には受信電力 P_R の代わりに受信レベル（受信電圧）V の値を示しており，内部インピーダンスが $50\,\Omega$ の場合，これらは $P_R \text{[dBm]} = V \text{[dB}\mu\text{]} - 113$ の関係にある。

内で所望の受信電力が得られるように3局のBSをフロア内に設置した場合の受信電力の分布図である．ここでは，各BSからの電波のうちで最大となる電力を各メッシュで表している．

6.5 低基地局アンテナ屋外伝搬の解析

市街地において基地局アンテナを周辺建物より低い道路際に設置した場合，電波は道路沿いの建物間で，反射や回折を繰り返しながら道路に沿って伝搬する．したがって，伝搬特性は基地局と移動局を結ぶ道路の幅や曲りといった形態に大きく依存する．ここで，建物が整然と並び，道路が碁盤目状に配置されている場合†，測定データから奥村-秦式と同様な伝搬推定式を導くことは可能である[7),8),23),100)]．しかし，市街地であっても道路配置は必ずしも碁盤目状ではなく，汎用的な伝搬推定式を導くことは困難である．そこで，低基地局アンテナ時の伝搬推定にはレイトレーシング法による検討が数多く報告されている[45),101)〜117)]．これらの報告では，計算量を削減するために，伝搬路を大地面（道路面）とその両側に連続した壁面があると仮定する溝型伝搬路でモデル化している．

本節では，まず溝型伝搬路モデルについて説明し，つぎにその推定精度を実測結果との比較より評価する．

6.5.1 伝搬路のモデル化とレイトレース

低基地局アンテナより送信された電波は，図**6.39**の左図に示すように，道路際の建物で反射と回折を繰り返しながら道路に沿って伝搬する．そこに着目して，"道路の両側に高さが無限大の連続壁面がある"と仮定するモデルが溝型伝搬路モデルである．送受信局が同一の直線道路（見通し内道路）に存在する場合，溝型伝搬路モデルで反射面となるのは大地面と連続壁面の3面である．したがって，レイのトレースにイメージング法を容易に適用することができる．

---

† 近年はこのような道路の配置は "Manhattan grid layout" と呼ばれる[7)]．

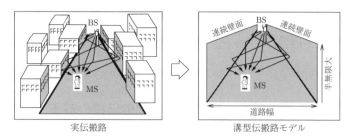

図 6.39 溝型伝搬路モデル

溝型伝搬路の基本モデルを図 6.40 に示す。図 6.40(a) は受信局が見通し内道路上にある場合，図 6.40(b) は受信局が見通し内道路と交差する道路（交差道路）上にある場合である。なお，図において，d_1 と d_2 はそれぞれ送信局から交差点（見通し内道路の場合は送受信間距離），および交差点から受信局までの道路に沿った距離，$w_1 \sim w_4$ は道路幅，w_T と w_R はそれぞれ送受信局の壁面からの距離，P1〜P4 は回折ポイントである。一般的にレイトレーシング法では反射，透過，回折を考慮する。しかし，溝型伝搬路を基本とする場合には，送受信間が見通し内のときには連続壁面と大地面による反射のみを対象とし，一方，見通し外のときは，連続壁面と大地面による反射および交差点上で連続壁面が交差する楔での回折を対象とする。

溝型伝搬路モデルを前提とする場合，図 6.40(a) の見通し内道路において反射面となるのは，大地面に連続壁面を加えた 3 面ときわめて少ない。また，連

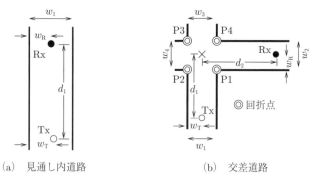

(a) 見通し内道路　　　　　(b) 交差道路

図 6.40 溝型伝搬路の基本モデル

6.5 低基地局アンテナ屋外伝搬の解析

続壁面は大地に対して垂直であることから，送信点もしくは受信点のイメージをあらかじめ容易に決定することができる．図 6.40(b) に示した交差道路のときも同様である．溝型伝搬路モデルにイメージング法を適用する際の送信点と受信点のイメージ（水平面内）を図 **6.41** に示す．図 6.41(a) の $\mathrm{Tx}(n_{rT})$ は，見通し内道路の壁面で n_{rT} 回の反射を伴うレイの送信点イメージを表している．また，図 6.41(b) の交差道路の場合では，送信点のイメージに加えて受信点のイメージ $\mathrm{Rx}(n_{rR})$ も必要である．ここで，n_{rR} は交差道路の壁面でレイが反射する回数である．なお，反射回数に付与している ± 符号は，反射回数が同じでもイメージ点の位置が異なることを示している．また，交差道路の場合には，レイが壁面でブロックされることがあるため，すべての送信点イメージからすべての受信点イメージへレイをトレースできるわけではないことに注意しなければならない．

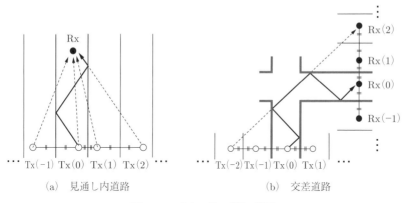

図 **6.41** イメージング法の適用

見通し内道路および交差道路のいずれの場合においても，大地反射を伴うレイのトレースには，図 6.41 の $\mathrm{Tx}(n_{rT})$ もしくは $\mathrm{Rx}(n_{rR})$ のどちらかのイメージをさらに大地に対して設ければよい．また，交差点で回折を伴うレイに対しては，図 **6.42**(a) に示すように "送信点イメージ ⇒ 回折点 ⇒ 受信点イメージ" とレイをトレースすればよい．ここで，反射回数の符号が正の送信点イメージ（図 6.42(a) では送信点の右側のイメージ）に対して回折となりうるのは P2 と

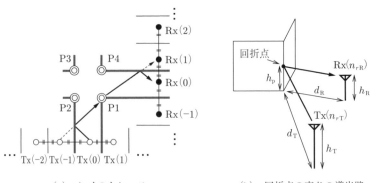

(a) レイのトレース (b) 回折点の高さの導出路

図 **6.42** 回折を伴う場合のレイトレース

P3であり，反射回数の符号が負の送信点イメージ（図 6.42(a) では送信点の左側のイメージ）に対して回折となりうるのは P1 と P4 であることに注意が必要である．同様に，反射回数の符号が正の受信点イメージ（図 6.42(a) では受信点の上側のイメージ）に対して回折となりうるのは P1 と P2 であり，反射回数の符号が負の受信点イメージ（図 6.42(a) では送信点の下側のイメージ）に対して回折となりうるのは P3 と P4 である．回折点の高さ h_p は，図 6.42(b) のように送信点イメージから回折点までの 2 次元距離 d_T と回折点から受信点イメージまでの 2 次元距離 d_R がわかれば，三角形の合同条件から

$$h_\mathrm{p} = \frac{(h_\mathrm{T} - h_\mathrm{R})d_\mathrm{R}}{d_\mathrm{T} + d_\mathrm{R}} + h_\mathrm{R} \tag{6.65}$$

より求めることができる．

各送信点イメージから受信点までのレイをトレースし，その電界を式 (6.1) より求めれば，式 (6.3), (6.5), (6.6) を用いて受信電力を求めることができる．

6.5.2 レイトレーシング法による解析

送受信アンテナを理想アンテナ（$\mathbf{D}_\mathrm{T}(\theta_\mathrm{T}, \varphi_\mathrm{T}) = \hat{\theta}_\mathrm{T}$, $\mathbf{D}_\mathrm{R}(\theta_\mathrm{R}, \varphi_\mathrm{R}) = \hat{\theta}_\mathrm{R}$）として見通し内道路の伝搬を計算した例を**図 6.43** に示す．ただし，$P_\mathrm{T} = 1\,\mathrm{mW}$ ($= 0\,\mathrm{dBm}$), $f = 1\,\mathrm{GHz}$ ($\lambda = 0.3\,\mathrm{m}$), $h_\mathrm{T} = 3\,\mathrm{m}$, $h_\mathrm{R} = 1.5\,\mathrm{m}$, $w_1 =$

6.5 低基地局アンテナ屋外伝搬の解析

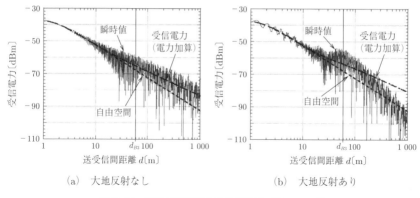

(a) 大地反射なし (b) 大地反射あり

図 **6.43** 溝型伝搬路による計算結果 ($N_{rT} = 10$)

$30\,\mathrm{m}$, $w_\mathrm{T} = w_\mathrm{R} = 15\,\mathrm{m}$ とし,壁面と大地の媒質定数はともに "$\varepsilon_r = 6.76$, $\sigma = 0.0023\,\mathrm{S/m}$, $\mu_r = 1$ (コンクリート相当[45])",壁面での最大反射回数 $N_{rT}\,(= \max(n_{rT})) = 10$ としている。図 6.43(a) は大地反射を考慮しない場合,図 6.43(b) は大地反射を考慮した場合である。なお,大地反射は各壁面反射レイと対 (ペア) になるように,すなわち "壁面 n_{rT} 回反射レイ" に対してはつねに "(壁面 n_{rT} 回反射 + 大地反射) レイ" があるものとしている。図 6.43 には式 (6.55) によるブレークポイント d_{B3} も示してある。従来,市街地の低基地局アンテナによる見通し内伝搬では,受信電力の距離特性にブレークポイントが存在し,ブレークポイントより前では受信電力が距離の 2 乗で減衰し,ブレークポイント以降では距離の 3〜4 乗で減衰することが測定結果より明らかとなっている[108)〜110)]。図 6.43(b) に示すように,大地反射を考慮することによりブレークポイントが明確に再現されていることがわかる。

ところで,図 **6.44** には図 (a) 4 パスモデル (直接レイ,大地反射レイ,左右の壁面 1 回反射レイ) と図 (b) 6 パスモデル (直接レイ,大地反射レイ,左右の壁面 1 回反射レイ,左右壁面 1 回 + 大地反射レイ) の結果を示してある。図より,4 パスモデルでは大地反射を考慮しているが,ブレークポイントが明確に表れないことがわかる。これは,6.2 節で述べたように直接レイと大地反射レイは干渉によりブレークポイント以降では受信電力が距離の 4 乗で減衰するのに

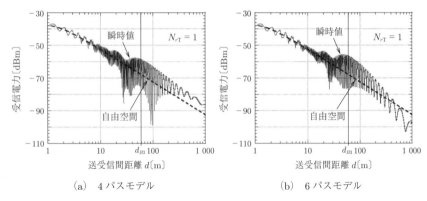

図 **6.44** 溝型伝搬路による計算結果

対して，左右壁面1回反射レイは基本的に自由空間伝搬と同様に距離の2乗で減衰するためである。一方，6パスモデルでは図6.43(b) と同様にブレークポイントが明確に表れている。これは，前述したように "壁面1回反射レイ" と "(壁面1回反射＋大地反射)レイ" を対にしていることによる。これを少し詳しく見てみると，つぎのように理解できる。

いま，壁面 n 回反射レイに対して，その経路長を r_n，壁面への入射角を θ_n とする。一方，壁面 n 回反射に加えて大地反射も伴うレイに対して，その経路長を r'_n，壁面および大地への入射角をそれぞれ θ'_n と φ'_n とする。この場合，壁面での最大反射回数を N_r と設定して得られる電界 E は

$$\begin{aligned}
E &= \{E(r_0) + R_v(\varphi'_0)E(r'_0)\} \\
&\quad + 2\sum_{n=1}^{N_r}\big[\{R_h(\theta_n)\}^n E(r_n) + \{R_h(\theta'_n)\}^n R_v(\varphi'_n)E(r'_n)\big] \\
&\approx \{E(r_0) + R_v(\varphi'_0)E(r'_0)\} + 2\sum_{n=1}^{N_r}\{R_h(\theta_n)\}^n\{E(r_n) + R_v(\varphi'_n)E(r'_n)\} \\
&= \Delta(r_0, r'_0, \varphi'_0) + 2\sum_{n=1}^{N_r}\{R_h(\theta_n)\}^n \Delta(r_n, r'_n, \varphi'_n)
\end{aligned} \tag{6.66}$$

ただし

$$\Delta(r_n, r'_n, \varphi'_n) = E(r_n) + R_v(\varphi'_n)E(r'_n) \tag{6.67}$$

6.5 低基地局アンテナ屋外伝搬の解析

と表せる。ここで，$E(\cdot)$ は経路長のみで定義される電界，$R_h(\cdot)$ と $R_v(\cdot)$ はそれぞれ水平面内（左右の壁面）および垂直面内（大地）での反射係数である。また，式 (6.66) の第 1 式から第 2 式へは $R_h(\theta_n') \approx R_h(\theta_n)$ の近似を用いている。なお，$n \geq 1$ の場合に n 回反射レイが 2 本存在するのは，壁が左右に 2 面あることによる。式 (6.66) の第 3 式第 1 項の $\Delta(r_0, r_0', \varphi_0')$ は直接レイと大地反射レイを合成したものである。したがって，$|\Delta(r_0, r_0', \varphi_0')|^2$ の距離特性には，6.2.2 項で述べたようにブレークポイントが生じる。一方，式 (6.66) の第 3 式第 2 項の $\{R_h(\theta_n)\}^n \Delta(r_n, r_n', \varphi_n')$ は，壁面 n 回反射レイと（壁面 n 回反射＋大地反射）レイを合成したものである。ここで，$\Delta(r_n, r_n', \varphi_n')$ は式 (6.67) に示すように $\Delta(r_0, r_0', \varphi_0')$ とまったく同一の関数であることから，$|\Delta(r_n, r_n', \varphi_n')|^2$ の距離特性にもブレークポイントが生じる。したがって，壁面 n 回反射レイと（壁面 n 回反射＋大地反射）レイが対になるようにレイを合成している限り，どのような最大反射回数を設定しても電界 E にはブレークポイントが生じることとなる。

以上をまとめたものが，図 **6.45** のレイパスモデルである。本モデルでは，"壁面 n 回反射レイ" と "（壁面 n 回反射＋大地反射）レイ" をペアとする考えを見通し外の場合まで拡張している。レイパスモデルを前提にレイをトレースする場合，つぎの手順が最も簡易である。まず，大地反射を考慮せず，送受信間の水平面内 2 次元レイを図 6.41 と図 6.42 に示す送受信点イメージより求める。つぎに，送受信アンテナ高と大地に対する送信点（または受信点）イメージを

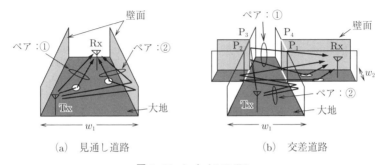

(a) 見通し道路　　　　　(b) 交差道路

図 **6.45**　レイパスモデル

用いて2次元レイを2本(大地反射を伴うものと伴わないもの)の3次元レイへと拡張する。

ここまで,基本モデルである見通し内道路と交差道路を対象に説明したが,見通し内道路より2曲りや3曲りの道路に対しては,これら基本モデルを拡張することにより対処することができる。

6.5.3 実測結果との比較

屋外で測定した結果と溝型伝搬路モデルを用いたレイトレーシング法による計算結果を比較する。比較した場所は道路際に高さ数十mの建物が立ち並ぶ東京駅八重洲口周辺である。送信局の設置場所および測定コースを図6.46に,測定諸元を表6.4に示す。測定は全10コースであり,コース①が見通し内道路,コース②〜⑩が交差道路である。コース①の道路幅は28.5m,コース②〜⑩の道路幅は6.2〜10.8mである(ただし,地図からの読取り値)。なお,以下では図6.40で定義したパラメータを用いて説明する。

図 6.46 測定コース

表 6.4 測定諸元

Tx	値
周波数	0.8 GHz 帯
送信電力	1 W
アンテナ高	3.0 m
アンテナ利得	2.2 dBi (半波長ダイポールアンテナ)

Rx	値
アンテナ高	1.5 m
アンテナ利得	2.2 dBi (半波長ダイポールアンテナ)

図 6.47 に測定結果を示す。横軸は送受信間の延べ距離 $d_1 + d_2$ であり,縦軸は伝搬損失である。なお,伝搬損失は移動測定しながら10cmごとにサンプリングして得られた瞬時値を10m区間で中央値処理した値である。図6.47より,従来の報告と同じく,受信局が見通し内道路から交差道路に進入すると伝

6.5 低基地局アンテナ屋外伝搬の解析

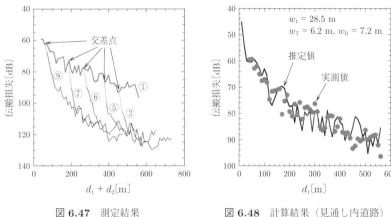

図 6.47 測定結果　　　　図 6.48 計算結果（見通し内道路）

搬損失が急激に増大していることがわかる[113]〜[115]。これらの測定結果とレイトレーシング法による計算結果との比較を以下に示す。

壁面はコンクリートとし，その媒質定数は文献45) の値，すなわち比誘電率 $\varepsilon_r = 6.76$，導電率 $\sigma = 0.0023\,\mathrm{S/m}$，比透磁率 $\mu_r = 1$ とし，大地の媒質定数は文献45), 101)〜108) を参照して，$\varepsilon_r = 15$, $\sigma = 0.005\,\mathrm{S/m}$, $\mu_r = 1$ と仮定する。測定と同一条件でレイトレーシングを実施して得られた結果を図 6.48（見通し内道路：コース①），図 6.49（交差道路：コース⑩と②）に示

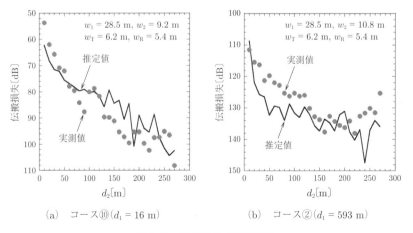

(a) コース⑩ ($d_1 = 16$ m)　　　(b) コース② ($d_1 = 593$ m)

図 6.49 計算結果（交差道路）

す．ただし，見通し内道路と交差道路における壁面との最大反射回それぞれ10回 ($\max(n_{rT}) = \max(n_{rR}) = 10$) としている．図より，見通し内道路，交差道路ともに推定値と測定値はおおむねよく一致していることがわかる．

図 **6.50** はコース ② 〜 ⑩ の交差道路に対して，実測値とレイトレーシング法の結果のそれぞれの伝搬損失 $Loss$（真値）を

$$Loss = \beta \cdot d_2^{\alpha} \tag{6.68}$$

で近似（回帰分析）し，得られた伝搬損失指数 α と定数項（オフセット量）β で両者を比較したものである．なお，図の横軸は送信点から交差点までの距離 d_1 としている．図 6.50 において，レイトレーシング法の結果と測定結果はともに，d_1 が大きくなると伝搬損失指数は小さくなり，定数項は大きくなる傾向を示しており，それらの値も比較的よく一致している．ところで，交差道路の伝搬において主要なレイとなるのは，交差点近傍では反射のみによるレイであり，遠方では交差点で回折したレイであることが報告されている[108),116)]．また，反射のみによるレイは，回折レイと比べて交差点からの距離減衰が大きい．したがって，d_1 に対する α と β が図 6.50 のような特性を示すのは，送信点近傍の交差道路上では反射レイが支配的となる領域が大きく，送信点からの距離が遠い交差道路では回折レイが支配的となる領域が大きくなるためといえる．

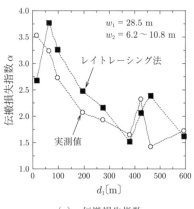

(a) 伝搬損失指数

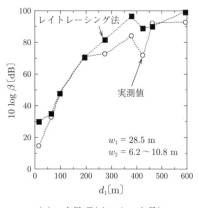

(b) 定数項（オフセット量）

図 **6.50** 近似式による比較評価（交差道路）

6.5.4 サービスエリアの解析例

溝型伝搬路モデルをもとに構築された伝搬推定システム[117]を用いて，サービスエリアを解析した例を示す．図 **6.51** は，移動局を見通し内道路と平行する道路上に設定し，レイをトレースした結果の例である．ただし，最大反射回数を $N_r = 6$，最大回折回数を $N_d = 2$ としている．

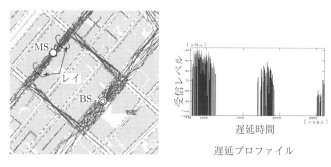

図 **6.51** レイのトレース結果

このような計算を解析エリア内のすべての計算点に対して実行し，得られた受信電力と遅延スプレッドの結果を**口絵 3** に示す．ただし，計算点は解析エリア内の道路上に 10 cm 間隔で配置しており，各計算点における値は道路に沿った 10 m 区間で中央値処理している．なお，同図に示すグラフは図中の走行コースに沿った受信電力と遅延プロファイルの距離特性である．サービスエリアの設計では，エリア内において所望の通信品質が得られるように基地局の数と位置などを検討する．**口絵 4** は基地局を 3 局設置した場合のエリア図の一例であり，口絵 4(a) は各基地局の守備範囲（勢力）を示したものであり，口絵 4(b) は各計算点で得られる最大受信電力（BS1 〜 BS3 の受信電力のうちで最大のもの）を示したものである．

6.6 高基地局アンテナ屋外伝搬の解析

基地局アンテナを周辺建物より高い場所に設置し，半径数 km の複数セルでエリアをカバーするマクロセル構成の設計では，従来，奥村–秦式に代表され

る伝搬損失推定式が用いられてきた[6),11),12),118),119)]。しかし，近年のセル設計では実際の地形・地物の影響をより反映した推定法が望まれるようになったことから，レイトレーシング法による検討が進められてきた[13),69),74),82),120)]。また，レイトレーシング法では伝搬損失に加えて伝搬遅延および電波の出射・到来方向も推定できることから，実伝搬環境における時間および空間信号処理技術の評価用としても有効である[121)]。

基地局アンテナが周辺建物より高い場合であっても，移動局のアンテナ高が低いことから，市街地では送受信間が見通しとなるエリアは狭い。したがって，移動局に到達する電波は送受信間で反射と回折を繰り返した波である。しかも，6.5 節で述べた低基地局アンテナ屋外伝搬と異なり，回折や反射には建物屋上における回折や反射も含まれる。すなわち，高基地局アンテナの伝搬解析にレイトレーシング法を適用する場合には，送受信間に存在する建物のすべての壁面とすべてのエッジを考慮してレイのトレースを行う必要があり，その計算量はきわめて多い。

レイトレーシング法を高基地局アンテナ屋外伝搬の解析に適用する場合，一般には 5 章で述べた高速化手法のいずれか（もしくはいくつかの組合せ）を適用する必要がある。高速化手法の適用例としては

① 文献69),120)：VPL 法
② 文献13)：SORT 法。構造物のグループ化（探索ブロック）。並列計算による処理の分散化。
③ 文献74)：見通し関係のグラフ化。構造物のグループ化。
④ 文献82)：三角メッシュによる解析領域の分割管理，VPL 法

などがある。

本節では，②文献13) で紹介されているレイトレーシングシステム：3D-PRISM (three-dimensional propagation prediction with ray-tracing intelligent web-shared system for mobile radio) をもとに，高基地局アンテナ屋外伝搬におけるレイトレーシング法の解析について述べる。

6.6.1 3D–PRISM の概要

3D–PRISM は実用性の観点から，各ユーザが Web アクセスするサーバ型のシステムとなっており，各種処理負荷を分散させるために

① Web サーバ：Web サービス，DB（データベース）サービスおよびファイル共有サービスを実行．

② アプリケーションサーバ：ユーザが登録したジョブのキュー管理サービス，分散サーバの演算制御サービスを実行．

③ 分散サーバ：アプリケーションサーバから与えられるプロセス単位でのレイトレーシング演算を実行．

の3種類のサーバにて構成されている．本項では，アプリケーションサーバおよび分散サーバにて実行される処理の中から，特に伝搬解析の基本となる演算処理について述べる．

〔1〕処理の流れ　3D–PRISM による伝搬解析処理の流れを図 **6.52** に示す．なお，本処理の流れは一般的なレイトレースシミュレータにおいても同様である．

市街地の伝搬解析を前提とする場合，レイをトレースするためには地形・地物のデータが必要となる．3D–PRISM では低コスト化を図るために市販の地形データと電子住宅地図を用いている．まず，モデル DB 作成部では伝搬解析エリア内の地形と建物をレイトレーシング演算に適した形式に変換し，モデルデータとして DB 化する．つぎにユーザが基地局と移動局に関する位置・高さ・アンテナ種別・周波数・送信電力などの条件を設定し，それらを一つの計算ジョブとして登録する．なお，以降では解析の過程において移動局位置を"計算ポイント"と呼ぶこととする．登録されたジョブは処理の順番が回ってくると複数のプロセスに分割され，レイトレース条件およびモデルデータとともに複数の分散サーバに渡される．なお，3D–PRISM において，必要となる分散サーバの数はジョブの規模をパラメータとする経験式に基づいて自動的に設定される．

分散サーバでは，5.2.2 項〔2〕で述べた SORT 法と 5.3 節〔2〕で述べた探索ブロックによる見通し建物探索を実行し，その結果をトレース情報，見通し建

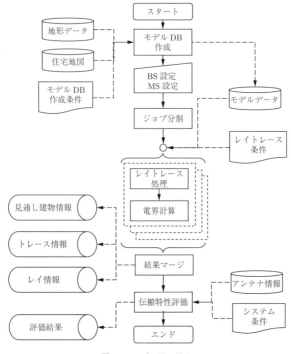

図 6.52 処理の流れ

物情報として保持する．つぎに，トレース情報をもとに各レイに対する電界を計算し，その結果をレイ情報として保持する．与えられたプロセスに対するすべての演算処理が終了となった場合には，分散サーバは得られた見通し建物情報，トレース情報およびレイ情報をアプリケーションサーバに送る．

アプリケーションサーバでは各分散サーバで演算された結果をマージして保存する．また，伝搬特性評価のための処理として，受信電力，遅延スプレッド，角度スプレッドを計算ポイントごとに計算し，その結果を保存する．

〔2〕 モデルDBの作成　　最近は衛星画像などにより詳細な建物データを取得することが可能である．しかし，入手・扱いの容易さから，データを建物の水平面内2次元形状と階数のみとする場合もある．3D–PRISMでも基本的に扱うのは建物がポリゴンによる水平面内2次元形状と階数で定義されたデータである．そこで，まず，システムでは建物の2次元形状を自動認識するとと

もに，データの欠損を補うデータ・クリーニング処理，例えばオープンポリゴンとなっている場合にはユーザ設定のしきい値を参照してクローズドポリゴンに変換する処理を行う．なお，レイトレース演算の処理負荷を考えるとポリゴンを構成するエレメント数は極力少ないほうがよいことから，3D–PRISM では二つのエレメントがしきい値以下の浅い角度で交わっている場合には一つのエレメントに変換する直線化処理の機能も有している．ただし，この直線化処理は伝搬推定の誤差要因にもなることから，以下の伝搬解析の評価では直線化処理を実施していないモデル DB を使用する．

つぎに，ユーザが設定した階高（ある階とそのすぐ上の階までの高さ）と階数情報から 3 次元建物データを作成する．なお，ここでもレイトレース演算の処理負荷を軽減するため，本来同一と考えられる二つの建物，すなわち同一のエレメントを共有する高さが等しい二つの建物に対してはマージ処理により一つの建物とする．最後に材質情報としてユーザが設定する媒質定数（比誘電率 ε_r，導電率 σ，比透磁率 μ_r）をおのおのの建物に与えて DB 化する．以上が建物モデルの作成である．ここで得られている建物は厳密には実際の 3 次元形状を表していない[†]．そこで，以降では以上の過程を経て得られる建物を 2.5 次元建物と呼ぶこととする．

一方の地形に対しては，後述する見通し建物探索を高速に実施するために，解析エリアを図 5.8(a) に示すように探索ブロックと基本メッシュで分割し，それらを探索ブロック情報（ブロック ID，ブロックの高さ，地表高，内包する建物 ID 等），メッシュ情報（メッシュ ID，属する探索ブロックの ID，メッシュの高さ，地表高，メッシュの属性：建物の有無，等）とともに DB 化する．なお，探索ブロックのデフォルトサイズは $100\,\mathrm{m} \times 100\,\mathrm{m}$ であり，基本メッシュのサイズは $10\,\mathrm{m} \times 10\,\mathrm{m}$ である．

〔3〕レイのトレース処理　　3D–PRISM のレイトレース処理はイメージング法であり，構造物との相互作用として考慮する要素は反射と回折である．なお，移動局が屋外にある場合，建物を透過するレイは伝搬特性に大きく寄与

[†] 例えば，三角屋根などは定義されず，すべて平たい屋根となる．

しないことから，高基地局アンテナ屋外伝搬の環境では一般的に透過は考慮しない．また，すでに述べたように3D–PRISMでは，イメージング法の効率化のためにSORT法（5.2.2項〔2〕および図5.3，図5.4参照）を適用し，SORT法ではレイトレース処理の前に基地局および移動局から見通しとなる建物を探索する必要があることから"探索ブロックによる見通し建物探索（5.3節〔2〕および図5.8(b)参照）"を適用している．また，さらに高速化を図るために，レイのトレース処理を複数の計算機（CPU）に分散させて並列計算させる"探索処理の分散化（5.4節および図5.13参照）"も行っている．

〔4〕 電界演算と伝搬特性評価　電界演算はレイのトレース情報をもとに，各レイの電界を式(6.1)より求める．なお，反射係数はサイズが無限の平面（ただし，2層媒質を仮定）に電波が斜め入射した場合のフレネルの反射係数（式(3.47)，(3.48)）より求め，回折係数はサイズが無限の楔に電波が斜め入射した場合のUTD（3.5節，図3.11）より求める．なお，実際の反射や回折がこれらの規範モデルから大きくはずれる場合，その影響は推定誤差（解析結果の誤差）として現れることとなる．

移動伝搬における伝搬特性の評価指標は，受信電力，遅延スプレッド，角度スプレッド（6.1節）が基本であり，3D–PRISMではこれらをアプリケーションサーバにて求めている．

6.6.2　伝搬解析と計算速度

3D–PRISMを用いて伝搬特性を解析した結果および計算速度について述べる．ここでは計算条件を表6.5とする．モデルDB作成において作成する建物モデルは，階高を3mとし，材質をすべてコンクリート[45]（$\varepsilon_r = 6.76, \sigma = 0.0023\,\mathrm{S/m}, \mu_r = 1$）とする2.5次元建物である．見通し建物探索において，基地局側と移動局側で見通しとなる建物を探索する範囲はともに500m以内，ただし実際のレイトレース演算の対象とする見通し建物は，①基地局側：基地局アンテナ高以上の建物，②移動局側：すべての建物とする．また，レイトレースで考慮する最大反射回数と最大回折回数はともに1回である．ただし，建物屋上におけ

6.6 高基地局アンテナ屋外伝搬の解析

表 6.5 計算条件

パラメータ			条件
モデルDB作成部	建物モデル	階 高	3 m/階
		材 質	コンクリート：$\varepsilon_r = 6.76$, $\sigma = 0.0023$ S/m, $\mu_r = 1$
レイトレース部	見通し建物探索	探索ブロック	BS側, MS側ともに500 m以内
		探索範囲	100 m×100 m
	SORT法	考慮建物	BS側：BSアンテナ高以上, MS側：全建物
		反射・回折の回数	反射と回折それぞれ最大1回
		屋上回折回数	∞
		大地反射回数	移動局周辺の1回
	プロセス分散法	初回のサイズ	4
		増加率	2
受信電力	平均化法		受信電力加算

る回折回数は∞とし，移動局周辺での大地反射は上記とは別に考慮している．また，受信電力については，その平均値相当となる6.1.1項の受信電力加算値とする．

東京都内の青山エリアにてレイをトレースした結果例を図 6.53 に，解析エリア内の受信電力の分布を求めた結果例を口絵 5 に示す．ただし，周波数：

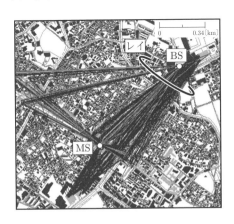

図 6.53 レイのトレース結果

2.20 GHz, 送信電力：42 dBm, 基地局アンテナ高：58.3 m, 移動局アンテナ高：1.5 m としている。アンテナ種別は基地局と移動局ともにスリーブアンテナである。また，解析エリアは 1.3 km × 1.25 km であり，計算ポイントは建物の配置されていない 10 m メッシュの中心に設定した。計算ポイント数は 16 880 ポイントである。分散処理は 25 台のブレードマシン（クロック周波数：2.6 GHz, CPU：デュアルコア 2 基）で行っており，口絵 5 の結果を得るのに要した時間は約 15 分であった。このように，3D-PRISM では面的な伝搬解析が現実的な時間内で終了するように処理の高速化が図れていることから，計算ポイントを建物の壁面や屋上面に自動配置した**口絵 6** に示す 3 次元的な受信電力分布も作成可能である。なお，口絵 6 において，計算ポイントは大地面：10 m メッシュ間隔，建物上：5 m メッシュ間隔で総 14 776 ポイント配置しており，計算時間は約 25 分であった。

計算ジョブのサイズを表す計算ポイント数 N_p をパラメータとして，分散サーバの台数と計算速度との関係を評価した結果を**図 6.54** に示す。横軸は分散サーバとして使用する前述のブレードマシンの数，縦軸は分散サーバ数を 2 台としたときに得られた演算時間を基準とする相対計算速度である。なお，ここでは分散サーバ数の自動設定機能は止めてある。演算の分散化が有効に機能した場合，ジョブ当りの計算速度は接続された分散サーバの数に比例する。図 6.54 より，ジョブサイズが大きいほど，計算速度は分散サーバ数にほぼ比例して上がっていることがわかる。すなわち，ジョブサイズが十分に大きい場合には期待ど

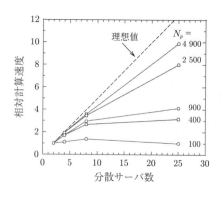

図 **6.54** 分散による効果

6.6 高基地局アンテナ屋外伝搬の解析

おりの分散効果が得られているといえる。

6.6.3 実測結果との比較

〔1〕 建物モデルが推定精度に与える影響　3D–PRISM で用いる建物モデルは，建物の 2 次元形状と階数の情報にユーザが階高を一律に設定して作成する 2.5 次元建物である。また，建物の材質もユーザが一律に与えている。そこで，ここでは実測結果との比較より，ユーザが設定すべき適当な階高と材質について評価する。

比較に用いる実測結果の測定諸元を**表 6.6** に示す。本測定は口絵 5 に示す東京都内の青山エリアで実施した結果であり，基地局の位置も口絵 5 と同じである。青山エリアは平均建物高が約 20 m であり，典型的な市街地といえる。比較評価にはサンプリング間隔 10 cm で取得した受信電力を走行コースに沿って 10 m 区間で中央値処理した値を用いる。3D–PRISM では，送受信条件を測定条件と合わせ，他の条件は特に断らない限り表 6.5 とする。ただし，計算ポイントは実測結果において中央値処理した 10 m 区間の中心とする。評価において，推定誤差は"実測値と推定値の dB 差分の絶対値"とする。

表 6.6　測定諸元（狭帯域測定）

パラメータ		設定値			
測定エリア(測定範囲)		青山(~ 1.7 km)			
Tx (BS)	送信電力	42 dBm	37 dBm	42 dBm	41 dBm
	周波数	485 MHz	813 MHz	2.20 GHz	3.35 GHz
	変調	無変調波			
	アンテナ(利得)	スリーブアンテナ(2.2 dBi)			
	アンテナ高	約 60 m			
Rx (MS)	アンテナ(利得)	スリーブアンテナ(2.2 dBi)			
	アンテナ高	2.75 m			

まず，階高について評価する。階高 ΔH をパラメータとして，周波数 $f = 2.20$ GHz の推定誤差を累積分布で評価した結果を**図 6.55** に示す。図 6.55 より，$\Delta H = 3$ m の場合が最も推定誤差が小さくなっていることがわかる。これ

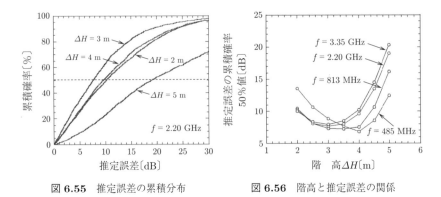

図 6.55　推定誤差の累積分布　　図 6.56　階高と推定誤差の関係

は，$\Delta H < 3\,\mathrm{m}$ では建物の高さが一律に低くなり，受信電力の推定値が全体的に大きくなるためである．また，$\Delta H > 3\,\mathrm{m}$ では建物の高さが一律に高くなり，受信電力の推定値が全体的に小さくなるためである．階高 ΔH と推定誤差の関係を各周波数についてさらに詳しく評価した結果が図 6.56 である．ただし，縦軸は推定誤差の累積確率 50% 値である．図より，推定誤差は 4 周波数すべてにおいて $\Delta H = 3 \sim 4\,\mathrm{m}$ で最小となっていることがわかる．この値は階高としての常識的な値と一致している．

つぎに，材質として設定する媒質定数が受信電力の推定誤差に与える影響について評価する．実環境において建物の材質は一様ではなく，またおもな材質もコンクリート，ガラス，木など建物ごとに異なる．さらには，コンクリートの媒質定数は含水量によっても異なる．したがって，レイトレーシング法を用いて伝搬特性を解析する場合には，どのような材質を建物モデルに設定すべきか悩むところである．図 6.57 は，建物の材質としてコンクリート（$\varepsilon_r = 6.76$，$\sigma = 0.0023\,\mathrm{S/m}$，$\mu_r = 1$），ガラス（$\varepsilon_r = 2.4$，$\sigma = 0.0\,\mathrm{S/m}$，$\mu_r = 1$），金属（$\varepsilon_r = 1$，$\sigma = 5.8 \times 10^7\,\mathrm{S/m}$，$\mu_r = 1$）をそれぞれ設定した場合の推定誤差（累積確率 50% 値）である．ただし，階高は $\Delta H = 3\,\mathrm{m}$ としている．図 6.57 より，コンクリートとガラスでは推定誤差に大きな違いがないことがわかる．なお，金属による誤差が大きいのは，受信電力の推定値が全体的に大きくなるためである．ただし，その誤差は周波数が高くなるほど小さい．これは，周波数

6.6 高基地局アンテナ屋外伝搬の解析

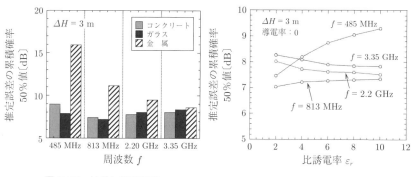

図 6.57 材質と推定誤差

図 6.58 誘電率と推定誤差

が高くなるほど推定には回折の影響が支配的になるためと考えられる。図 6.58 は特に比誘電率 ε_r が受信電力の推定誤差（累積確率 50% 値）に与える影響を評価した結果である。ただし，導電率 σ は 0 S/m，比透磁率 μ_r は 1 とした。図 6.58 より，$f = 485$ MHz の場合を除けば，比誘電率 ε_r を 2〜10 に変えても推定誤差の変化は 1 dB 以下であることがわかる。言い換えれば，3D–PRISM による推定誤差は媒質定数以外によるところが大きいといえる。

以上，建物モデルが推定精度に与える影響である。ここで得られた結果より，表 6.5 に示す建物モデル作成時のデフォルト値を用いれば 400 MHz 帯から 3 GHz 帯まで受信電力推定の誤差は累積確率 50% 値で約 8 dB 程度であるといえる。

〔2〕 **さまざまな伝搬特性の推定精度**　ここでは実測結果との比較より受信電力特性，遅延特性，水平面内出射角度特性の推定精度について評価する。比較に用いる実測結果の測定諸元を **表 6.7** に示す。本測定は，送信側を移動局，受信側を基地局とする上り測定である。また，移動測定は行わず，代々木：92，青山：117，横浜：30 の移動局ポイントによる定点測定である。なお，移動局ポイントはすべて基地局から見通し外であり，青山エリアにおいて基地局を設置した場所と移動局を配置した範囲は口絵 5 と同じである。また，青山エリアと同様に，代々木と横浜のエリアも平均建物高は約 20 m であり，典型的な市街地といえる。ここでは，得られた実測データを解析して求めた受信電力，遅延ス

194   6. レイトレーシング法の実環境への適用

表 6.7 測定諸元（広帯域測定）

パラメータ		設定値		
測定エリア(測定範囲)		代々木(〜 2 km)	青山(〜 1.7 km)	横浜(〜 0.9 km)
Tx (MS)	送信電力	35 dBm		
	周波数	2.22 GHz		
	変調	30 Mbps の PN 系列による BPSK 変調波		
	アンテナ(利得)	スリーブアンテナ(2.2 dBi)		
	アンテナ高	3.5 m		
Rx (BS)	アンテナ	16 素子一水平面内リニアアレーアンテナ(8.3 dBi/素子)		
	アンテナ高	約 150 m	約 60 m	約 40 m

プレッド，水平面内出射角度スプレッド[†]の値を評価に用いる．なお，データ解析の詳細は文献13) を参照されたい．3D–PRISM では，送受信条件を測定条件と同一とし，他の条件は表 6.5 の値を用いて演算を実施した．したがって，建物モデルは階高：$\Delta H = 3\,\mathrm{m}$，材質：コンクリートとする 2.5 次元建物である．

図 6.59 に青山エリアにおいて各種伝搬特性を比較した結果を示す．ただし，受信電力と遅延スプレッドについては横軸を送受信間距離，角度スプレッドについては横軸を道路角（移動局が位置する道路と移動局が基地局を見込む方向とのなす角）としている[31]．図より，すべての伝搬特性において実測結果と推定結果はよく一致していることがわかる．表 6.8 は代々木エリアと横浜エリアも含めて推定誤差の累積確率 50%値を評価した結果である．受信電力の推定誤差は 5〜7 dB であり，前述した狭帯域測定時の誤差より少し小さい．これは，実測結果との比較が定点，言い換えれば移動局の位置ずれが実測と推定で小さいことが要因の一つと考えられる．一方，遅延スプレッドと角度スプレッドについては，推定誤差が実測値および推定値の平均値と相関があることがわかる．すなわち，実測（もしくは推定）の遅延スプレッドや角度スプレッドが大きいほど誤差も大きい．ここで，実測平均値に対する推定誤差累積確率 50%値の比

[†] 測定が上り測定であることから，本来は基地局側の "水平面内到来角度スプレッド" と呼ぶべきである．しかし，ここでは 2 章と表現をあわせるために下り回線を前提として "水平面内出射角度スプレッド" と呼ぶ．

6.6 高基地局アンテナ屋外伝搬の解析

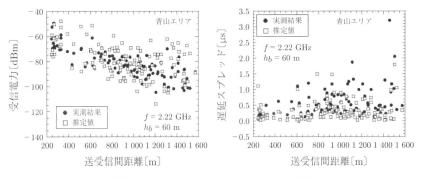

(a) 受信電力 (b) 遅延スプレッド

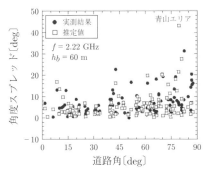

(c) 角度スプレッド

図 **6.59** 測定結果との比較

表 **6.8** 推定精度の評価結果

		実測平均値	推定平均値	推定誤差 累積確率50％値
受信電力〔dBm〕	代々木	−72.1	−73.2	7.0
	青 山	−82.0	−79.4	5.9
	横 浜	−80.7	−82.2	4.9
遅延スプレッド〔μs〕	代々木	0.29	0.19	0.08
	青 山	0.52	0.33	0.19
	横 浜	0.55	0.69	0.26
角度スプレッド〔deg〕	代々木	2.51	2.0	1.3
	青 山	6.72	5.5	2.7
	横 浜	12.0	16.2	7.5

を誤差率として定義すると，すべてのエリアにおいて遅延・角度スプレッドの誤差率は5割程度となっている。

以上が 3D–PRISM を前提としたレイトレーシング法の推定精度を実測結果との比較より評価した結果である．受信電力の推定精度を観測するスケール（瞬時変動，短区間変動，長区間変動）との関係から，より詳細に評価した結果については文献29) を参照のこと．

6.7 考慮すべき相互作用回数

実環境における伝搬をレイトレーシング法より精度よく（かつ効率的に）解析するためには，"支配的なレイの伝搬路" を把握しておくことである．また，これは "考慮すべき相互作用（反射・透過・回折）の回数" とも関連する．そこで，**表 6.9** に各伝搬環境におけるおもな伝搬路と考慮すべき相互作用回数を示す．これらは，6.3 〜 6.6 節 で示した実測値との比較よりまとめたもの，すなわち著者の経験によるものでる．したがって，これらが絶対というわけではないことから，参考程度と考えていただきたい．特に，伝搬路モデルや周波数が本章で述べた条件と大きく異なる場合には留意が必要である．

表 6.9　おもな伝搬路と相互作用回数

	おもな伝搬路	反射	透過	回折
トンネル内伝搬	トンネルに沿った伝搬路	距離に応じて増加させる	—	—
屋内伝搬	反射・透過が主な伝搬路	10 回程度	送受信間で必要となる回数	2 回程度
低基地局アンテナ屋外伝搬	道路に沿った伝搬路	直線区間ごとに 10 回程度	—	送受信間で必要となる交差点の個数分
高基地局アンテナ屋外伝搬	屋根越えの伝搬路	送信点または受信点からの見通しと建物において 2 回程度	—	屋上回折：送受信間で必要となる回数 見通し建物での回折：2 回程度

コーヒーブレイク

周波数と構造物のモデル化

周波数が高くなると，3.8.2 項で述べたように，表面の凹凸が電磁界的に滑らかとみなせなくなる，また，これまで無視できた物理的に小さな構造物を考慮する必要性が高くなる．本章で示した伝搬路（もしくは構造物）のモデルは UHF 帯との実測結果より精度が検証されたものである．したがって，より高い周波数における精度の保証はない．ここでは，周波数と構造物のモデル化についての初期検討結果を紹介する．

UHF 帯における低基地局アンテナ屋外伝搬では，6.5 節で述べたように，図 6.40 の溝型伝搬路モデルが解析に用いられてきた．特に，交差道路における溝型伝搬路モデル（交差道路）では，図 6.40(b) に示すように交差点には四つのエッジが存在すると仮定した．しかし，現実の交差点上の建物は，特に幅の広い道路に面している場合，その形状は必ずしも直方体ではない．そこで，交差点におけるエッジ P3（交差道路上の伝搬において最も支配的となるエッジ）を曲面（曲率半径 a）に置き換えた図 1 のモデルを考える．また，この曲面には図 3.28 の "高さの標準偏差が σ_h のランダム粗面" を仮定し，反射係数を式 (A.132) より求めることとする．

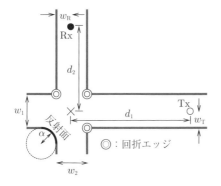

図 1　解析モデル

図 1 の解析モデルに基づくレイトレーシング法の精度を実測値との RMS 誤差で評価した結果が図 2 である．ただし，曲率半径は物理的なサイズである $a = 7\,\mathrm{m}$ とし，また，RMS 誤差は $100\,\mathrm{m} \leq d_2 \leq 600\,\mathrm{m}$ の範囲より求めている．表面が電気的に粗いか否かは物理的な凹凸のサイズとともに電波の波長より決定される．図 2 において，0.8, 2.2, 4.7 GHz の場合は $\sigma_h \leq 3\,\mathrm{mm}$ の範囲においてまったく変化がない．すなわち，これらの周波数にとってはこの凹凸を有する面は鏡

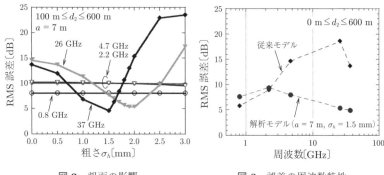

図2　粗面の影響　　　　図3　誤差の周波数特性

面と等価とみなされているといえる。一方，波長の短い 26, 37 GHz においては，σ_h による影響が大きく表れている。実際の凹凸サイズはわからないが，図2の結果より判断すれば $\sigma_h \approx 1.5$ mm とみなすのが妥当であろう。図3は解析モデル ($a = 7$ m，$\sigma_h = 1.5$ mm) より計算した結果をもとに，誤差の周波数特性を評価したものである。なお，RMS誤差は $0\,\mathrm{m} \leq d_2 \leq 600\,\mathrm{m}$ の範囲より求めている。図より，従来の溝型モデルでは周波数が高くなるにしたがい誤差が大きくなるが，解析モデルでは全周波数において誤差 10 dB 以下に収まっていることがわかる。

以上より，レイトレーシング法を高周波数帯へ適用する場合には，構造物のより詳細なモデル化が必要であることがわかるだろう。なお，本解析の詳細は下記文献を参照のこと。

参考文献：N. Omaki, T. Imai, K. Kitao and Y. Okumura, "Accuracy Improvement of Ray Tracing Method for Between 0.8 and 37 GHz in Street Cell Environment," ISAP2015 (2015)

7 レイトレーシング法の拡張

7.1 物理光学近似とのハイブリッド

3.8.1 項で述べたように，構造物の開口や面のサイズが第2フレネルゾーンを下回る場合には，そこでの散乱波を幾何光学的なレイに分離することができなくなる。また，3.8.2 項で述べたように面の凹凸が電磁界的に滑らかとみなせない場合には拡散反射成分が生じてくる。すなわち，幾何光学近似に基づくレイトレースではこれらの散乱波を考慮することができない。一方，実環境で詳細な測定をしてみると，幾何光学的なレイ（または，幾何光学近似で表せる鏡面散乱波）のみでは説明できない波も多く到来していることが報告されている[122]。レイトレーシング法による解析精度を向上させるには，これらの非鏡面散乱波も考慮する必要がある。そこで提案されている方法が物理光学近似（PO）とのハイブリッドである。

〔1〕 屋外から屋内への伝搬解析　　屋外から屋内へ電波が伝搬する場合，そのおもな伝搬路は窓やドアを経由するものである。したがって，その伝搬特性を解析するためには窓やドアを開口とする解析が必要となる。これまで述べてきたとおり，開口サイズが第2フレネルゾーンよりも小さい場合には基本的に幾何光学近似を利用することができない。したがって，従来，開口からの散乱波については物理光学近似が用いられてきた[123]。一方，移動伝搬環境においては屋外と屋内で発生するマルチパスも考慮しなければならない。そこで，文献124)〜128) ではマルチパスも考慮するために，レイトレーシング法と物理光

学近似をハイブリッドした方法（RT–PO 法）を提案している。なお，"屋内から屋外への伝搬解析"も送信と受信の可逆性から"屋外から屋内への伝搬解析"とまったく同様である。また，文献123),124) では物理光学近似をアパーチャ・フィールド法と呼んでいるが，開口の解析において両者は基本的に同じものであることに注意されたい。

　RT–PO 法では，図 **7.1** に示すように電波が侵入する開口の中心を散乱中心として，①屋外のレイトレース（屋外送信点から開口中心まで）と②屋内のレイトレース（開口中心から屋内受信点）を実施する。ここで，送受信間のレイのパスは図 **7.2** のように屋外パスと屋内パスの組合せとなる。すなわち，屋外と屋内のパスがそれぞれ M 本と N 本の場合には，送受信間のトータルのパス数は MN 本となる。ここで，付録 A.6.3 項で述べるように開口での散乱は式 (A.84) で与えられる。したがって，各組合せのレイに対して散乱係数 $\overline{\mathbf{S}}_c$ を求

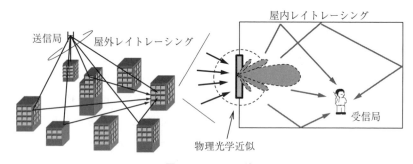

図 **7.1** RT–PO 法

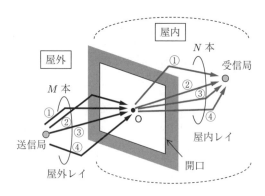

図 **7.2** 送受信間のレイ・パス

めれば，式 (3.96) よりその電界を得ることができる。受信点における最終的な電界は式 (3.105) のように各レイの電界を加算すればよい。

移動通信システムのサービスエリアの設計では，6章で述べたように，エリア内において所望の通信品質が得られるよう，基地局の数と位置などを試行錯誤しながら決定する。すなわち，レイトレーシング法よりエリアを設計する場合には，基地局位置を変更するたびに再計算を行う必要がある。ここで，RT–PO法は前述のように"屋外と屋内のレイトレーシング処理が完全に分離"しているという特徴がある。すなわち，屋外（または屋内）の基地局の位置を変更した場合には屋外（または屋内）のレイトレーシングのみを再実行すればよく，きわめてエリア設計に好適な方法といえる。ここで，開口サイズが第2フレネルゾーンよりも大きい場合には，文献129) のように屋外から屋内まですべてをレイトレースすることが可能であるが，この場合においてもエリア設計の観点においてRT–PO法はきわめて魅力的である。ただし，開口サイズが大きくなるに従いフレネル近似の精度が悪くなり，解析精度が劣化することとなる。そこで，文献125), 126) では開口サイズが大きい場合に効率よくRT–PO法を適用するための方法を提案している。

以上が，屋外から屋内への伝搬解析にレイトレーシング法と物理光学近似をハイブリッドした方法である。計算結果例などの詳細は文献125), 実測との比較例は文献127), 128) を参照されたい。

〔2〕 **建物表面における非鏡面散乱波の解析**　　屋外の伝搬環境において，主要な散乱体は建物である。レイトレーシング法ではレイのトレースの際には建物の形状とサイズを考慮するが，反射係数や回折係数を求める場合には，表面が滑らかで無限の大きさを持つ面を仮定する。しかし，実際の建物はそのサイズが有限である。また，表面は図 **7.3** のように窓やベランダなどのデザインによる凹凸が存在し，各部材において媒質定数も異なる。ここで，このようなデザイン上の凹凸は，① 移動伝搬で扱う周波数の波長よりも大きく，② 表面に比較的規則的に存在し，③ 凹凸のエッジが垂直か水平に分類されるのが特徴である。文献130) では，一般的な建物（数階建てのビル）に対して凹凸のサイズ

202   7. レイトレーシング法の拡張

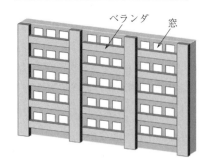

図 7.3　実際の建物表面

を統計的に調査し，建物表面からの散乱特性を付録 A.7 節に示す物理光学近似（ただし，厳密にはキルヒホッフ近似）より解析している。解析の結果，このような表面からの散乱はその方向に規則性があり，不規則粗面からの拡散散乱とは特性が異なることが指摘されている。

凹凸のある壁面からの散乱をレイトレーシング法において考慮するために，物理光学近似とのハイブリッド法が提案されている。しかし，幾何光学的なレイと異なり，凹凸のある壁面に入射した電波はさまざまな方向に散乱する。したがって，すべての散乱方向を考慮すると計算量が膨大となる。そこで，計算量の増大を抑えるために，つぎの二通りの方法が提案されている。

1) **ハイブリッド法 A**：　文献131) による方法では"凹凸のある壁面での散乱において支配的な方向は鏡面反射方向である"と仮定する。具体的には，図 7.4 に示すように，まず壁面に凹凸がないものとしてレイトレーシングを実行し，最後の電界計算のステップにおいて，ダイアド反射係数 $\overline{\mathbf{R}}$ の代わりに物理光学近似で得られるダイアド散乱係数 $\overline{\mathbf{S}}_c$（付録 A.7 節の式

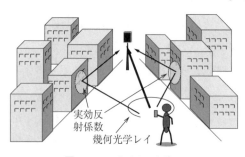

図 7.4　ハイブリッド法 A

(A.111), (A.114) で与えられる係数) を "実効反射係数" として用いることで壁面の凹凸を考慮する。本方法は計算量を増加させることなく散乱の影響を考慮できる利点がある。しかし，考慮するのは鏡面反射方向のみであることから，非鏡面反射方向が支配的となるような場合では解析精度は劣化する。なお，文献131) では実測値との比較により精度評価を実施しており，実効反射係数を用いることで受信電力の推定誤差（RMS 誤差）は 1 dB 程度小さくなると報告している。

2) **ハイブリッド法 B:** 文献72) による方法では，レイトレーシング法で考慮されない非鏡面反射方向の散乱波を物理光学近似により求める。具体的には，図 **7.5** に示すように，まず，レイトレーシング法を用いて反射・回折波の電界 E_{RT} を求め，つぎに，散乱回数は 1 回と限定して散乱波の電界 E_{PO} を物理光学近似より求め，最後にトータルの電界を "$E_{RT} + E_{PO}$" より求めるものである。本方法ではレイトレーシング法では得られない散乱波を考慮しているが，一方で，前述のハイブリッド法 A のように鏡面反射方向については壁面の凹凸による影響を考慮していない点が特徴である。

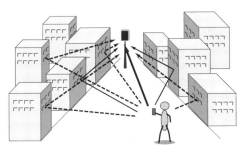

実線：幾何光学レイ
破線：散乱波

図 **7.5** ハイブリッド法 B

7.2　ER モデルとのハイブリッド

7.1 節では建物表面からの非鏡面散乱波の解析に物理光学近似を用いる方法を説明した。そこでは特に建物のデザインによる比較的サイズが大きい凹凸に

着目していることが特徴である。しかし，実際の建物表面にはさらに雨樋や手すり，飾りなどが存在し，より複雑である。また，壁の内部には補強材や電線などが存在することから物理的な形状や建材の媒質定数などにおいて不確かな部分も多い。このような場合を物理光学近似で考慮することは困難であるとの理由から提案されたのが ER (effective roughness) モデル[59],[132],[133] である。ER モデルでは不規則粗面からの散乱を前提とし，散乱波は図 3.27 で示した鏡面反射成分と拡散反射成分で構成される。また，不規則粗面を前提とすることから，必要となるパラメータには統計的もしくは経験的（または実験的）な値が使用されることも特徴である。言い換えれば，このようなパラメータの値がわかれば，図 **7.6** に示すように，建物壁面の材料（レンガやコンクリートなど）に依存する，よりミクロな凹凸からの散乱や樹木からの散乱も考慮することができる[134]。ER モデルの具体的な計算法については付録 A.8 節を参照のこと。

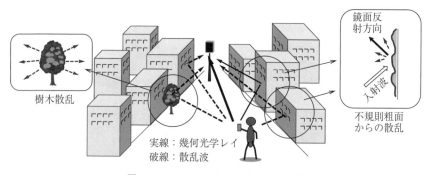

図 **7.6** ER モデルとのハイブリッド法

ER モデルとレイトレーシング法のハイブリッド法は基本的に 7.1 節の"レイトレーシング法と物理光学近似のハイブリッド"と同じである。まず，レイトレーシング法を用いて反射・回折波の電界 E_{RT} を求める。ただし，反射の対象物が後ほど散乱面として扱うものである場合には付録 A.8 節の式 (A.132) を用いて反射係数を修正する。つぎに，散乱対象の物体（建物壁面や樹木など）の表面を複数のエレメント（sureface element）に分割し，各エレメントからの散乱波の電界 E_s を付録 A.8 節の式 (A.148) より求める。最後にトータルの電界

を "$E_{RT} + E_s$" より求める。通常,散乱回数は1回と限定される。なお,ERモデルをレイトレーシング法とハイブリッドすることによる効果については文献59)が詳しく,移動伝搬のさまざまな評価指標(遅延,到来角度など)における実測結果との比較については文献134)が詳しい。

7.3 FDTD法とのハイブリッド

FDTD法[15]はマクスウェルの方程式を構造物との境界条件を考慮しながら数値的に解いていく方法であり,1.2節で触れたように,近年は閉空間(屋内,車両内など)電波伝搬解析にも利用されるようになった[14],[135],[136]。FDTD法をレイトレーシング法と比較すると

① 複雑性:レイトレーシング法は解析空間内の構造物の数に依存するのに対して,FDTD法は解析空間のサイズに依存する。
② 精 度:マクスウェルの方程式の数値解を与えることから,FDTD法はレイトレーシング法よりも原理的に精度は高い。また,FDTD法は反射などの相互作用回数による制限がない。
③ 3次元への拡張:レイトレーシング法と比べ,FDTD法はメモリ容量・計算量の面から困難。

といえる[137],[138]。これらを鑑みて現在提案されている方法が,屋外から屋内への伝搬解析を対象とする "FDTD法とレイトレーシング法のハイブリッド" である[137]。本方法は図7.7に示すように,屋外の伝搬解析に3次元のレイトレーシング法を用い,屋内伝搬の解析に2次元のFDTD法を用いる。

文献137)のハイブリッド法における解析の手順はつぎのとおりである。
1) 対象建物の外壁に複数の等価受信点を設定(図7.7では1ポイントのみ表示)し,そこへ到来するレイを3次元的にトレースする。
2) 等価受信点を等価波源として,屋内伝搬を2次元のFDTD法より解析する。

文献137)では3.5 GHzによる測定結果との比較も実施しており,受信電力の推

7. レイトレーシング法の拡張

コーヒーブレイク

高精細な構造物データの獲得

レイトレーシング法による解析精度を向上させるには，構造物の形状やその表面の凹凸をいかに考慮するかがポイントとなる。解析法は 7 章で述べたが，その評価には，より高精細な構造物データが必要である。

現在の技術で高精細な構造物データを取得するにはレーザスキャナを用いるのがよい。レーザスキャナはレーザを周囲に照射することにより周囲構造物の形状を点群データとして取得でき，その解像度は機種や測定条件にもよるが，基本的にミリメートルのオーダである。図はわれわれが取得した点群データの例である。点群データを処理すれば，レイトレーシング用のデータに加工することができるとともに，壁面における凹凸の統計量なども解析することが可能である。また，図からわかるように，レーザスキャナでは街灯や樹木といった建物以外の情報も取得することができる。したがって，点群データは ER モデルと相性がよく，現在，羽田らはその解析法を精力的に検討している（下記文献 a），b) 参照）。

図　点群データ

レーザスキャナを用いれば構造物の形状を高精細に得られるが，各部の材質（媒質定数）の情報は得られない。構造物の材質情報を簡易かつ自動的に取得できる方法があれば伝搬解析にきわめて有用なのだが……。そのような方法が今後開発されることを期待する。

参考文献：a) J. Jarvelainen and K. Haneda, "Sixty Gigahertz Indoor Radio Wave Propagation Prediction Method Based on Full Scattering Model," Radio Science, vol. 49, no. 4, pp. 293–305 (2014)

b) J. Jarvelainen, M. Kurkela and K. Haneda, "Impacts of Room Structure Models on the Accuracy of 60 GHz Indoor Radio Propagation Prediction," IEEE AWP letters, vol. 14 (2015)

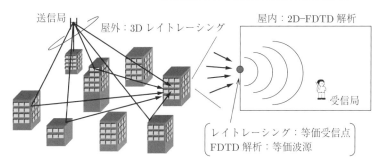

図 7.7 FDTD 法とのハイブリッド法

定誤差 (RMS 誤差) は 2.4 dB (ただし,媒質定数などの不確かさがあることから実測値との間でなんらかの校正を実施している) となることを示している。

付　　　　　録

A.1　ウィーナー・ヒンチンの定理

ウィーナー・ヒンチン（Wiener–Khinchin）の定理は広義定常確率過程における自己相関関数とパワースペクトルとの関係を与えるものである。

いま，$x_T(t)$ は $-T/2 \leq t \leq T/2$ の範囲における不規則信号であり，それ以外の範囲では 0 であるとする。この場合，$x_T(t)$ の周波数スペクトル $X_T(f)$ は

$$X_T(f) = \int_{-T/2}^{T/2} x_T(t) e^{-j2\pi ft} dt \quad \left(= \int_{-\infty}^{\infty} x_T(t) e^{-j2\pi ft} dt \right) \tag{A.1}$$

で与えられ，そのフーリエ変換対は

$$x_T(t) = \int_{-\infty}^{\infty} X_T(f) e^{j2\pi ft} df \tag{A.2}$$

である。また，パワースペクトルは"単位時間当りの平均エネルギー"であることから

$$S(f) = \lim_{T \to \infty} \left[\frac{1}{T} X_T(f) X_T^*(f) \right] = \lim_{T \to \infty} \left[\frac{1}{T} |X_T(f)|^2 \right] \tag{A.3}$$

と表せ，自己相関関数は時刻 t の信号値 $x_T(t)$ と，時刻 $t+\tau$ の信号値 $x_T(t+\tau)$ の相関であることから

$$C(\tau) = \lim_{T \to \infty} \frac{1}{T} \int_{-T/2}^{T/2} x_T(t) x_T^*(t+\tau) dt \tag{A.4}$$

と表せる。ここで，自己相関関数をフーリエ変換するとつぎの関係を得る。

$$\begin{aligned}
\int_{-\infty}^{\infty} C(\tau) e^{-j2\pi f\tau} d\tau &= \int_{-\infty}^{\infty} \left[\lim_{T \to \infty} \frac{1}{T} \int_{-T/2}^{T/2} x_T(t) x_T^*(t+\tau) dt \right] e^{-j2\pi f\tau} d\tau \\
&= \lim_{T \to \infty} \frac{1}{T} \int_{-T/2}^{T/2} x_T^*(t) \left[\int_{-\infty}^{\infty} x_T(t+\tau) e^{-j2\pi f\tau} d\tau \right] dt \\
&= \lim_{T \to \infty} \frac{1}{T} \int_{-T/2}^{T/2} x_T^*(t) X_T(f) e^{j2\pi ft} dt = \lim_{T \to \infty} \frac{1}{T} X_T(f) \int_{-T/2}^{T/2} x_T^*(t) e^{j2\pi ft} dt \\
&= \lim_{T \to \infty} \left[\frac{1}{T} X_T(f) X_T^*(f) \right] = S(f) \tag{A.5}
\end{aligned}$$

式 (A.5) は自己相関関数のフーリエ変換がパワースペクトルであることを示している。また，同様にパワースペクトルの逆フーリエ変換は自己相関関数となることから，自己相関関数とパワースペクトルはフーリエ変換対の関係にあるといえる。この関係がウィーナー・ヒンチンの定理である[139), 140]。図 **A.1** はこれらの関係をまとめたものである。

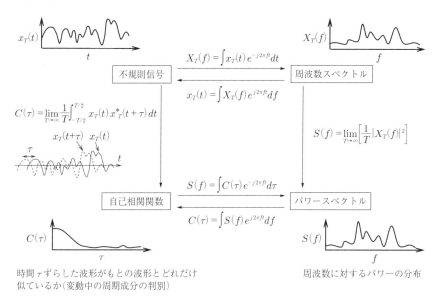

図 **A.1**　不規則信号に関する各種特性とそれらの関係

移動伝搬環境における信号は不規則信号であり，各種特性において図 A.1 の関係が成り立つ。図 **A.2** は特に 2.2.1 項の瞬時変動特性についてシミュレーションより求めた結果を示している。なお，具体的には，まず 2.2.1 項で説明した Jakes モデルを用いて複素振幅に関する時系列データを作成し，そのデータを基に各特性を "4 → 1"，"4 → 7 → 8"，"4 → 5 → 6"（ただし，数字は図における各特性のブロック番号）の順に求めた。また，ブロック 6，7，8 には理論式も示している。ブロック 6 とブロック 7 の式はフーリエ変換対の関係にあることは数学公式集[141]などを見れば容易にわかる。

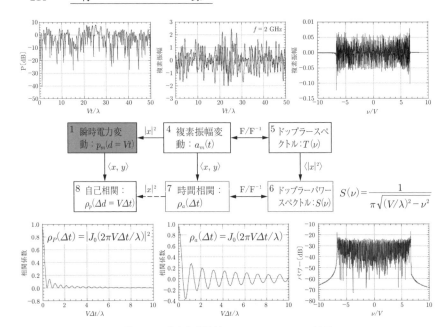

図 A.2 瞬時変動特性のシミュレーション結果

A.2 特性関数

特性関数 $\Phi(\omega)$ は確率密度関数 $p(x)$ をフーリエ変換して得られる関数として定義され

$$\Phi(\omega) = \int_{-\infty}^{\infty} p(x)e^{j\omega x}dx \tag{A.6}$$

$$p(x) = \frac{1}{2\pi}\int_{-\infty}^{\infty} \Phi(\omega)e^{-j\omega x}d\omega \tag{A.7}$$

とフーリエ変換対の関係にある(ただし,フーリエ変換の定義は文献142)に合わせている)。**表 A.1** におもな確率密度関数の特性関数を示す。

表 **A.1** 確率密度関数と特性関数[142),143)]

確率分布	確率密度関数	平 均	分 散	特性関数
ガウス分布	$\dfrac{1}{\sqrt{2\pi\sigma^2}}e^{-\frac{(x-\mu)^2}{2\sigma^2}}$	μ	σ^2	$e^{j\mu\omega-\frac{\sigma^2\omega^2}{2}}$
指数分布	$\lambda e^{-\lambda x}$ $(x\geq 0, \lambda>0)$	$\dfrac{1}{\lambda}$	$\dfrac{1}{\lambda^2}$	$\left(1-\dfrac{j\omega}{\lambda}\right)^{-1}$
レイリー分布	$\dfrac{x}{\sigma^2}e^{-\frac{x^2}{2\sigma^2}}$ $(x\geq 0)$	$\sqrt{\dfrac{\pi}{2}}\sigma$	$\left(2-\dfrac{\pi}{2}\right)\sigma^2$	$\left(1+j\sqrt{\dfrac{\pi}{2}}\sigma\omega\right)e^{-\frac{\sigma^2\omega^2}{2}}$
一様分布	$\dfrac{1}{b-a}$ $(a<x<b)$	$\dfrac{a+b}{2}$	$\dfrac{(b-a)^2}{12}$	$\dfrac{e^{jb\omega}-e^{-ja\omega}}{j\omega(b-a)}$
ラプラス分布	$\dfrac{1}{2\alpha}e^{-\frac{|x-\mu|}{\alpha}}$	μ	$2\alpha^2$	$\dfrac{e^{j\mu\omega}}{1-\alpha^2\omega^2},\ |\omega|\leq\dfrac{1}{\alpha}$

A.3 ダイアドの演算

ダイアド (dyad)[†] の演算はベクトル演算を拡張したものである。以下にダイアドの演算について簡単に説明する。なお,詳細については文献144) や49) などを参照されたい。

3次元空間における任意のベクトル $\mathbf{F}$ は三つの単位ベクトル $\hat{x}_i$ $(i=1,2,3)$ とスカラ値 F_i $(i=1,2,3)$ を用いて

$$\mathbf{F} = \sum_{i=1}^{3} F_i \hat{x}_i \tag{A.8}$$

で表せる。一方,式 (A.8) において右辺のスカラ係数 F_i をベクトルに拡張したものがダイアドの定義であり,すなわち任意のダイアド $\overline{\mathbf{F}}$ は

$$\overline{\mathbf{F}} = \sum_{j=1}^{3} \mathbf{F}_j \hat{x}_j \tag{A.9}$$

で表せる。ここで,ベクトル $\mathbf{F}_j$ $(j=1,2,3)$ は式 (A.8) より

$$\mathbf{F}_j = \sum_{i=1}^{3} F_{ij} \hat{x}_i \qquad (j=1,\ 2,\ 3) \tag{A.10}$$

[†] ダイアディック (dyadic) とも呼ばれる。なお,dyadic は dyad の形容詞形。

と表せることから,これを式 (A.9) に代入すると,ダイアド $\overline{\mathbf{F}}$ は

$$\overline{\mathbf{F}} = \sum_{i=1}^{3}\sum_{j=1}^{3} F_{ij}\hat{x}_i\hat{x}_j \tag{A.11}$$

と再定義できる。式 (A.11) において,F_{ij} は九つある $\overline{\mathbf{F}}$ のスカラ成分である。また,$\hat{x}_i\hat{x}_j$ は9種類ある $\overline{\mathbf{F}}$ の単位ダイアドであり,単位ベクトルの順序を変更することはできない。すなわち,$i \neq j$ の場合には "$\hat{x}_i\hat{x}_j \neq \hat{x}_j\hat{x}_i$" となる。以下,ダイアドに関するいくつかの公式を示す。

1) ダイアドの転置 $(\overline{\mathbf{F}})^T$:

$$(\overline{\mathbf{F}})^T = \sum_{j} \hat{x}_j \mathbf{F}_j = \sum_{i}\sum_{j} F_{ij}\hat{x}_j\hat{x}_i = \sum_{j}\sum_{i} F_{ji}\hat{x}_i\hat{x}_j \tag{A.12}$$

ここで,特に $F_{ji} = F_{ij}$ となるダイアディック $\overline{\mathbf{F}}_s$ (symmetrical dyadic) の場合,次式が成り立つ。

$$(\overline{\mathbf{F}}_s)^T = \overline{\mathbf{F}}_s \tag{A.13}$$

2) 単位ダイアド $\overline{\mathbf{I}}$:$F_{ij} = \delta_{ij}$(ただし,δ_{ij} はクロネッカーのデルタ関数)で定義されるダイアドであり,次式で表される。

$$\overline{\mathbf{I}} = \sum_{i} \hat{x}_i\hat{x}_i \tag{A.14}$$

3) ベクトルとの内積・外積:

$$\mathbf{a} \cdot \overline{\mathbf{F}} = \sum_{j}(\mathbf{a} \cdot \mathbf{F}_j)\hat{x}_j = \sum_{i}\sum_{j} a_i F_{ij}\hat{x}_j \tag{A.15}$$

$$\overline{\mathbf{F}} \cdot \mathbf{a} = \sum_{j} \mathbf{F}_j(\hat{x}_j \cdot \mathbf{a}) = \sum_{i}\sum_{j} a_j F_{ij}\hat{x}_i = \sum_{i}\sum_{j} a_i F_{ji}\hat{x}_j \tag{A.16}$$

$$\mathbf{a} \cdot (\overline{\mathbf{F}})^T = \overline{\mathbf{F}} \cdot \mathbf{a} \tag{A.17}$$

$$\mathbf{a} \cdot \overline{\mathbf{F}}_s = \overline{\mathbf{F}}_s \cdot \mathbf{a} \tag{A.18}$$

$$\mathbf{a} \cdot \overline{\mathbf{I}} = \overline{\mathbf{I}} \cdot \mathbf{a} = \mathbf{a} \tag{A.19}$$

$$\mathbf{a} \times \overline{\mathbf{F}} = \sum_{j=1}^{3}(\mathbf{a} \times \mathbf{F}_j)\hat{x}_j \tag{A.20}$$

$$\overline{\mathbf{F}} \times \mathbf{a} = \sum_{j=1}^{3} \mathbf{F}_j(\hat{x}_j \times \mathbf{a}) \tag{A.21}$$

$$\mathbf{a} \cdot (\mathbf{b} \times \overline{\mathbf{c}}) = -\mathbf{b} \cdot (\mathbf{a} \times \overline{\mathbf{c}}) = (\mathbf{a} \times \mathbf{b}) \cdot \overline{\mathbf{c}} \tag{A.22}$$

$$-(\mathbf{a} \times \overline{\mathbf{c}})^T \cdot \overline{\mathbf{b}} = (\overline{\mathbf{c}})^T \cdot (\mathbf{a} \times \overline{\mathbf{b}}) \tag{A.23}$$

4) その他：

$$\nabla \cdot \overline{\mathbf{F}} = \sum_j (\nabla \cdot \mathbf{F}_j)\hat{x}_j = \sum_i \sum_j \frac{\partial F_{ij}}{\partial x_i}\hat{x}_j \tag{A.24}$$

$$\nabla \times \overline{\mathbf{F}} = \sum_j (\nabla \times \mathbf{F}_j)\hat{x}_j = \sum_i \sum_j (\nabla F_{ij} \times \hat{x}_i)\hat{x}_j \tag{A.25}$$

$$\nabla \mathbf{F} = \sum_j (\nabla F_j)\hat{x}_j = \sum_i \sum_j \frac{\partial F_j}{\partial x_i}\hat{x}_i \hat{x}_j \tag{A.26}$$

ここで，特に $\overline{\mathbf{F}} = f\overline{\mathbf{I}}$（ただし，$f$ はスカラ関数）で与えられる場合，以下のように表される。

$$\nabla \cdot \overline{\mathbf{F}} = \nabla \cdot (f\overline{\mathbf{I}}) = \sum_i \nabla \cdot (f\hat{x}_i)\hat{x}_i = \sum_i \frac{\partial f}{\partial x_i}\hat{x}_i$$
$$= \nabla f \tag{A.27}$$

$$\nabla \times \overline{\mathbf{F}} = \nabla \times (f\overline{\mathbf{I}}) = \sum_i \nabla \times (f\hat{x}_i)\hat{x}_i = \sum_i (\nabla f \times \hat{x}_i)\hat{x}_i$$
$$= \nabla f \times \overline{\mathbf{I}} \tag{A.28}$$

A.4 フレネル積分の近似

フレネル積分にはさまざまな形式があり，注意が必要である。以下に 3 種類の形式に対する近似式を示す。

A.4.1 近似式 1（UTD で定義されるフレネル積分の近似）

UTD で使用する 3.5 節の式 (3.80) に示すフレネル積分は

$$F_1(x) = 2j\sqrt{x}\,e^{jx} \int_{\sqrt{x}}^{\infty} e^{-j\tau^2} d\tau \tag{A.29}$$

で定義される。以下に式 (A.29) の近似式を示す。なお，"$x < 0.3$" と "$x > 5.5$" の場合は文献43) の Appendix B によるものであり，"$0.3 \leq x \leq 5.5$" の場合については数値積分の結果を多項式近似したものである。

i) $x < 0.3$ の場合：

$$F_1(x) \approx \left\{\sqrt{\pi x} - 2xe^{j\pi/4} - \frac{2}{3}x^2 e^{-j\pi/4}\right\}e^{j\pi/4} e^{jx} \tag{A.30}$$

ii) $0.3 \leq x \leq 5.5$ の場合：

$$y \approx a_0 + a_1 x + a_2 x^2 + a_3 x^3 + a_4 x^4 + a_5 x^5 + a_6 x^6 + a_7 x^7 + a_8 x^8 + a_9 x^9 \tag{A.31}$$

ただし，y は $F(x)$ の実部もしくは虚部であり，各係数は**表 A.2** に示すとおり．

iii) $x > 5.5$ の場合：

$$F_1(x) \approx 1 + \frac{j}{2x} - \frac{3}{4x^2} - \frac{j15}{8x^3} + \frac{75}{16x^4} \tag{A.32}$$

表 A.2 近似式の各係数

係 数	$0.3 \leq x \leq 1$		$1 < x \leq 5.5$	
	実 部	虚 部	実 部	虚 部
a_0	0.285 11	0.242 14	0.472 99	0.322 60
a_1	1.359 2	0.249 13	0.595 81	-0.015 8
a_2	-1.701 3	-0.627 61	-0.377 49	0.005 499 4
a_3	1.431 7	0.642 59	0.153 09	0.009 111 6
a_4	-0.797 46	-0.389 43	-0.041 107	-0.004 123 2
a_5	0.291 77	0.148 94	0.007 360 1	0.000 920 98
a_6	-0.069 015	-0.036 178	-0.000 866 79	-0.000 122 57
a_7	0.010 131	0.005 403 7	$6.435\ 3 \times 10^{-5}$	$9.827\ 1 \times 10^{-6}$
a_8	-0.000 837 43	-0.000 452 12	$-2.726\ 6 \times 10^{-6}$	$-4.387\ 0 \times 10^{-7}$
a_9	$2.975\ 3 \times 10^{-5}$	$1.620\ 7 \times 10^{-5}$	$5.020\ 7 \times 10^{-8}$	$8.387\ 0 \times 10^{-9}$

A.4.2 近似式 2（一般的なフレネル積分の近似）

フレネル積分が

$$F_2(x) = \sqrt{\frac{j}{\pi}} \int_x^\infty e^{-j\tau^2} d\tau \tag{A.33}$$

で定義されている場合の近似式は次で与えられる[23]．近似式は

$$F_2(x) = \begin{cases} r(x) e^{j\theta(x)} & (x \geq 0) \\ 1 - r(x) e^{j\theta(x)} & (x < 0) \end{cases} \tag{A.34}$$

ただし

$$r(x) = \begin{cases} \dfrac{1}{2\sqrt{\pi}\left(|x| + 0.259\,927|x|^{-1.945 - 0.1|x|^{1.1}}\right)} & (|x| \geq 2) \\ 0.5 - 0.262\,429|x|^{-5.574\,5 + 6.169\,22|x|^{-0.03}} & (2 > |x| \geq 1) \\ 0.5 - 0.262\,429|x|^{0.939\,72 - 0.349\,798|x|^{0.53}} & (1 > |x|) \end{cases} \tag{A.35}$$

$$\theta(x) = \begin{cases} -\dfrac{\pi}{4} - \left(|x| - \dfrac{0.253\,154}{1.06 + |x|^{3.115\,215}}\right)^2 & (|x| \geq 2) \\ -0.025 - 1.481\,064|x|^{-10 + 11.540\,246|x|^{0.013\,73}} & (2 > |x| \geq 1) \\ -1.506\,064|x|^{1.062 + 0.454|x|^{0.404}} + 0.001\,508\,75\{\sin(\pi|x|)\}^{1.79} & (1 > |x|) \end{cases} \quad (A.36)$$

A.4.3　近似式 3（A.6.2 項で定義されるフレネル積分の近似）

A.6.2 項の物理光学近似において使用するフレネル積分は

$$F_3(x) = \int_0^x \exp\left(-j\frac{\pi}{2}\tau^2\right)d\tau \tag{A.37}$$

で定義される。これは変数変換を行うと

$$F_3(x) = \frac{1}{2}(1-j) - \sqrt{\frac{2}{j}}\, F_2\left(\sqrt{\frac{\pi}{2}}\, x\right) \tag{A.38}$$

で与えられることから，前述の式 (A.34) の近似式を利用することが可能である．なお，式 (A.37) のフレネル積分は

$$F_3(x) = -F_3(-x) \tag{A.39}$$
$$F_3(\infty) = \frac{1}{2} - j\frac{1}{2} \tag{A.40}$$

の性質を持つ．

A.5　スロープ回折を伴う伝搬

いま，3.6.2 項の図 3.20 のモデル（$\beta = \pi/2$）におけるスロープ回折を考える．高次の回折を考慮しない場合の電界は，式 (3.75) に基づいて，一つ目のエッジで回折した波の電界を

$$\mathbf{E}_D^{(1)}(r_1) = \mathbf{E}_{in}\bigl(\mathrm{Q}_\mathrm{D}^{(1)}\bigr) \cdot \overline{\mathbf{D}}_1 \sqrt{\frac{r_0}{r_1(r_0 + r_1)}}\, e^{-jkr_1} \tag{A.41}$$

で求め，つぎに二つ目のエッジで回折後の電界を

$$\mathbf{E}_D^{(2)}(r_2) = \mathbf{E}_D^{(1)}(r_1) \cdot \overline{\mathbf{D}}_2 \sqrt{\frac{r_0 + r_1}{r_2(r_0 + r_1 + r_2)}}\, e^{-jkr_2} \tag{A.42}$$

より求めればよい。なお，式 (A.42) の拡散係数は二つのエッジが平行であることを考慮している（式 (3.104)）。ここで，$\beta = \pi/2$ の場合の回折係数は 3.5 節で述べたように

$$\overline{\mathbf{D}} = -D_a \hat{u}_\beta^{in} \hat{u}_\beta^D - D_d \hat{u}_\varphi^{in} \hat{u}_\varphi^D \tag{A.43}$$

ただし

$$\left.\begin{aligned}
D_a &= \Gamma_{11}^{(0)}\{D^-(\varphi_D - \varphi_{in}) + R_\perp^{(0)} D^-(\varphi_D + \varphi_{in})\} \\
&\quad + \Gamma_{11}^{(n)}\{D^+(\varphi_D - \varphi_{in}) + R_\perp^{(n)} D^+(\varphi_D + \varphi_{in})\} \\
D_b &= D_c = 0 \\
D_d &= \Gamma_{22}^{(0)}\{D^-(\varphi_D - \varphi_{in}) + R_\parallel^{(0)} D^-(\varphi_D + \varphi_{in})\} \\
&\quad + \Gamma_{22}^{(n)}\{D^+(\varphi_D - \varphi_{in}) + R_\parallel^{(n)} D^+(\varphi_D + \varphi_{in})\}
\end{aligned}\right\} \tag{A.44}$$

で与えられる。これは電界を β 成分と φ 成分に分けて考えられることを意味する。また，これら電界成分の式のうえでの違いは反射係数のみ（TE か TM）であることから，以下では簡単化のためにスカラ形式で表すこととする。すなわち，式 (A.41), (A.42) はそれぞれ

$$E_D^{(1)}(r_1) = E_{in}(\mathrm{Q}_\mathrm{D}^{(1)}) \cdot D_1 \sqrt{\frac{r_0}{r_1(r_0 + r_1)}} e^{-jkr_1} \tag{A.45}$$

$$E_D^{(2)}(r_2) = E_D^{(1)}(r_1) \cdot D_2 \sqrt{\frac{r_0 + r_1}{r_2(r_0 + r_1 + r_2)}} e^{-jkr_2} \tag{A.46}$$

となる。なお，回折係数 D の β 成分と φ 成分は，反射係数と

$$\begin{aligned}
D_{\beta,\varphi} &= \Gamma_{\perp,\parallel}^{(0)}\{D^-(\varphi_D - \varphi_{in}) + R_{\perp,\parallel}^{(0)} D^-(\varphi_D + \varphi_{in})\} \\
&\quad + \Gamma_{\perp,\parallel}^{(n)}\{D^+(\varphi_D - \varphi_{in}) + R_{\perp,\parallel}^{(n)} D^+(\varphi_D + \varphi_{in})\}
\end{aligned} \tag{A.47}$$

の対応を持つ。

高次の回折を考慮する場合，一つ目のエッジにおける回折は式 (A.45) で与えられるが，二つ目のエッジで回折後の電界は

$$E_D^{(2)}(r_2) = \left[E_D^{(1)}(r_1) \cdot D_2 + \frac{1}{j2k} \frac{\partial D_2}{\partial \varphi_{in}^{(2)}} \cdot \frac{\partial E_D^{(1)}(r_1)}{\partial u_2}\right] \sqrt{\frac{r_0 + r_1}{r_2(r_0 + r_1 + r_2)}} e^{-jkr_2} \tag{A.48}$$

となる。式 (A.48) において，右辺のカッコ内の第 2 項が高次回折の効果を表す。また，この第 2 項の計算に必要となるパラメータは

$$\frac{\partial D_2}{\partial \varphi_{in}^{(2)}} = \frac{-e^{-j\pi/4}}{2n\sqrt{2\pi k}} \left\{ \cot\left(\frac{\pi - (\varphi_D^{(2)} + \varphi_{in}^{(2)})}{2n}\right) F\left(kLa^-\left(\varphi_D^{(2)} + \varphi_{in}^{(2)}\right)\right) \frac{\partial R_{\perp,\parallel}^{(0)}}{\partial \psi} \right.$$
$$\left. + \frac{1}{2n} F4^{(+)} \right\} \tag{A.49}$$

$$\frac{\partial E_D^{(1)}(r_1)}{\partial u_2} = E_{in}\left(\mathrm{Q}_D^{(1)}\right) \sqrt{\frac{r_0}{r_1(r_0 + r_1)}} \, e^{-jkr_1} \cdot \frac{\partial D_1}{\partial \varphi_D^{(1)}} \left(-\frac{1}{r_1}\right) \tag{A.50}$$

$$\frac{\partial D_1}{\partial \varphi_D^{(1)}} = \frac{-e^{-j\pi/4}}{2n\sqrt{2\pi k}} \left\{ -\cot\left(\frac{\pi + (\varphi_D^{(1)} + \varphi_{in}^{(1)})}{2n}\right) F\left(kLa^+\left(\varphi_D^{(1)} + \varphi_{in}^{(1)}\right)\right) \frac{\partial R_{\perp,\parallel}^{(n)}}{\partial \psi} \right.$$
$$\left. + \frac{1}{2n} F4^{(-)} \right\} \tag{A.51}$$

で与えられる。式 (A.49), (A.51) において, $F(\cdot)$ は式 (3.80) で与えられるフレネル積分であり, $\partial R_{\perp,\parallel}/\partial \psi$ は反射係数を接地角 ψ ($= \pi/2 - \theta$; θ は入射角) で微分したものであり

$$\left.\begin{array}{l} \dfrac{\partial R_\perp}{\partial \psi} = \dfrac{2\cos\psi(n_{ij}^2 - 1)}{\sqrt{n_{ij}^2 - \cos^2\psi} \left[\sin\psi + \sqrt{n_{ij}^2 - \cos^2\psi}\right]^2} \\[2ex] \dfrac{\partial R_\parallel}{\partial \psi} = \dfrac{2n_{ij}^2 \cos\psi(n_{ij}^2 - 1)}{\sqrt{n_{ij}^2 - \cos^2\psi} \left[n_{ij}^2 \sin\psi + \sqrt{n_{ij}^2 - \cos^2\psi}\right]^2} \end{array}\right\} \tag{A.52}$$

で与えられる。なお, n_{ij} は式 (3.49) で与えられる比複素屈折率である。また, 式 (A.49), (A.51) における $F4^{(\pm)}$ は

$$F4^{(\pm)} = \pm \csc^2\left(\frac{\pi + (\varphi_D - \varphi_{in})}{2n}\right) F_s\left(kLa^+(\varphi_D - \varphi_{in})\right)$$
$$\mp \csc^2\left(\frac{\pi - (\varphi_D - \varphi_{in})}{2n}\right) F_s\left(kLa^-(\varphi_D - \varphi_{in})\right)$$
$$+ R_{\perp,\parallel}^{(0)} \csc^2\left(\frac{\pi - (\varphi_D + \varphi_{in})}{2n}\right) F_s\left(kLa^-(\varphi_D + \varphi_{in})\right)$$
$$- R_{\perp,\parallel}^{(n)} \csc^2\left(\frac{\pi + (\varphi_D + \varphi_{in})}{2n}\right) F_s\left(kLa^+(\varphi_D + \varphi_{in})\right) \tag{A.53}$$

ただし, 次式で与えられる。

$$F_s(x) = j2x(1 - F(x)) \tag{A.54}$$

なお, 式 (A.53) における右辺の第 1 項と第 2 項の符号は $F4^{(\pm)}$ のインデックス (±) に対応する。また, 式 (A.54) の $F(\cdot)$ は式 (3.80) で与えられるフレネル積分である。以上は文献52) に示されている方法であり, 詳細はこちらを参照のこと。

■ 計算結果例： 3.6.2 項で示した図 3.21(b) の結果は式 (A.46) を用いて計算した結果である。これと同じモデル（図 3.21(a)）を用いて計算した結果を図 **A.3** に示す。ただし，図 A.3(a) は式 (A.48) を用いて高次の回折を考慮した結果であり，図 A.3(b) は比較のために高次の回折項のみを用いた

$$E_D^{(2)}(r_2) = \left[\frac{1}{j2k}\frac{\partial D_2}{\partial \varphi_{in}^{(2)}} \cdot \frac{\partial E_D^{(1)}(r_1)}{\partial u_2}\right]\sqrt{\frac{r_0+r_1}{r_2(r_0+r_1+r_2)}}\,e^{-jkr_2} \qquad (A.55)$$

による結果である。図 A.3 では縦軸のスケールを変更しているが，図 A.3(a) の結果は図 3.21(b) の結果と違いがまったくない。これは，図 A.3(b) に示したように，図 3.21(a) の計算モデルで与えたパラメータのスケールでは高次の回折の寄与がきわめて小さいことによる。

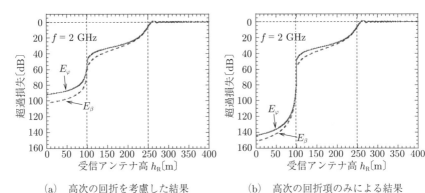

(a) 高次の回折を考慮した結果　　(b) 高次の回折項のみによる結果

図 **A.3** スロープ回折の計算例

スロープ回折に関する計算例などは文献52) に加えて文献55) を参考にするとよい。また，斜め入射（$\beta \neq \pi/2$）による結果については文献53) で検討されている。ただし，文献53) では高次の回折項は考慮されていない，すなわち式 (A.42) による結果である。

A.6　物理光学近似（スカラ形式の理論）

A.6.1　フレネル–キルヒホッフの回折公式

いま，図 **A.4** に示すように，波源 S から放射された電波が開口 ΔS を通って観測点 P に到達する場合，そこでの電界はキルヒホッフ（Kirchhoff）の回折理論より

A.6 物理光学近似（スカラ形式の理論）

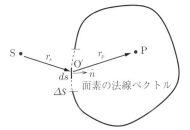

図 **A.4** キルヒホッフの回折モデル

$$E(\mathrm{P}) = \frac{1}{4\pi} \iint_{\Delta S} \left(-E(\mathrm{O}') \frac{\partial G(r_p)}{\partial \hat{n}} + G(r_p) \frac{\partial E(\mathrm{O}')}{\partial \hat{n}} \right) ds \quad (\text{A.56})$$

ただし

$$E(\mathrm{O}') = E_0 \frac{\exp(-jkr_s)}{r_s}, \quad G(r_p) = \frac{\exp(-jkr_p)}{r_p} \quad (\text{A.57})$$

で与えられる．ここで，開口から観測点までの距離 r_p は波長に対して十分に大きいとすれば "$k \gg 1/r_p$" が成り立つことから

$$\begin{aligned}
\frac{\partial G(r_p)}{\partial \hat{n}} &= \cos(\hat{n}, \hat{r}_p) \frac{\partial}{\partial r_p} \frac{\exp(-jkr_p)}{r_p} \\
&= \cos(\hat{n}, \hat{r}_p) \left\{ (-jk) \frac{\exp(-jkr_p)}{r_p} - \frac{\exp(-jkr_p)}{r_p^2} \right\} \\
&\approx \cos(\hat{n}, \hat{r}_p)(-jk) \frac{\exp(-jkr_p)}{r_p}
\end{aligned} \quad (\text{A.58})$$

と近似できる．なお，$\hat{r}_p$ は $\overrightarrow{\mathrm{O'P}}$ の単位ベクトルであり，$\cos(,)$ は $\cos(\overrightarrow{x}, \overrightarrow{y}) = \overrightarrow{x} \cdot \overrightarrow{y}/|\overrightarrow{x}||\overrightarrow{y}|$ を表す演算子である．同様に，波源から開口までの距離 r_s は波長に対して十分に大きいとすれば "$k \gg 1/r_s$" が成り立つことから

$$\begin{aligned}
\frac{\partial E(\mathrm{O}')}{\partial \hat{n}} &= -\cos(\hat{n}, \hat{r}_s) \frac{\partial}{\partial r_s} E_0 \frac{\exp(-jkr_s)}{r_s} \\
&\approx -\cos(\hat{n}, \hat{r}_s) E_0 (-jk) \frac{\exp(-jkr_s)}{r_s}
\end{aligned} \quad (\text{A.59})$$

と近似できる．なお，$\hat{r}_s$ は $\overrightarrow{\mathrm{SO'}}$ の単位ベクトルである．したがって，式 (A.57)～(A.59) を式 (A.56) に代入すると，観測点 P における電界は

$$E(\mathrm{P}) \approx E_0 \frac{j}{\lambda} \iint_{\Delta S} Q \frac{e^{-jk(r_s+r_p)}}{r_s r_p} ds \quad (\text{A.60})$$

ただし

$$Q = \frac{\cos(\hat{n}, \hat{r}_p) + \cos(\hat{n}, \hat{r}_s)}{2} \tag{A.61}$$

と近似できる。式 (A.60) がフレネル–キルヒホッフ (Fresnel–Kirchhoff) の回折公式である。なお，Q は傾斜因子と呼ばれる[145]~[147]。

A.6.2 矩形開口からの回折

開口が図 **A.5** のように矩形で与えられている場合，式 (A.60) は

$$E(\mathrm{P}) = \frac{jE_0}{\lambda} \int_{-L/2}^{L/2} \int_{-W/2}^{W/2} Q \frac{e^{-jk(r_s+r_p)}}{r_s r_p} dx dy \tag{A.62}$$

と表せる。ここで，開口は x–y 平面にあり，その中心 O が座標の原点にあるとすると

$$\left. \begin{array}{l} r_s = \sqrt{d_s^2 - 2x_s x + x^2 - 2y_s y + y^2} \\ r_p = \sqrt{d_p^2 - 2x_p x + x^2 - 2y_p y + y^2} \end{array} \right\} \tag{A.63}$$

と表せ，さらにこれらは二項定理より

$$\left. \begin{array}{l} r_s = d_s - \dfrac{x_s x + y_s y}{d_s} + \dfrac{x^2 + y^2}{2d_s} + \cdots \\ r_p = d_p - \dfrac{x_p x + y_p y}{d_p} + \dfrac{x^2 + y^2}{2d_p} + \cdots \end{array} \right\} \tag{A.64}$$

と展開できる。この展開式を用いることで，式 (A.62) はさらに以下に示すような近似が可能となる。

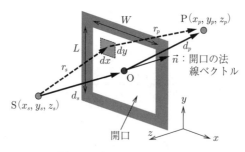

図 **A.5** 矩形開口からの回折

〔1〕 **フレネル近似** フレネル近似では，電界の振幅項と位相項に対してそれぞれ式 (A.64) の第 1 項までと第 3 項までで近似する。近似したものを，式 (A.62) に代入して多少の演算をすると

A.6 物理光学近似（スカラ形式の理論）

$$\begin{aligned}
E(\mathrm{P}) &= \frac{jE_0}{\lambda}\int_{-L/2}^{L/2}\int_{-W/2}^{W/2} Q\frac{e^{-jk(r_s+r_p)}}{r_s r_p}dxdy\\
&\approx \frac{jE_0}{\lambda}Q_0\int_{-L/2}^{L/2}\int_{-W/2}^{W/2} \frac{e^{-jk(r_s+r_p)}}{r_s r_p}dxdy\\
&\approx \frac{jE_0}{\lambda}Q_0\frac{e^{-jk(d_s+d_p)}}{d_s d_p}e^{j\frac{k}{2}K(A^2+B^2)}\\
&\quad\times \int_{-W/2}^{W/2} e^{-j\frac{k}{2}K(x-A)^2}dx \int_{-L/2}^{L/2} e^{-j\frac{k}{2}K(y-B)^2}dy\\
&= \frac{jE_0}{2K}Q_0\frac{e^{-jk(d_s+d_p)}}{d_s d_p}e^{j\frac{k}{2}K(A^2+B^2)}\int_{-S_2}^{S_1} e^{-j\frac{\pi}{2}t^2}dt \int_{-S_4}^{S_3} e^{-j\frac{\pi}{2}t^2}dt\\
&= \frac{jE_0}{2K}Q_0\frac{e^{-jk(d_s+d_p)}}{d_s d_p}e^{j\frac{k}{2}K(A^2+B^2)}\\
&\quad\times \{F(S_1)-F(-S_2)\}\{F(S_3)-F(-S_4)\}\\
&= \frac{jE_0}{2K}Q_0\frac{e^{-jk(d_s+d_p)}}{d_s d_p}e^{j\frac{k}{2}K(A^2+B^2)}\{F(S_1)+F(S_2)\}\{F(S_3)+F(S_4)\}
\end{aligned} \tag{A.65}$$

ただし

$$\left.\begin{aligned}
K &= \frac{d_s+d_p}{d_s d_p},\quad A = \frac{x_s d_p + x_p d_s}{d_s+d_p},\quad B = \frac{y_s d_p + y_p d_s}{d_s+d_p}\\
Q_0 &= \frac{\cos(\hat{n},\hat{d}_p)+\cos(\hat{n},\hat{d}_s)}{2}
\end{aligned}\right\} \tag{A.66}$$

であり

$$\left.\begin{aligned}
S_1 &= \sqrt{\frac{2K}{\lambda}}\left(\frac{W}{2}-A\right),\quad S_2 = \sqrt{\frac{2K}{\lambda}}\left(\frac{W}{2}+A\right)\\
S_3 &= \sqrt{\frac{2K}{\lambda}}\left(\frac{L}{2}-B\right),\quad S_4 = \sqrt{\frac{2K}{\lambda}}\left(\frac{L}{2}+B\right)\\
F(s) &= \int_0^s \exp\left(-j\frac{\pi}{2}t^2\right)dt\quad :\text{フレネル積分}
\end{aligned}\right\} \tag{A.67}$$

と表せる（フレネル積分の実用的な近似式は A.4 節参照）。なお，式 (A.64) を近似していることから，フレネル近似が成り立つ領域は

$$\min(d_s,d_p) \geq 0.62\sqrt{\frac{\max(W^3,L^3)}{\lambda}} \tag{A.68}$$

である（ただし，波源 S と開口中心 O，観測点 P が原点を通る同一の直線上にある場合）[148]。以下，特別な場合を例に，式 (A.65) の振舞いについて述べる。

いま，波源 S と開口中心 O，観測点 P は原点を通る同一の直線上にあるものと仮定し，波源 S の座標 $(x_s, y_s, z_s) = (0, 0, -d_s)$ と観測点 P の座標 $(x_p, y_p, z_p) = (0, 0, d_p)$ を式 (A.66) に代入すると，$A = B = 0$，$Q_0 = 1$ となる．したがって，式 (A.65) は

$$E(\mathrm{P}) \approx \frac{jE_0}{2K} \frac{e^{-jk(d_s+d_p)}}{d_s d_p} \{F(S_1) + F(S_2)\}\{F(S_3) + F(S_4)\}$$

$$= \frac{jE_0}{2} \frac{e^{-jk(d_s+d_p)}}{d_s + d_p} \{F(S_1) + F(S_2)\}\{F(S_3) + F(S_4)\} \tag{A.69}$$

ただし

$$S_1 = \sqrt{\frac{2K}{\lambda}} \frac{W}{2}, \quad S_2 = \sqrt{\frac{2K}{\lambda}} \frac{W}{2}, \quad S_3 = \sqrt{\frac{2K}{\lambda}} \frac{L}{2}, \quad S_4 = \sqrt{\frac{2K}{\lambda}} \frac{L}{2} \tag{A.70}$$

である．ここで，$W \to \infty$，$L \to \infty$ とすると，式 (A.67) のフレネル積分はすべて，$F(S_1) = F(S_2) = F(S_3) = F(S_4) = (1-j)/2$ となることから，式 (A.69) は

$$E(\mathrm{P}) \approx \frac{jE_0}{2} \frac{e^{-jk(d_s+d_p)}}{d_s + d_p} (1-j)(1-j)$$

$$= \frac{jE_0}{2} \frac{e^{-jk(d_s+d_p)}}{d_s + d_p} (-2j)$$

$$= E_0 \frac{e^{-jk(d_s+d_p)}}{d_s + d_p} \tag{A.71}$$

となり，これは式 (3.20) において送信アンテナの指向性を理想アンテナとする自由空間伝搬時の電界と一致する．

ところで，開口サイズが無限である式 (A.71) の電界を $E_F(\mathrm{P})$ とし，開口が有限（サイズ $W \times L$）である式 (A.69) の電界を $E_A(\mathrm{P})$ すると，その差分

$$E_S(\mathrm{P}) = E_F(\mathrm{P}) - E_A(\mathrm{P})$$

$$= E_0 \frac{e^{-jk(d_s+d_p)}}{d_s + d_p} - \frac{jE_0}{2} \frac{e^{-jk(d_s+d_p)}}{d_s + d_p} \{F(S_1)+F(S_2)\}\{F(S_3)+F(S_4)\}$$

$$= E_0 \frac{e^{-jk(d_s+d_p)}}{d_s + d_p} \left[1 - \frac{j}{2}\{F(S_1)+F(S_2)\}\{F(S_3)+F(S_4)\} \right] \tag{A.72}$$

は開口により観測点に到達できなかった電波の寄与分となる．これは換言すれば，サイズ $W \times L$ の平板により図 **A.6** に示すように送受信間が遮蔽された場合の電界といえる．

平板による遮蔽を表す式 (A.72) において，$W \to \infty$，$L \to \infty$（ただし，S_4 のみ）の場合を考えると，その電界は

A.6 物理光学近似（スカラ形式の理論）

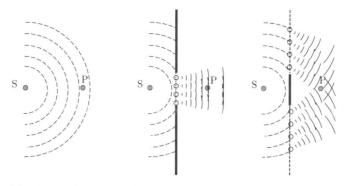

(a) 自由空間伝搬　　(b) 開口からの回折　　(c) 平板における回折

図 **A.6** 各種の電波伝搬

$$E_S(\mathrm{P}) = E_0 \frac{e^{-jk(d_s+d_p)}}{d_s+d_p}\left[1 - \frac{j}{2}\{F(\infty)+F(\infty)\}\{F(S_3)+F(\infty)\}\right]$$

$$= E_0 \frac{e^{-jk(d_s+d_p)}}{d_s+d_p}\left[1 - jF(\infty)\left\{\int_0^{S_3}\exp\left(-j\frac{\pi}{2}t^2\right)dt + F(\infty)\right\}\right]$$

$$= E_0 \frac{e^{-jk(d_s+d_p)}}{d_s+d_p}\left[1 - jF(\infty)\left\{2F(\infty) - \int_{S_3}^{\infty}\exp\left(-j\frac{\pi}{2}t^2\right)dt\right\}\right]$$

$$= E_0 \frac{e^{-jk(d_s+d_p)}}{d_s+d_p}\frac{1+j}{2}\int_{S_3}^{\infty}\exp\left(-j\frac{\pi}{2}t^2\right)dt \quad (\mathrm{A}.73)$$

で与えられる。ここで，新たに送受信間の見通し線からエッジまでの高さをパラメータ $h=L/2$ で表すこととすると，S_3 は

$$S_3 = h\sqrt{\frac{2}{\lambda}K} = h\sqrt{\frac{2}{\lambda}\frac{d_s+d_p}{d_sd_p}} \quad (\mathrm{A}.74)$$

で与えられる。式 (A.73) はよく知られたナイフエッジ回折を表す式であり，式 (A.74) はその回折パラメータとなっている[145]。

回折特性を計算するうえで重要な概念にフレネルゾーンがある。これは，図 **A.7**(a) のように波源と観測点の間にある断面を考え，波の通路長 (r_s+r_p) と見通し距離 (d_s+d_p) との差が $n\lambda/2$（ただし，n は正の整数）となる領域を表したものである。差が $n\lambda/2$ となるゾーンは第 n フレネルゾーンと呼ばれ，その半径（第 n フレネル半径）は

$$R_n = \sqrt{\frac{n\lambda d_sd_p}{d_s+d_p}} \quad (\mathrm{A}.75)$$

で与えられる。ここで，ゾーンの中心から半径 R 内の領域を通過する波による電界

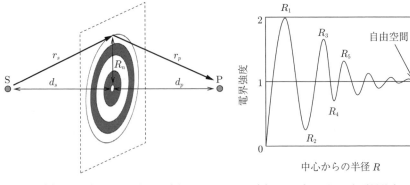

(a) フレネルゾーンとその半径　　　　(b) フレネルゾーンと電界強度

図 **A.7**　フレネルゾーン

は図 A.7(b) のように，第 n フレネルゾーンと第 $n-1$ フレネルゾーンが干渉しあうことにより，最終的に $R \to \infty$ で自由空間の値と一致することとなる．すなわち，エネルギーとしては第 1 フレネルゾーンに集中しているといえる．なお，式 (A.66) で与えられるパラメータ K と第 1 フレネル半径との関係を用いれば，式 (A.70) のパラメータは

$$S_1 = \frac{W}{\sqrt{2}\,R_1}, \quad S_2 = \frac{W}{\sqrt{2}\,R_1}, \quad S_3 = \frac{L}{\sqrt{2}\,R_1}, \quad S_4 = \frac{L}{\sqrt{2}\,R_1} \qquad (A.76)$$

と表せる．

〔**2**〕**フラウンホーファー近似**　　フラウンホーファー近似は遠方界近似とも呼ばれ，電界の振幅項と位相項に対してそれぞれ式 (A.64) の第 1 項までと第 2 項までで近似する．近似したものを，式 (A.62) に代入して多少の演算をすると

$$E(\mathrm{P}) = \frac{jE_0}{\lambda} Q_0 \frac{e^{-jk(d_s+d_p)}}{d_s d_p} LW \,\mathrm{sinc}\left(\frac{1}{2}kKBL\right) \mathrm{sinc}\left(\frac{1}{2}kKAW\right) \quad (A.77)$$

と表せる．なお，$\mathrm{sinc}(\cdot)$ は $\mathrm{sinc}(x) = \sin x/x$ で定義されるシンク関数であり，パラメータ Q_0, K, A, B は式 (A.66) と同じである．また，式 (A.64) を近似していることから，フラウンホーファー近似が成り立つ領域は

$$\min(d_s, d_p) \geq \frac{2\max(W^2, L^2)}{\lambda} \qquad (A.78)$$

である（ただし，波源 S と開口中心 O，観測点 P が原点を通る同一の直線上にある場合）[148]．ここで，等方性アンテナの実効面積を A_e，$|E_0|^2 = P_\mathrm{T} Z_0/4\pi$ とすると，式 (2.8) より式 (A.77) に対する受信電力は

$$P_r = \frac{|E(\mathrm{P})|^2}{Z_0}\frac{\lambda^2}{4\pi}$$
$$= \frac{|E_0|^2}{Z_0}\frac{1}{4\pi}\left\{Q_0\frac{1}{d_s d_p}LW\,\mathrm{sinc}\left(\frac{1}{2}kKBL\right)\mathrm{sinc}\left(\frac{1}{2}kKAW\right)\right\}^2$$
$$= \frac{P_\mathrm{T}}{4\pi d_s^2}\frac{A_e}{4\pi d_p^2}\frac{(LW)^2}{A_e}\left\{Q_0\,\mathrm{sinc}\left(\frac{1}{2}kKBL\right)\mathrm{sinc}\left(\frac{1}{2}kKAW\right)\right\}^2$$
$$= \frac{P_\mathrm{T}}{4\pi d_s^2}\frac{A_e}{4\pi d_p^2}\sigma_s \tag{A.79}$$

ただし

$$\sigma_s = \frac{(LW)^2}{A_e}\left\{Q_0\,\mathrm{sinc}\left(\frac{1}{2}kKBL\right)\mathrm{sinc}\left(\frac{1}{2}kKAW\right)\right\}^2 \tag{A.80}$$

と表せる．3.8.1 項で述べたように開口からの回折問題は同サイズの平板からの散乱問題と等価であることから（図 3.26），式 (A.80) は散乱断面積を，式 (A.79) はレーダ方程式を表している[149]†．

A.6.3 偏波の考慮

A.6.1, A.6.2 項はスカラ波動方程式を前提とする理論に基づくことから，得られる電界はすべてスカラとなっている．したがって，偏波を厳密に考慮するためには A.7 節に示すベクトル波動方程式を前提とする解析が必要である．ここでは，スカラで与えられる A.6.2 項の結果を用いて近似的に偏波を考慮する方法を以下に述べる．

矩形開口からの回折を与える式 (A.65) において

$$E(\mathrm{O}) = E_0\frac{e^{-jk(d_s)}}{d_s},\quad A = \frac{1}{d_p} \tag{A.81}$$

$$S_c = \frac{j}{2K}Q_0 e^{j\frac{k}{2}K(A^2+B^2)}\{F(S_1)+F(S_2)\}\{F(S_3)+F(S_4)\} \tag{A.82}$$

とすると，矩形開口からの散乱は

$$E(\mathrm{P}) = E(\mathrm{O})S_c A e^{-jkd_p} \tag{A.83}$$

で与えられる．これは 3.6 節で述べた反射，透過，回折を与える一般形の式 (3.93) をスカラで表したものと同じであり，$E(\mathrm{O})$ は開口への入射波の電界，A は散乱波の拡散係数，S_c は散乱係数とみなせる．したがって，式 (A.83) をベクトル量に拡張すれば，散乱波の電界は

---

† 文献149) では式 (A.80) の傾斜因子 Q_0 に相当するものとして，平板（散乱体）の入射方向に対する正射影（有効面積）を表す $Q_0 = \cos(\hat{n}, \hat{d}_s)$（ただし，座標の定義が異なることから本文献では表記が異なることに注意）を用いている．

$$\mathbf{E}(\mathrm{P}) = \mathbf{E}(\mathrm{O}) \cdot \overline{\mathbf{S}}_c A e^{-jkd_P} \tag{A.84}$$

と表せる。ただし，$\mathbf{E}(\mathrm{O})$ はベクトル量で表した入射電界であり，$\overline{\mathbf{S}}_c$ は入射波と散乱波の基底ベクトルをそれぞれ $(\hat{\theta}_s, \hat{\varphi}_s)$ と $(\hat{\theta}_p, \hat{\varphi}_p)$ として

$$\overline{\mathbf{S}}_c = \begin{bmatrix} \hat{\theta}_s & \hat{\varphi}_s \end{bmatrix} \begin{bmatrix} S_{\theta\theta} & S_{\theta\varphi} \\ S_{\varphi\theta} & S_{\varphi\varphi} \end{bmatrix} \begin{bmatrix} \hat{\theta}_p \\ \hat{\varphi}_p \end{bmatrix} \tag{A.85}$$

で表せるダイアド散乱係数である。ここで，波源と観測点を極座標で $\mathrm{S} = (d_s, \theta_s, \varphi_s)$，$\mathrm{P} = (d_p, \theta_p, \varphi_p)$ で表し，基底ベクトルを

$$\hat{\theta}_s = \hat{\varphi}_s \times \hat{d}_s, \quad \hat{\varphi}_s = \frac{\hat{d}_s \times \hat{z}}{|\hat{d}_s \times \hat{z}|} \tag{A.86}$$

$$\left. \begin{array}{l} \hat{\theta}_p = \cos\theta_p \cos\varphi_p \hat{x} + \cos\theta_p \sin\varphi_p \hat{y} - \sin\theta_p \hat{z} \\ \hat{\varphi}_p = -\sin\varphi_p \hat{x} + \cos\varphi_p \hat{y} \end{array} \right\} \tag{A.87}$$

と定義すれば，式 (A.82) のスカラ散乱係数 S_c を用いて

$$\begin{bmatrix} S_{\theta\theta} & S_{\theta\varphi} \\ S_{\varphi\theta} & S_{\varphi\varphi} \end{bmatrix} = S_c \begin{bmatrix} Q_2 & Q_1 \\ -Q_1 & Q_2 \end{bmatrix} \tag{A.88}$$

ただし

$$\left. \begin{array}{l} Q_1 = \sin(\varphi_s - \varphi_p)(1 + \cos(\pi - \theta_s)\cos\theta_p) \\ Q_2 = \cos(\varphi_s - \varphi_p)(\cos(\pi - \theta_s) + \cos\theta_p) \end{array} \right\} \tag{A.89}$$

で与えられる。なお，式 (A.88)，(A.89) の詳細は A.7.2 項参照。

以上が，偏波を考慮した場合の扱い方である。フラウンホーファー近似を前提とする場合には同様の議論より，式 (A.77) をもとにスカラ散乱係数を定義すればよい。

A.7　物理光学近似（ベクトル形式の理論）

スカラ波動方程式に関する式 (A.56) をベクトル波動方程式に拡張すると

$$\mathbf{E}(\mathrm{P}) = \iint_{\Delta S} \left(j\omega\mu_0 \overline{\mathbf{G}}(\vec{r}_p) \cdot \{\hat{n} \times \mathbf{H}(\mathrm{O}')\} + \nabla \times \overline{\mathbf{G}}(\vec{r}_p) \cdot \{\hat{n} \times \mathbf{E}(\mathrm{O}')\} \right) ds \tag{A.90}$$

で表される[44),57),150)]。ここで，$\mathbf{E}(\mathrm{O}')$ と $\mathbf{H}(\mathrm{O}')$ は入射波の電界と磁界である。また，$\overline{\mathbf{G}}$ はダイアディック・グリーン関数であり，3次元の場合

A.7 物理光学近似（ベクトル形式の理論）

$$\overline{\mathbf{G}}(\vec{r}_p) = \left(\overline{\mathbf{I}} + \frac{\nabla\nabla}{k^2}\right)\frac{e^{-jkr_p}}{4\pi r_p} \approx (\overline{\mathbf{I}} - \hat{r}_p\hat{r}_p)\frac{e^{-jkr_p}}{4\pi r_p} \tag{A.91}$$

で与えられる。なお，式 (A.91) は観測点 P が開口から遠方界とみなせる場合である。

いま，図 **A.8** に示すように，空間（媒質定数：n_0）から構造物（媒質定数：n_1）に電波が入射した際の散乱を考える。ただし，構造物は空間との境界面が有限 ΔS であり，厚さが無限とする。この場合の散乱波の電界は，式 (A.90) と式 (A.91) より

$$\begin{aligned}\mathbf{E}(\mathrm{P}_0) = \iint_{\Delta S} &\bigl(j\omega\mu_0\overline{\mathbf{G}}_0(\vec{r}_0) \cdot \{\hat{n} \times \mathbf{H}_0(\mathrm{O}')\} \\ &+ \nabla \times \overline{\mathbf{G}}_0(\vec{r}_0) \cdot \{\hat{n} \times \mathbf{E}_0(\mathrm{O}')\}\bigr)ds\end{aligned} \tag{A.92}$$

$$\begin{aligned}\mathbf{E}(\mathrm{P}_1) = -\iint_{\Delta S} &\bigl(j\omega\mu_0\overline{\mathbf{G}}_1(\vec{r}_1) \cdot \{\hat{n} \times \mathbf{H}_1(\mathrm{O}')\} \\ &+ \nabla \times \overline{\mathbf{G}}_1(\vec{r}_1) \cdot \{\hat{n} \times \mathbf{E}_1(\mathrm{O}')\}\bigr)ds\end{aligned} \tag{A.93}$$

ただし，$\overline{\mathbf{G}}_\alpha(\vec{r}_\alpha)$ ($\alpha = 0\ \mathrm{or}\ 1$) は

$$\overline{\mathbf{G}}_\alpha(\vec{r}_\alpha) = \left(\overline{\mathbf{I}} + \frac{\nabla\nabla}{k_\alpha^2}\right)\frac{e^{-jk_\alpha r_\alpha}}{4\pi r_\alpha} \approx (\overline{\mathbf{I}} - \hat{r}_\alpha\hat{r}_\alpha)\frac{e^{-jk_\alpha r_\alpha}}{4\pi r_\alpha} \tag{A.94a}$$

$$\nabla \times \overline{\mathbf{G}}_\alpha(\vec{r}_\alpha) \approx -jk_\alpha\hat{r}_\alpha \times \overline{\mathbf{G}}_\alpha(\vec{r}_\alpha) \tag{A.94b}$$

である。なお，k_α はそれぞれの媒質における波数である。ここで，構造物に入射する電界を $\mathbf{E}_i(\mathrm{O}') = E_i(\mathrm{O}')\hat{e}_i$（$\hat{e}_i$ は電界方向の単位ベクトル）とし，ここで扱う基底ベクトルを式 (3.33) と同様に

$$\hat{u}_\perp^i = \frac{\hat{r}_s \times \hat{n}}{|\hat{r}_s \times \hat{n}|}, \quad \hat{u}_\parallel^i = \hat{u}_\perp^i \times \hat{r}_s \tag{A.95}$$

とすると，O' における電磁界は

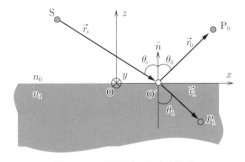

図 **A.8** 2 層媒質における散乱

$$\mathbf{E}_i(\mathrm{O}') = E_i(\mathrm{O}')\{(\hat{e}_i \cdot \hat{u}_\perp^i)\hat{u}_\perp^i + (\hat{e}_i \cdot \hat{u}_\parallel^i)\hat{u}_\parallel^i\}$$

$$= E_i(\mathrm{O}')\{(\hat{e}_i \cdot \hat{u}_\perp^i)\hat{u}_\perp^i + (\hat{e}_i \cdot \hat{u}_\parallel^i)\hat{u}_\perp^i \times \hat{r}_s\} \tag{A.96a}$$

$$\mathbf{H}_i(\mathrm{O}') = \frac{1}{Z_0}E_i(\mathrm{O}')\{-(\hat{e}_i \cdot \hat{u}_\perp^i)\hat{u}_\perp^i \times \hat{r}_s + (\hat{e}_i \cdot \hat{u}_\parallel^i)\hat{u}_\perp^i\} \tag{A.96b}$$

で表される．以上を用いて，構造物から空間への散乱（反射）と構造物内への散乱（透過）についてそれぞれ示す．

A.7.1 構造物から空間への散乱（反射）

図 A.8 の O′ における反射波の電磁界は，入射角 θ_i のスカラ反射係数（TE 入射：$R_\perp$，TM 入射：$R_\parallel$）を用いて

$$\mathbf{E}_r(\mathrm{O}') = E_i(\mathrm{O}')\{R_\perp(\hat{e}_i \cdot \hat{u}_\perp^i)\hat{u}_\perp^i + R_\parallel(\hat{e}_i \cdot \hat{u}_\parallel^i)\hat{u}_\perp^i \times \hat{r}_{spr}\} \tag{A.97a}$$

$$\mathbf{H}_r(\mathrm{O}') = \frac{1}{Z_0}E_i(\mathrm{O}')\{-R_\perp(\hat{e}_i \cdot \hat{u}_\perp^i)\hat{u}_\perp^i \times \hat{r}_{spr} + R_\parallel(\hat{e}_i \cdot \hat{u}_\parallel^i)\hat{u}_\perp^i\} \tag{A.97b}$$

で与えられる．ただし，$\hat{r}_{spr}$ は反射の方向を表す単位ベクトルである．ここで，式 (A.92) の $\mathbf{E}_0(\mathrm{O}')$ と $\mathbf{H}_0(\mathrm{O}')$ はそれぞれ境界面における電磁界であることから

$$\mathbf{E}_0(\mathrm{O}') = \mathbf{E}_i(\mathrm{O}') + \mathbf{E}_r(\mathrm{O}'), \quad \mathbf{H}_0(\mathrm{O}') = \mathbf{H}_i(\mathrm{O}') + \mathbf{H}_r(\mathrm{O}') \tag{A.98}$$

で与えられ，また，"$\mathbf{A} \times (\mathbf{B} \times \mathbf{C}) = (\mathbf{A} \cdot \mathbf{C})\mathbf{B} - (\mathbf{A} \cdot \mathbf{B})\mathbf{C}$" の公式および "$\hat{r}_{spr} = \hat{r}_s - 2\hat{n}(\hat{n} \cdot \hat{r}_s)$" の関係を用いると

$$\hat{n} \times \mathbf{E}_0(\mathrm{O}') = \hat{n} \times (\mathbf{E}_i(\mathrm{O}') + \mathbf{E}_r(\mathrm{O}'))$$

$$= E_i(\mathrm{O}')\{(1+R_\perp)(\hat{e}_i \cdot \hat{u}_\perp^i)\hat{n} \times \hat{u}_\perp^i$$

$$+ (1-R_\parallel)(\hat{e}_i \cdot \hat{u}_\parallel^i)(\hat{n} \cdot \hat{r}_s)\hat{u}_\perp^i\} \tag{A.99a}$$

$$\hat{n} \times \mathbf{H}_0(\mathrm{O}') = \hat{n} \times (\mathbf{H}_i(\mathrm{O}') + \mathbf{H}_r(\mathrm{O}'))$$

$$= \frac{1}{Z_0}E_i(\mathrm{O}')\{-(1-R_\perp)(\hat{e}_i \cdot \hat{u}_\perp^i)(\hat{n} \cdot \hat{r}_s)\hat{u}_\perp^i$$

$$+ (1+R_\parallel)(\hat{e}_i \cdot \hat{u}_\parallel^i)\hat{n} \times \hat{u}_\perp^i\} \tag{A.99b}$$

と表せる．したがって，これらを式 (A.92) に代入すると

$$\mathbf{E}(\mathrm{P}_0) = jk_0 \iint_{\Delta S} E_i(\mathrm{O}')\overline{\mathbf{G}}_0(\vec{r}_0) \cdot \mathbf{F}_r ds \tag{A.100}$$

ただし，

A.7 物理光学近似（ベクトル形式の理論）

$$\mathbf{F}_r = -(1-R_\perp)(\hat{e}_i \cdot \hat{u}_\perp^i)(\hat{n} \cdot \hat{r}_s)\hat{u}_\perp^i + (1+R_\parallel)(\hat{e}_i \cdot \hat{u}_\parallel^i)\hat{n} \times \hat{u}_\perp^i$$
$$+ (1+R_\perp)(\hat{e}_i \cdot \hat{u}_\perp^i)\hat{r}_0 \times (\hat{n} \times \hat{u}_\perp^i) + (1-R_\parallel)(\hat{e}_i \cdot \hat{u}_\parallel^i)(\hat{n} \cdot \hat{r}_s)\hat{r}_0 \times \hat{u}_\perp^i \quad \text{(A.101)}$$

となる。なお，真正面から波が入射かつ反射する "$\hat{r}_s = -\hat{r}_0 = -\hat{n}$" の場合，式 (A.101) は

$$\mathbf{F}_r = -2R_\perp(\hat{e}_i \cdot \hat{u}_\perp^i)\hat{u}_\perp^i + 2R_\parallel(\hat{e}_i \cdot \hat{u}_\parallel^i)\hat{u}_\parallel^i \quad \text{(A.102)}$$

となる。最終的に，O' への入射波のスカラ電界

$$E_i(\mathrm{O}') = E_0 \frac{\exp(-jk_0 r_s)}{r_s} \quad \text{(A.103)}$$

と式 (A.94a) のグリーン関数（ただし，$\alpha = 0$）を式 (A.100) に代入すると，散乱波の電界は

$$\mathbf{E}(\mathrm{P}_0) = E_0 \frac{j}{\lambda_0} \iint_{\Delta S} \frac{e^{-jk_0(r_s + r_0)}}{r_s r_0} \left(\bar{\mathbf{I}} - \hat{r}_0 \hat{r}_0\right) \cdot \frac{\mathbf{F}_r}{2} ds \quad \text{(A.104)}$$

と表せる。式 (A.104) は A.6 節のスカラ形式の理論で示した式 (A.60) に相当する。

〔**1**〕**遠方界近似**　波源から構造物までの距離と，構造物から観測点までの距離が比較的遠方にある場合には，A.6.2 項と同様の近似を適用することが可能である。

いま，図 **A.9** のように構造物の散乱面は x–y 平面（ただし，$\hat{n} = \hat{z}$）にあり，その中心 O が座標の原点にあるとする。ここで，電界の位相項以外においては $\mathbf{r}_s \approx \mathbf{d}_s$ かつ $\mathbf{r}_0 \approx \mathbf{d}_0$ で近似し，波源と観測点を極座標で $\mathrm{S} = (d_s, \theta_s, \varphi_s)$，$\mathrm{P}_0 = (d_0, \theta_0, \varphi_0)$ と表すと，式 (A.104) の偏波に関連する項は

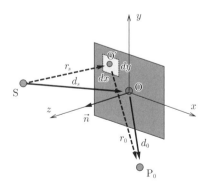

図 **A.9**　解析モデル

$$(\overline{\mathbf{I}} - \hat{d}_0\hat{d}_0) \cdot \frac{\mathrm{F}_r}{2} = (\hat{\theta}_0\hat{\theta}_0 + \hat{\varphi}_0\hat{\varphi}_0) \cdot \frac{\mathrm{F}_r}{2}$$

$$= \frac{\hat{\theta}_0}{2}\{(\hat{e}_i \cdot \hat{u}_\perp^i)(Q_1 + R_\perp Q_2) + (\hat{e}_i \cdot \hat{u}_\parallel^i)(Q_3 - R_\parallel Q_4)\}$$

$$+ \frac{\hat{\varphi}_0}{2}\{(\hat{e}_i \cdot \hat{u}_\perp^i)(Q_3 - R_\perp Q_4) + (\hat{e}_i \cdot \hat{u}_\parallel^i)(-Q_1 - R_\parallel Q_2)\}$$

(A.105)

ただし

$$\left.\begin{array}{l} Q_1 = \sin(\varphi_s - \varphi_0)(1 - \cos\theta_s \cos\theta_0) \\ Q_2 = \sin(\varphi_s - \varphi_0)(1 + \cos\theta_s \cos\theta_0) \\ Q_3 = \cos(\varphi_s - \varphi_0)(\cos\theta_s - \cos\theta_0) \\ Q_4 = \cos(\varphi_s - \varphi_0)(\cos\theta_s + \cos\theta_0) \end{array}\right\} \quad \text{(A.106a)}$$

$$\left.\begin{array}{l} \hat{d}_0 = \sin\theta_0 \cos\varphi_0 \hat{x} + \sin\theta_0 \sin\varphi_0 \hat{y} + \cos\theta_0 \hat{z} \\ \hat{\theta}_0 = \cos\theta_0 \cos\varphi_0 \hat{x} + \cos\theta_0 \sin\varphi_0 \hat{y} - \sin\theta_0 \hat{z} \\ \hat{\varphi}_0 = -\sin\varphi_0 \hat{x} + \cos\varphi_0 \hat{y} \end{array}\right\} \quad \text{(A.106b)}^\dagger$$

となる。したがって

$$\left.\begin{array}{l} I_0 = \iint\limits_{\Delta S} e^{-jk_0(r_s+r_0)}ds, \quad I_{TM} = \iint\limits_{\Delta S} R_\parallel e^{-jk_0(r_s+r_0)}ds \\ I_{TE} = \iint\limits_{\Delta S} R_\perp e^{-jk_0(r_s+r_0)}ds \end{array}\right\} \quad \text{(A.107)}$$

とすれば，式 (A.104) は

$$\mathbf{E}(\mathrm{P}_0)$$
$$= E_0 \frac{j}{2\lambda_0} \frac{1}{d_s d_0} \Big[\hat{\theta}_0\{(\hat{e}_i \cdot \hat{u}_\perp^i)(Q_1 I_0 + Q_2 I_{TE}) + (\hat{e}_i \cdot \hat{u}_\parallel^i)(Q_3 I_0 - Q_4 I_{TM})\}$$
$$+ \hat{\varphi}_0\{(\hat{e}_i \cdot \hat{u}_\perp^i)(Q_3 I_0 - Q_4 I_{TE}) + (\hat{e}_i \cdot \hat{u}_\parallel^i)(-Q_1 I_0 - Q_2 I_{TM})\}\Big]$$

(A.108)

と表せる。さらに，スカラ反射係数 ($R_\perp$, $R_\parallel$) の値も散乱面の中心 O での値で代表させれば，式 (A.104) は

---

† 極座標の単位ベクトルを直角座標の単位ベクトルで表した一般的な表現[144]。

$$
\begin{aligned}
\mathbf{E}(\mathrm{P}_0) &\\
= E_0 &\frac{j}{2\lambda_0}\frac{I_0}{d_s d_0} \Big[\hat{\theta}_0\big\{(\hat{e}_i\cdot\hat{u}_\perp^i)(Q_1+R_\perp Q_2)+(\hat{e}_i\cdot\hat{u}_\parallel^i)(Q_3-R_\parallel Q_4)\big\}\\
&+\hat{\varphi}_0\big\{(\hat{e}_i\cdot\hat{u}_\perp^i)(Q_3-R_\perp Q_4)+(\hat{e}_i\cdot\hat{u}_\parallel^i)(-Q_1-R_\parallel Q_2)\big\}\Big]
\end{aligned}
\tag{A.109}
$$

とより簡易になる．なお，式 (A.107) で与えられる I_0 には A.6.2 項で示したフレネル近似やフラウンホーファー近似をそのまま適用することができる．

ところで，散乱波の電界を式 (A.108), (A.109) のように表すということは，散乱波の経路を S → O → P_0 とトレースしていることと等価である．すなわち，幾何光学的なレイと同様の扱いができる．具体的には，入射波の電界は

$$
\mathbf{E}(\mathrm{O}) = E_0 \frac{e^{-jk_0 d_s}}{d_s}\hat{e}_i
$$

で与えられることから，$A = 1/d_0$ とすると，式 (A.108), (A.109) はともに

$$
\mathbf{E}(\mathrm{P}_0) = \mathbf{E}(\mathrm{O}) \cdot \overline{\mathbf{S}}_c A e^{-jk_0 d_0} \tag{A.110}
$$

ただし，$\overline{\mathbf{S}}_c$ はダイアド散乱係数であり，式 (A.108) の場合には

$$
\overline{\mathbf{S}}_c = \frac{j}{2\lambda_0} e^{jk_0(d_s+d_0)} \begin{bmatrix} \hat{u}_\perp^i & \hat{u}_\parallel^i \end{bmatrix} \begin{bmatrix} (Q_1 I_0 + Q_2 I_{TE}) & (Q_3 I_0 - Q_4 I_{TE}) \\ (Q_3 I_0 - Q_4 I_{TM}) & (-Q_1 I_0 - Q_2 I_{TM}) \end{bmatrix} \begin{bmatrix} \hat{\theta}_0 \\ \hat{\varphi}_0 \end{bmatrix}
\tag{A.111}
$$

式 (A.109) の場合には

$$
\overline{\mathbf{S}}_c = \frac{j}{2\lambda_0} I_0 e^{jk_0(d_s+d_0)} \begin{bmatrix} \hat{u}_\perp^i & \hat{u}_\parallel^i \end{bmatrix} \begin{bmatrix} (Q_1+R_\perp Q_2) & (Q_3-R_\perp Q_4) \\ (Q_3-R_\parallel Q_4) & (-Q_1-R_\parallel Q_2) \end{bmatrix} \begin{bmatrix} \hat{\theta}_0 \\ \hat{\varphi}_0 \end{bmatrix}
\tag{A.112}
$$

と表せる．式 (A.110) は式 (3.93) と同形であり，$\overline{\mathbf{S}}_c$ はダイアド反射係数 $\overline{\mathbf{R}}$，ダイアド透過係数 $\overline{\mathbf{T}}$，ダイアド回折係数 $\overline{\mathbf{D}}$ に相当する．

〔2〕 凹凸や材質が不均一な表面からの散乱（反射）　電波伝搬解析では建物壁面に代表される，凹凸や材質が不均一な表面からの散乱がしばしば問題となる．物理光学近似ではこのような場合にも対応が可能である．例えば，図 **A.10** のように建物壁面が C1 ~ C4 の部材に分類できる場合，この表面からの散乱波の電界は，式 (A.104) をベースとすれば

$$
\mathbf{E}(\mathrm{P}_0) = E_0 \frac{j}{\lambda_0} \sum_{i=1}^{4} \left(\iint_{\Delta Sc_i} \frac{e^{-jk_0(r_s+r_0)}}{r_s r_0} (\overline{\mathbf{I}} - \hat{r}_0\hat{r}_0) \cdot \frac{\mathrm{F}_r}{2} ds \right) \tag{A.113}
$$

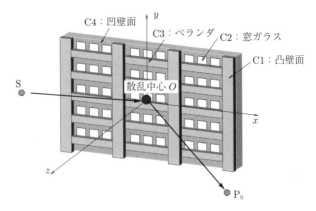

図 A.10 建物表面からの散乱

のように,積分を各部材のエリア ΔSc_i $(i=1,2,3,4)$ に対して実施することで求めることができる。これは,遠方界近似を適用した場合も同様であり,この場合には,式 (A.107) の積分を

$$I_0 = \sum_{i=1}^{4}\left(\iint_{\Delta Sc_i} e^{-jk_0(r_s+r_0)} ds\right), \quad I_{TM} = \sum_{i=1}^{4}\left(\iint_{\Delta Sc_i} R_{\parallel} e^{-jk_0(r_s+r_0)} ds\right)$$

$$I_{TE} = \sum_{i=1}^{4}\left(\iint_{\Delta Sc_i} R_{\perp} e^{-jk_0(r_s+r_0)} ds\right) \quad \text{(A.114)}$$

とすればよい。7.1 節〔2〕で紹介する文献130) では以上の方法により建物壁面からの散乱特性を解析している。ただし,文献130) で用いている解析手法は厳密には物理光学近似ではなく,境界面における電磁界として式 (A.98) の代わりに,"$\mathbf{E}_0(\mathrm{O}') = \mathbf{E}_r(\mathrm{O}')$ と $\mathbf{H}_0(\mathrm{O}') = \mathbf{H}_r(\mathrm{O}')$" を仮定するキルヒホッフ近似[44]であることに注意する。

A.7.2 構造物内への散乱(透過)

図 A.8 の O' における透過波の電磁界は,入射角 θ_i のスカラ透過係数(TE 入射:$T_{\perp}$,TM 入射:$T_{\parallel}$)を用いて

$$\mathbf{E}_t(\mathrm{O}') = E_i(\mathrm{O}')\{T_{\perp}(\hat{e}_i \cdot \hat{u}_{\perp}^i)\hat{u}_{\perp}^i + T_{\parallel}(\hat{e}_i \cdot \hat{u}_{\parallel}^i)\hat{u}_{\perp}^i \times \hat{r}_{spt}\} \quad \text{(A.115a)}$$

$$\mathbf{H}_t(\mathrm{O}') = \frac{1}{Z_1}E_i(\mathrm{O}')\{-T_{\perp}(\hat{e}_i \cdot \hat{u}_{\perp}^i)\hat{u}_{\perp}^i \times \hat{r}_{spt} + T_{\parallel}(\hat{e}_i \cdot \hat{u}_{\parallel}^i)\hat{u}_{\perp}^i\} \quad \text{(A.115b)}$$

で与えられる。ただし,$\hat{r}_{spt}$ はスネルの法則

$$k_1\hat{r}_{spt} \times \hat{n} = k_0\hat{r}_s \times \hat{n} \quad \text{or} \quad k_1\sin\theta_1 = k_0\sin\theta_s \quad \text{(A.116)}$$

を満たす，透過方向を表す単位ベクトルである．ここで，式 (A.93) の $\mathbf{E}_1(\mathrm{O}')$ と $\mathbf{H}_1(\mathrm{O}')$ はそれぞれ境界面（構造物の内側）における電磁界であることから

$$\mathbf{E}_1(\mathrm{O}') = \mathbf{E}_t(\mathrm{O}'), \quad \mathbf{H}_1(\mathrm{O}') = \mathbf{H}_t(\mathrm{O}') \tag{A.117}$$

で与えられ，また，"$\mathbf{A} \times (\mathbf{B} \times \mathbf{C}) = (\mathbf{A} \cdot \mathbf{C})\mathbf{B} - (\mathbf{A} \cdot \mathbf{B})\mathbf{C}$" の公式を用いると

$$\hat{n} \times \mathbf{E}_1(\mathrm{O}') = \hat{n} \times \mathbf{E}_t(\mathrm{O}')$$
$$= E_i(\mathrm{O}')\{T_\perp(\hat{e}_i \cdot \hat{u}_\perp^i)\hat{n} \times \hat{u}_\perp^i + T_\parallel(\hat{e}_i \cdot \hat{u}_\parallel^i)(\hat{n} \cdot \hat{r}_{spt})\hat{u}_\perp^i\} \tag{A.118a}$$

$$\hat{n} \times \mathbf{H}_1(\mathrm{O}') = \hat{n} \times \mathbf{H}_t(\mathrm{O}')$$
$$= \frac{1}{Z_1} E_i(\mathrm{O}')\{-T_\perp(\hat{e}_i \cdot \hat{u}_\perp^i)(\hat{n} \cdot \hat{r}_{spt})\hat{u}_\perp^i + T_\parallel(\hat{e}_i \cdot \hat{u}_\parallel^i)\hat{n} \times \hat{u}_\perp^i\} \tag{A.118b}$$

と表せる．したがって，これらを式 (A.93) に代入すると

$$\mathbf{E}(\mathrm{P}_1) = -jk_1 \iint_{\Delta S} E_i(\mathrm{O}')\overline{\mathbf{G}}_1(\vec{r}_1) \cdot \mathbf{F}_t ds \tag{A.119}$$

ただし

$$\mathbf{F}_t = -T_\perp(\hat{e}_i \cdot \hat{u}_\perp^i)(\hat{n} \cdot \hat{r}_{spt})\hat{u}_\perp^i + T_\parallel(\hat{e}_i \cdot \hat{u}_\parallel^i)\hat{n} \times \hat{u}_\perp^i$$
$$+ T_\perp(\hat{e}_i \cdot \hat{u}_\perp^i)\hat{r}_1 \times (\hat{n} \times \hat{u}_\perp^i) + T_\parallel(\hat{e}_i \cdot \hat{u}_\parallel^i)(\hat{n} \cdot \hat{r}_{spt})\hat{r}_1 \times \hat{u}_\perp^i \tag{A.120}$$

となる．なお，真正面から波が入射かつ透過する "$\hat{r}_s = \hat{r}_1 = \hat{r}_{spt} = -\hat{n}$" の場合，式 (A.120) は

$$\mathbf{F}_t = 2T_\perp(\hat{e}_i \cdot \hat{u}_\perp^i)\hat{u}_\perp^i + 2T_\parallel(\hat{e}_i \cdot \hat{u}_\parallel^i)\hat{u}_\parallel^i \tag{A.121}$$

と表せる．最終的に，式 (A.103) で与えられる O' への入射波のスカラ電界と式 (A.94a) のダイアディック・グリーン関数（ただし，$\alpha = 1$）を式 (A.119) に代入すると，散乱波の電界は

$$\mathbf{E}(\mathrm{P}_1) = -E_0 \frac{j}{\lambda_1} \iint_{\Delta S} \frac{e^{-j(k_0 r_s + k_1 r_1)}}{r_s r_1} (\overline{\mathbf{I}} - \hat{r}_1 \hat{r}_1) \cdot \frac{\mathbf{F}_t}{2} ds \tag{A.122}$$

と表せる．式 (A.122) は A.6.1 項のスカラ形式の理論で示した式 (A.60) に相当する．

■ **遠方界近似**： 波源から構造物までの距離と構造物から観測点までの距離が比較的遠方にある場合には A.6.2 項と同様の近似を適用することが可能である．

いま,図 **A.11** のように構造物の散乱面は x–y 平面(ただし,$\hat{n} = \hat{z}$)にあり,その中心 O が座標の原点にあるとする。ここで,電界の位相項以外においては $\mathbf{r}_s \approx \mathbf{d}_s$ かつ $\mathbf{r}_p \approx \mathbf{d}_p$ で近似し,波源と観測点を極座標で $\mathrm{S} = (d_s, \theta_s, \varphi_s)$,$\mathrm{P} = (d_p, \theta_p, \varphi_p)$[†1] で表すと,式 (A.122) の偏波に関連する項は

$$(\overline{\mathbf{I}} - \hat{d}_p \hat{d}_p) \cdot \frac{\mathbf{F}_t}{2} = (\hat{\theta}_p \hat{\theta}_p + \hat{\varphi}_p \hat{\varphi}_p) \cdot \frac{\mathbf{F}_t}{2}$$

$$= \frac{\hat{\theta}_p}{2} \{ T_\perp (\hat{e}_i \cdot \hat{u}_\perp^i) Q_1 - T_\| (\hat{e}_i \cdot \hat{u}_\|^i) Q_2 \}$$

$$+ \frac{\hat{\varphi}_p}{2} \{ -T_\perp (\hat{e}_i \cdot \hat{u}_\perp^i) Q_2 - T_\| (\hat{e}_i \cdot \hat{u}_\|^i) Q_1 \} \quad \text{(A.123)}$$

ただし

$$\left. \begin{array}{l} Q_1 = \sin(\varphi_s - \varphi_p)(1 + \cos \theta_{spt} \cos \theta_p) \\ Q_2 = \cos(\varphi_s - \varphi_p)(\cos \theta_{spt} + \cos \theta_p) \end{array} \right\} \quad \text{(A.124a)}$$

$$\left. \begin{array}{l} \hat{d}_p = \sin \theta_p \cos \varphi_p \hat{x} + \sin \theta_p \sin \varphi_p \hat{y} + \cos \theta_p \hat{z} \\ \hat{\theta}_p = \cos \theta_p \cos \varphi_p \hat{x} + \cos \theta_p \sin \varphi_p \hat{y} - \sin \theta_p \hat{z} \\ \hat{\varphi}_p = -\sin \varphi_p \hat{x} + \cos \varphi_p \hat{y} \end{array} \right\} \quad \text{(A.124b)}^{\dagger 2}$$

と表せる。ただし,θ_{spt} は "開口中心 O において式 (A.116) を満たす透過方向 $\hat{r}_{spt}$ ($\approx \hat{d}_{spt}$) と法線ベクトル $\hat{n}$ のなす角" であり,$\pi/2 \leq \theta_{spt} \leq \pi$ である。したがって

$$I_0 = \iint_{\Delta S} e^{-j(k_0 r_s + k_1 r_p)} ds, \quad I_{TM} = \iint_{\Delta S} T_\| e^{-j(k_0 r_s + k_1 r_p)} ds$$

$$I_{TE} = \iint_{\Delta S} T_\perp e^{-j(k_0 r_s + k_1 r_p)} ds \quad \text{(A.125)}$$

とすれば,式 (A.122) は

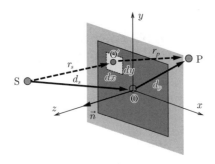

図 **A.11** 解析モデル

[†1] 図 A.8 の透過角度 θ_1 を用いると,$\theta_p = \pi - \theta_1$ の関係にある。
[†2] 極座標の単位ベクトルを直角座標の単位ベクトルで表した一般的な表現[144]。

$$\mathbf{E}(\mathrm{P}) = E_0 \frac{j}{2\lambda_1} \frac{1}{d_s d_p} \Big[\hat{\theta}_p \{ -(\hat{e}_i \cdot \hat{u}_\perp^i) Q_1 I_{TE} + (\hat{e}_i \cdot \hat{u}_\parallel^i) Q_2 I_{TM} \}$$
$$+ \hat{\varphi}_p \{ (\hat{e}_i \cdot \hat{u}_\perp^i) Q_2 I_{TE} + (\hat{e}_i \cdot \hat{u}_\parallel^i) Q_1 I_{TM} \} \Big] \quad (\mathrm{A}.126)$$

で与えられる。さらに，スカラ透過係数 ($T_\perp, T_\parallel$) の値も散乱面の中心 O での値で代表させれば，式 (A.122) は

$$\mathbf{E}(\mathrm{P}) = E_0 \frac{j}{2\lambda_1} \frac{I_0}{d_s d_p} \Big[\hat{\theta}_p \{ -(\hat{e}_i \cdot \hat{u}_\perp^i) T_\perp Q_1 + (\hat{e}_i \cdot \hat{u}_\parallel^i) T_\parallel Q_2 \}$$
$$+ \hat{\varphi}_p \{ (\hat{e}_i \cdot \hat{u}_\perp^i) T_\perp Q_2 + (\hat{e}_i \cdot \hat{u}_\parallel^i) T_\parallel Q_1 \} \Big] \quad (\mathrm{A}.127)$$

とより簡易になる。

ところで，電波伝搬解析における式 (A.122), (A.126), (A.127) の適用例としては，A.6 節と同じく"開口を経由して到来する電波の伝搬解析"が挙げられる。開口の媒質を空気と仮定する場合には "$T_\perp = T_\parallel = 1$" の透過係数を，ガラス窓を仮定する場合には式 (3.61) で与えられる 3 層媒質（空気 → ガラス → 空気）の透過係数を式 (A.120) に代入して得られる F_t を用いればよい。なお，その際には "$\hat{d}_{spt} = \hat{d}_s$ および $\theta_{spt} = \pi - \theta_s$" と考える。また，波源と観測点が同一の媒質に存在することから "$\lambda_1 = \lambda_0$ および $k_1 = k_0$" である。例えば，開口の媒質を空気と仮定した場合の式 (A.127) は

$$\mathbf{E}(\mathrm{P}) = E_0 \frac{j}{2\lambda_0} \frac{1}{d_s d_p} \Big[\hat{\theta}_p \{ -(\hat{e}_i \cdot \hat{u}_\perp^i) Q_1 + (\hat{e}_i \cdot \hat{u}_\parallel^i) Q_2 \}$$
$$+ \hat{\varphi}_p \{ (\hat{e}_i \cdot \hat{u}_\perp^i) Q_2 + (\hat{e}_i \cdot \hat{u}_\parallel^i) Q_1 \} \Big] \iint_{\Delta S} e^{-jk_0(r_s + r_p)} ds$$
$$= E_0 \frac{j}{2\lambda_0} \frac{e^{-jk_0(d_s + d_p)}}{d_s d_p} \Big[\hat{\theta}_p \{ -(\hat{e}_i \cdot \hat{u}_\perp^i) Q_1 + (\hat{e}_i \cdot \hat{u}_\parallel^i) Q_2 \}$$
$$+ \hat{\varphi}_p \{ (\hat{e}_i \cdot \hat{u}_\perp^i) Q_2 + (\hat{e}_i \cdot \hat{u}_\parallel^i) Q_1 \} \Big]$$
$$\times \iint_{\Delta S} e^{-jk_0(r_s + r_p - d_s - d_p)} ds \quad (\mathrm{A}.128)$$

となる。ここで，入射電界は

$$\mathbf{E}(\mathrm{O}) = E_0 \frac{e^{-jk_0 d_s}}{d_s} \hat{e}_i$$

であり，$A = 1/d_p$ とすると，式 (A.128) は

$$\mathbf{E}(\mathrm{P}) = \mathbf{E}(\mathrm{O}) \cdot \overline{\mathbf{S}}_c A e^{-jk_0(d_p)} \quad (\mathrm{A}.129)$$

ただし

$$\overline{S}_c = S_c \begin{bmatrix} \hat{u}^i_\perp & \hat{u}^i_\parallel \end{bmatrix} \begin{bmatrix} -Q_1 & Q_2 \\ Q_2 & Q_1 \end{bmatrix} \begin{bmatrix} \hat{\theta}_p \\ \hat{\varphi}_p \end{bmatrix} \quad \text{(A.130)}$$

$$S_c = \frac{j}{2\lambda_0} \iint_{\Delta S} e^{-jk_0(r_s + r_p - d_s - d_p)} ds \quad \text{(A.131)}$$

と表せる.ここで,$\overline{S}_c$ はダイアド散乱係数であり,S_c はスカラ散乱係数である.これらは,それぞれ A.6.3 項の式 (A.85) と式 (A.82) と同一である.

以上がベクトル形式の物理光学近似である.より詳しく内容を把握したい場合,電磁界理論としては文献144) が,散乱理論としては文献150) が詳しい.

A.8 ER モデル

文献59), 132), 133) で提案された ER モデルは不規則粗面を前提とする散乱解析モデルであり,図 3.27 で示した鏡面反射成分と拡散反射成分で構成される.また,不規則粗面を前提とすることから,必要となるパラメータには統計的もしくは経験的(または実験的)な値が使用される特徴を持つ.言い換えれば,このようなパラメータの値がわかれば,建物壁面の材料(レンガやコンクリートなど)に依存するミクロな凹凸からの散乱や樹木からの散乱も考慮することができる[134].以下,ER モデルについて詳細に述べる.

A.8.1 鏡面反射成分

粗面からの反射波は拡散反射成分が生じることから,鏡面反射成分の電力は滑らかな面を仮定した反射波の電力より小さくなる.すなわち,粗面における鏡面反射方向の反射係数 R_s は 3.3 節で述べたフレネルの反射係数 R よりも小さくなり,一般に

$$R_s = \rho R \quad (\text{ただし},\ 0 \leq \rho \leq 1) \quad \text{(A.132)}$$

で与える.ここで,ρ は Roughness attenuation factor と呼ばれる修正係数であり,特に粗面の凹凸の高さがガウス分布に従う場合(Gaussian random rough surface)の係数

$$\begin{aligned}\rho &= \exp\left\{-\frac{1}{2}\left(\frac{4\pi\sigma_h \cos\theta_{in}}{\lambda}\right)^2\right\} \\ &= \exp\left\{-\frac{1}{2}\left(4\pi\frac{g}{\alpha_R}\right)^2\right\}\end{aligned} \quad \text{(A.133)}$$

がよく用いられる[61])。ただし，式 (A.133) において σ_h と θ_{in} はそれぞれ図 3.28 に示す凹凸の高さ h の標準偏差と面への入射角であり，g は 3.8.2 項[1]の式 (3.111) で定義した粗面基準，α_R は g の導出に用いた定数（レイリー基準，フラウンホーファー基準もしくはそれ以外の基準を与える定数）である。図 **A.12** は式 (A.133) を計算したものである。このように，表面の凹凸の粗さが増す（g が大）にしたがい ρ の値が小さくなる。よって，式 (A.132) で与えられる反射係数 R_s が小さくなる。なお，文献151) では式 (A.133) の精度を実験的に検証している。また，文献52) では式 (3.77) の回折係数の計算に含まれる反射係数（詳しくは式 (3.87) の要素であるスカラ反射係数の計算）として式 (A.132) の適用を提案している。

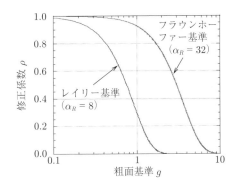

図 **A.12** 表面の粗さと修正係数の関係

A.8.2 拡散反射成分

ER モデルでは拡散反射成分はどの方向にも一様に反射する"ランバート反射[†]"を仮定する。また，拡散反射成分の電界は，基本的に散乱面を複数のエレメント（sureface element）に分割し，各エレメントに対して求める。

いま，図 **A.13** に示すようにエレメント（サイズ dS）の中心 Q_S を原点に座標軸を設定し，波源 S と観測点 P の位置をそれぞれ $(r_i, \theta_i, \varphi_i)$ と $(r_s, \theta_s, \varphi_s)$ とする。図において $\Delta\Omega$ は波源からエレメントを見込む立体角であり，入射波の電界を $E_i(Q_S)$ とすると，エレメントへの入射電力 P_i は

$$P_i = \frac{|E_i(Q_S)|^2}{Z_0} \Delta\Omega r_i^2 \tag{A.134}$$

[†] ランバート反射によるモデルはコンピュータ・グラフィックの分野で乱反射を表現するのに一般的に用いられる。電波伝搬分野においては，これまでにも山岳反射波の強度推定に用いられてきた[152),153)]。

と表せる．また，拡散反射に伴う反射係数（以下では散乱係数と呼ぶ）を S とすると，拡散反射成分の全電力 P_s は

$$P_s = S^2 \frac{|E_i(Q_S)|^2}{Z_0} \Delta\Omega r_i^2 \tag{A.135}$$

で表せる．一方，拡散反射波の電界を E_s とすると，拡散反射成分の全電力 P_s は

$$P_s = \int_0^{2\pi}\int_0^{\pi/2} \frac{|E_s|^2}{Z_0} r_s^2 \sin\theta_s d\theta_s d\varphi \tag{A.136}$$

と表せる．ここで，ランバート反射を仮定すると電界強度 $|E_s|$ は，ランバートの余弦則により

$$|E_s| = |E_{s0}|\sqrt{\cos\theta_s} \tag{A.137}$$

と表せることから，式 (A.137) を式 (A.136) に代入することで

$$P_s = \int_0^{2\pi}\int_0^{\pi/2} \frac{|E_{s0}|^2}{Z_0} r_s^2 \cos\theta_s \sin\theta_s d\theta_s d\varphi = \frac{|E_{s0}|^2}{Z_0}\pi r_s^2 \tag{A.138}$$

が得られる．したがって，式 (A.135) と式 (A.138) をイコールで関係づけると

$$|E_{s0}| = S|E_i(Q_S)|\sqrt{\frac{\Delta\Omega}{\pi}}\frac{r_i}{r_s} \tag{A.139}$$

の関係が得られる．立体角 $\Delta\Omega = dS\cos\theta_i/r_i^2$ で与えられることから，観測点の電界強度は式 (A.139) を式 (A.137) に代入して

$$|E_s| = S\sqrt{\frac{dS\cos\theta_i\cos\theta_s}{\pi}}\frac{|E_i(Q_S)|}{r_s} \tag{A.140}$$

と表せる．最後に，拡散反射成分がインコヒーレントな波であることからランダム位相 ζ（ただし，$0 \leq \zeta < 2\pi$）の項を設け，さらにエレメントから観測点までの位相回転量を考慮することにより，電界 E_s は

$$E_s = Se^{j\zeta}\sqrt{\frac{dS\cos\theta_i\cos\theta_s}{\pi}}\frac{E_i(Q_S)}{r_s}e^{-jkr_s} \tag{A.141}$$

で与えられることとなる[134]。式 (A.141) が拡散反射成分の電界の基本式である。

式 (A.141) を用いて計算するには散乱係数 S の値が必要である。ただし，その値の決定には A.8.1 項で述べた ρ (roughness attenuation factor) とのバランスを考慮する必要がある。いま，散乱全体の電力の収支を考えると

$$P_i = P_s + P_r + P_t \tag{A.142}$$

である必要がある。式 (A.142) において，P_i と P_s はそれぞれ式 (A.134) で与えられる入射電力と式 (A.135) で与えられる拡散反射成分の電力である。また，P_r と P_t はそれぞれ鏡面反射成分の電力と構造物へ透過する成分の電力であり，図 A.13 のモデルを用いれば

$$P_r = |R_s|^2 \frac{|E_i(\mathrm{Q_S})|^2}{Z_0} \Delta\Omega r_i^2 = \rho^2 |R|^2 \frac{|E_i(\mathrm{Q_S})|^2}{Z_0} \Delta\Omega r_i^2 \tag{A.143}$$

$$P_t = |T|^2 \frac{|E_i(\mathrm{Q_S})|^2}{Z_0} \Delta\Omega r_i^2 \tag{A.144}$$

と表せる。ただし，$R_s\,(=\rho R)$ は式 (A.132) で与えられる反射係数，T は透過係数である。したがって，式 (A.134), (A.135), (A.143), (A.144) を式 (A.142) に代入することにより

$$1 = S^2 + \rho^2 |R|^2 + |T|^2 \tag{A.145}$$

の関係式を得る。一方，表面が滑らかである場合には $S = 0$, $\rho = 1$ であり，その場合の透過係数は粗面の場合と同等と仮定すれば

$$1 = |R|^2 + |T|^2 \tag{A.146}$$

の関係式を得る。式 (A.145) と式 (A.146) より，最終的に，散乱係数は

$$S = \sqrt{1-\rho^2}\,|R| \tag{A.147}$$

と表せる。したがって，ρ と $|R|$ をそれぞれ式 (A.133) とフレネルの反射係数の理論式から求めるか，もしくは実験より $|R|$ （滑らかな面の反射係数）と $\rho|R|$ （実際の粗面としての反射係数）を求めれば，式 (A.147) より散乱係数を得ることができる。文献132) では，文献151) の石灰岩の壁を対象とした測定結果である "$|R| = 0.5$, $\rho|R| = 0.3$ (ただし，$\sigma_h = 2.5\,\mathrm{cm}$)" をもとに，"$\rho = 0.6$, $S = 0.4$" となることを報告している。なお，これらの値をもとに文献59), 134) では市街地の電波伝搬解析を実施している。

A.8.3 偏波の考慮

鏡面反射成分についてはフレネルの反射係数の基底ベクトルを用いて偏波を考慮す

ればよい。一方,拡散反射成分については二つの異なる方法が提案されている。最も簡単な方法は,拡散反射成分がインコヒーレントな波であることを考慮して,エレメントごとに偏波方向をランダムに設定するものである[59]。他方は,文献134)が提案するものであり,拡散反射成分を入射波に対する同一偏波成分と交差偏波成分に分けて定義する方法である。以下,文献134)の方法について具体的に説明する。

拡散反射成分について,入射波の電界をベクトル量として $\mathbf{E}_i(\mathrm{Q_S})$ とすれば,式 (A.141) は

$$\mathbf{E}_s = \mathbf{E}_i(\mathrm{Q_S}) \cdot \overline{\mathbf{S}}_c A e^{-jkr_s} \tag{A.148}$$

と拡張できる。ただし,A は $A = 1/r_s$ で与えられる拡散係数であり,$\overline{\mathbf{S}}_c$ は入射波と拡散反射波の基底ベクトルをそれぞれ $(\hat{\theta}_i, \hat{\varphi}_i)$ と $(\hat{\theta}_s, \hat{\varphi}_s)$ として

$$\overline{\mathbf{S}}_c = S_c \begin{bmatrix} \hat{\theta}_i & \hat{\varphi}_i \end{bmatrix} \begin{bmatrix} S_{\theta\theta} & S_{\theta\varphi} \\ S_{\varphi\theta} & S_{\varphi\varphi} \end{bmatrix} \begin{bmatrix} \hat{\theta}_s \\ \hat{\varphi}_s \end{bmatrix} \tag{A.149}$$

ただし

$$S_c = e^{j\zeta} \sqrt{\frac{dS \cos\theta_i \cos\theta_s}{\pi}} \tag{A.150}$$

で与えられるダイアド散乱係数である。ここで,式 (A.149) の $\begin{bmatrix} S_{\theta\theta} & S_{\theta\varphi} \\ S_{\varphi\theta} & S_{\varphi\varphi} \end{bmatrix}$ は散乱係数の行列であり,$S_{\theta\theta}$ と $S_{\varphi\varphi}$ は同一偏波成分の散乱係数を,$S_{\theta\varphi}$ と $S_{\varphi\theta}$ は交差偏波成分の散乱係数を表す。これらの値は散乱する物体ごとに定義するものであり,文献134) では

① 建物の表面:$\rho = 0.6$, $S_{\theta\theta} = S_{\varphi\varphi} = 0.4$, $S_{\theta\varphi} = S_{\varphi\theta} = 0.4/\sqrt{10} \approx 0.126$
② 樹　木:$\rho = 0$, $S_{\theta\theta} = S_{\varphi\varphi} = 0.16$, $S_{\theta\varphi} = S_{\varphi\theta} = 0.8$

が実際的であると報告している。

A.9　材料の媒質定数

さまざまな材料の媒質定数については ITU–R (International Telecommunication Union Radiocommunications Sector:国際電気通信連合無線通信部門)の勧告[154]にて報告されている。ここでは,勧告[154] の Table 4 に記されている内容を記載する。なお,これ以外については文献155)や理科年表などを参照されたい。

表 A.3 において,比誘電率 ε_r と導電率 σ 〔S/m〕は,周波数 f 〔GHz〕を用いて

表 A.3 材料の媒質定数

材料	比誘電率 ε_r		導電率 σ		周波数の範囲 〔GHz〕
	a	b	c	d	
コンクリート	5.31	0	0.032 6	0.809 5	1〜100
れんが	3.75	0	0.038	0	1〜10
石膏板	2.94	0	0.011 6	0.707 6	1〜100
木材	1.99	0	0.004 7	1.071 8	0.001〜100
ガラス	6.27	0	0.004 3	1.192 5	0.1〜100
天井材	1.50	0	0.000 5	1.163 4	1〜100
合板	2.58	0	0.021 7	0.780 0	1〜100
床材	3.66	0	0.004 4	1.351 5	50〜100
金属	1	0	10^7	0	1〜100
乾いた大地	3	0	0.000 15	2.52	1〜10
比較的乾いた大地	15	-0.1	0.035	1.63	1〜10
湿った大地	30	-0.4	0.15	1.30	1〜10

$$\varepsilon_r = af^b \tag{A.151}$$
$$\sigma = cf^d \tag{A.152}$$

で与えられる。なお，これら材料の比透磁率は $\mu_r = 1$ である。また，自由空間（真空中）において，誘電率：$\varepsilon_0 = 8.854 \times 10^{-12} \approx 1/36\pi \times 10^{-9}\,\mathrm{F/m}$，透磁率：$\mu_0 = 4\pi \times 10^{-7} = 1.257 \times 10^{-6}\,\mathrm{H/m}$ であることから，材料の誘電率と透磁率はそれぞれ $\varepsilon_r\varepsilon_0$ と $\mu_r\mu_0$ より求めればよい。

A.10 不均一媒質中のレイの伝搬

A.10.1 幾何光学近似における基本的な解

媒質の空間的な変化が波長に比べて緩やかである場合には幾何光学近似を適用可能である。いま，局所的に媒質は一様であり，電磁界が

$$\mathbf{E}(\mathbf{r}) \approx e^{-jk_0\psi(\mathbf{r})}\mathbf{E}_0(\mathbf{r}) \tag{A.153a}$$
$$\mathbf{H}(\mathbf{r}) \approx e^{-jk_0\psi(\mathbf{r})}\mathbf{H}_0(\mathbf{r}) \tag{A.153b}$$

で与えられると仮定する（式 (3.1), (3.2) における $m=0$ の項に相当）。ここで，k_0 は真空における波数であり，$\mathbf{E}_0(\mathbf{r})$ と $\mathbf{H}_0(\mathbf{r})$ は空間的に緩やかに変化する関数である。これらをマクスウェルの方程式

に代入すると

$$\nabla \times \mathbf{H}(\mathbf{r}) = j\omega\varepsilon(\mathbf{r})\mathbf{E}(\mathbf{r}) \\ \nabla \times \mathbf{E}(\mathbf{r}) = -j\omega\varepsilon(\mathbf{r})\mathbf{H}(\mathbf{r})\} \quad (A.154)$$

に代入すると

$$\nabla \times \mathbf{H}_0(\mathbf{r}) - jk_0\nabla\psi(\mathbf{r}) \times \mathbf{H}_0(\mathbf{r}) = j\omega\varepsilon(\mathbf{r})\mathbf{E}_0(\mathbf{r}) \quad (A.155a)$$

$$\nabla \times \mathbf{E}_0(\mathbf{r}) - jk_0\nabla\psi(\mathbf{r}) \times \mathbf{E}_0(\mathbf{r}) = -j\omega\mu(\mathbf{r})\mathbf{H}_0(\mathbf{r}) \quad (A.155b)$$

となる。ここで，1波長当りの電磁界の振幅変化が小さいと仮定すると，$\nabla \times \mathbf{E}_0(\mathbf{r})/k_0$，$\nabla \times \mathbf{H}_0(\mathbf{r})/k_0$ の項を無視できる。また，$\varepsilon(\mathbf{r}) = \varepsilon_0\varepsilon_r(\mathbf{r})$，$\mu(\mathbf{r}) = \mu_0\mu_r(\mathbf{r})$ と表せることから，式 (A.155a)，(A.155b) は

$$\nabla\psi(\mathbf{r}) \times \mathbf{H}_0(\mathbf{r}) = -\frac{\omega}{k_0}\varepsilon(\mathbf{r})\mathbf{E}_0(\mathbf{r}) = -\sqrt{\frac{\varepsilon_0}{\mu_0}}\varepsilon_r(\mathbf{r})\mathbf{E}_0(\mathbf{r}) \quad (A.156a)$$

$$\nabla\psi(\mathbf{r}) \times \mathbf{E}_0(\mathbf{r}) = \frac{\omega}{k_0}\mu(\mathbf{r})\mathbf{H}_0(\mathbf{r}) = \sqrt{\frac{\mu_0}{\varepsilon_0}}\mu_r(\mathbf{r})\mathbf{H}_0(\mathbf{r}) \quad (A.156b)$$

となる。式 (A.156a)，(A.156b) から $\mathbf{H}_0(\mathbf{r})$ を消去すると

$$(\nabla\psi(\mathbf{r}) \cdot \nabla\psi(\mathbf{r}))\mathbf{E}_0(\mathbf{r}) = \varepsilon_r(\mathbf{r})\mu_r(\mathbf{r})\mathbf{E}_0(\mathbf{r}) = n(\mathbf{r})^2\mathbf{E}_0(\mathbf{r}) \quad (A.157)$$

となることから

$$|\nabla\psi(\mathbf{r})|^2 = n(\mathbf{r})^2 \quad (A.158)$$

を得る。ただし，$n(\mathbf{r})$ は $\sqrt{\varepsilon_r(\mathbf{r})\mu_r(\mathbf{r})}$ で与えられる屈折率である。式 (A.158) が不均一媒質中におけるアイコナール方程式である。なお，真空中においては $n(\mathbf{r}) = 1$ であり，式 (3.5) と同一となる。また，ポインティングベクトルの時間平均は，式 (A.156a)，(A.156b) および $\nabla\psi(\mathbf{r})$ と $\mathbf{E}_0(\mathbf{r})$ の直交性を用いて

$$\begin{aligned}\langle\mathbf{S}\rangle &= \mathrm{Re}\left\{\frac{1}{2}\mathbf{E}(\mathbf{r}) \times \mathbf{H}(\mathbf{r})^*\right\} = \mathrm{Re}\left\{\frac{1}{2}\mathbf{E}_0(\mathbf{r}) \times \mathbf{H}_0(\mathbf{r})^*\right\} \\ &= \mathrm{Re}\left\{\frac{1}{2\mu_r(\mathbf{r})}\sqrt{\frac{\varepsilon_0}{\mu_0}}\mathbf{E}_0(\mathbf{r}) \times (\nabla\psi(\mathbf{r}) \times \mathbf{E}_0(\mathbf{r})^*)\right\} \\ &= \mathrm{Re}\left\{\frac{1}{2\mu_r(\mathbf{r})}\sqrt{\frac{\varepsilon_0}{\mu_0}}[(\mathbf{E}_0(\mathbf{r}) \cdot \mathbf{E}_0(\mathbf{r})^*)\nabla\psi(\mathbf{r}) - (\mathbf{E}_0(\mathbf{r}) \cdot \nabla\psi(\mathbf{r}))\mathbf{E}_0(\mathbf{r})^*]\right\} \\ &= \frac{1}{2\mu_r(\mathbf{r})}\sqrt{\frac{\varepsilon_0}{\mu_0}}|\mathbf{E}_0(\mathbf{r})|^2\nabla\psi(\mathbf{r}) \quad (A.159)\end{aligned}$$

と表せる。式 (A.159) はエネルギーの流れがレイの方向 $\nabla\psi(\mathbf{r})$ と一致することを表している。

レイの単位方向ベクトル $\hat{s}$ は式 (A.158) より

A.10 不均一媒質中のレイの伝搬

$$\hat{s} = \frac{\nabla \psi(\mathbf{r})}{|\nabla \psi(\mathbf{r})|} = \frac{\nabla \psi(\mathbf{r})}{n(\mathbf{r})} \tag{A.160}$$

で表せる。一方、レイが図 **A.14** のように $\mathbf{r}(s)$ の位置から $\mathbf{r}(s+\Delta s)$ の位置まで Δs だけ進んだとすると、これらは $\Delta s \hat{s} = \mathbf{r}(s+\Delta s) - \mathbf{r}(s) = \Delta \mathbf{r}$ の関係にあることから

$$\hat{s} = \frac{d\mathbf{r}}{ds} \tag{A.161}$$

と表せる。したがって、式 (A.160), (A.161) より

$$n(\mathbf{r}) \frac{d\mathbf{r}}{ds} = \nabla \psi(\mathbf{r}) \tag{A.162}$$

の関係を得る。ここで、式 (A.162) の両辺を s で微分し、式 (A.158) を用いると

$$\begin{aligned}
\frac{d}{ds}\left(n(\mathbf{r})\frac{d\mathbf{r}}{ds}\right) &= \frac{d}{ds}\nabla \psi(\mathbf{r}) \\
&= \frac{d\mathbf{r}}{ds} \cdot \nabla(\nabla \psi(\mathbf{r})) \\
&= \frac{1}{n(\mathbf{r})}\nabla \psi(\mathbf{r}) \cdot \nabla(\nabla \psi(\mathbf{r})) \\
&= \frac{1}{2n(\mathbf{r})}\nabla(\nabla \psi(\mathbf{r}))^2 \\
&= \frac{1}{2n(\mathbf{r})}\nabla n(\mathbf{r})^2
\end{aligned} \tag{A.163}$$

となり、最終的に

$$\frac{d}{ds}\left(n(\mathbf{r})\frac{d\mathbf{r}}{ds}\right) = \nabla n(\mathbf{r}) \tag{A.164}$$

が得られる。この式の右辺は屈折率の変化量を表し、左辺はレイの経路が屈曲する量を表している。式 (A.164) は光線方程式と呼ばれ、この微分方程式を解くことでレイを求めることができる。

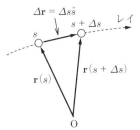

図 **A.14** レイの単位方向ベクトル

いま，特別な場合として，媒質が均一であるする。この場合は"$n(\mathbf{r}) = $ 一定"であることから $\nabla n(\mathbf{r}) = 0$ であり，式 (A.164) は

$$\frac{d}{ds}\left(n(\mathbf{r})\frac{d\mathbf{r}}{ds}\right) = \frac{d^2\mathbf{r}}{ds^2} = 0 \tag{A.165}$$

である。しがたって，その解は

$$\mathbf{r} = s\mathbf{a} + \mathbf{b} \tag{A.166}$$

ただし，$\mathbf{a}$ と $\mathbf{b}$ は初期条件で決まるベクトルである。式 (A.166) は，レイが位置 $\mathbf{b}$ を通り，方向 $\mathbf{a}$ に向かって直進することを表している。

以上が不均一媒質を前提とした場合の幾何光学近似の基本解である。より詳細は文献98), 155)~158) を参照されたい。

A.10.2 屈折率が不均一である大気中のレイトレーシング

電波伝搬解析において不均一媒質を前提とするレイトレーシングが適用される代表的なものに，対流圏の影響が支配的となる対流圏伝搬モードの伝搬路解析がある[23]。なお，対流圏の影響としては大気による吸収・屈折・散乱および降雨による吸収・散乱があげられるが，レイトレーシングの解析対象となるのは大気による屈折の影響である。

大気の屈折率は気圧・湿度・気温により変化する。ここで対流圏内の気圧と湿度は基本的に海抜高 h [m] とともに減少することから，大気屈折率も減少する。なお，屈折率が高さとともに減少する大気を標準大気といい，標準大気内の伝搬は標準伝搬と呼ばれる。標準大気における屈折率は近似的に

$$n(h) = 1 + N_0 \times 10^{-6} \times \exp\left(-\frac{h}{h_0}\right) \tag{A.167}^\dagger$$

で与えられる[23]。式 (A.167) において，N_0 [NU] は海面まで補外された大気屈折指数であり，h_0 [km] はスケールハイトである。世界的な平均としては $N_0 = 315\,\mathrm{NU}$, $h_0 = 7.35\,\mathrm{km}$ が用いられる。なお，地表面近く 1 km 以下では高さに対する屈折率の変化を直線で近似することができる。

大気の屈折率の変化は波長に比べて緩やかであると考えられることから，A.10.1 項で述べたように幾何光学近似が成り立つ。したがって，標準伝搬における伝搬路は式 (A.167) を式 (A.164) に代入することで求めることができる。ただし，大気屈折率が

---
† 大気は比透磁率 $\mu_r = 1$ であることから，式 (A.167) は $\sqrt{\varepsilon_r(h)}$ の高さ分布を意味する。

式 (A.167) のように高さのみの関数である場合にはスネルの法則を用いることでより簡易に求められる．

いま，大気が図 **A.15** に示す平面層状媒質であると仮定する．各境界面ではスネルの法則が適用できることから

$$n_0 \sin \theta_0 = n_1 \sin \theta_1 = \cdots = n_i \sin \theta_i = \cdots \tag{A.168}$$

の関係が得られる．各層の厚さを無限に薄くすれば屈折率 $n(h)$ の点における入射角を $\theta(h)$ とすると，伝搬路は

$$n_0 \sin \theta_0 = n(h) \sin \theta(h) \tag{A.169}$$

より与えられる．標準大気の場合には $n_0 > n(h) > n(h + \Delta h)$（ただし $\Delta h > 0$）である．したがって，入射角 $\theta(h)$ は h の増加とともに大きくなり，ある高さ h_T に達すると $\theta(h_T) = \pi/2$ となる．すなわち，高さ h_T でレイ（または電波）は全反射し，対象な経路を戻ることとなる（経路全体としては放物線のような形状）†．

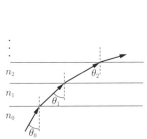
図 **A.15** 平面層状媒質中の伝搬路

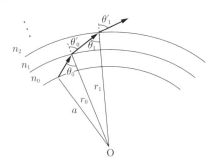
図 **A.16** 球面層状媒質中の伝搬路

つぎに，より現実的に，大気が図 **A.16** に示す球面層状媒質である場合を考える．同様にスネルの法則より

$$n_0 \sin \theta_0 = n_1 \sin \theta_0', \quad n_1 \sin \theta_1 = n_2 \sin \theta_1', \quad \cdots \tag{A.170}$$

---

† ここでの議論は 3.4 節 "3 層媒質における透過" を多層媒質へ拡張したものであり，多層媒質に入射したレイは透過レイと反射レイに分離することから A.10.1 項の議論（レイは方向のみが変化し，分離しない）と矛盾するように思われる．しかし，大気のように屈折率の変化が波長に比べて緩やかである場合には式 (3.49) の比複素屈折率は $n_{ij} = n(h + \Delta h)/n(h) \approx 1$ となり，式 (3.62), (3.63) で与えられる透過係数は $T_{ij}^{(\perp, \parallel)} \approx 1$ ($R_{ij}^{(\perp, \parallel)} \approx 0$ ともいえる) となる．すなわち，レイは方向のみ変化し，透過による損失は生じない．すなわち，多層モデルによる議論と A.10.1 項の議論は矛盾しない．

となる。一方，正弦定理より

$$\frac{r_0}{\sin\theta_1} = \frac{r_1}{\sin\theta_0'}, \quad \frac{r_1}{\sin\theta_2} = \frac{r_2}{\sin\theta_1'}, \quad \cdots \tag{A.171}$$

であることから，式 (A.170) と式 (A.171) より

$$n_0 r_0 \sin\theta_0 = n_1 r_1 \sin\theta_1 = \cdots = n_i r_i \sin\theta_i = \cdots \tag{A.172}$$

が得られる。したがって，地球の半径を a $(\approx r_0)$，地表の屈折率を n_0，地表からの高さを h とし，各層の厚さを無限に薄くすれば，式 (A.172) は

$$n_0 a \sin\theta_0 = n(h)(a+h)\sin\theta(h) \tag{A.173}$$

となり，さらに

$$n_0 \sin\theta_0 = n(h)\left(1+\frac{h}{a}\right)\sin\theta(h) \tag{A.174}$$

と表せる。ここで，$n(h) \approx 1$ かつ $h \ll a$ であることから，$n(h)h/a \approx h/a$ とみなすことができる。したがって，式 (A.174) は

$$n_0 \sin\theta_0 \approx m(h)\sin\theta(h) \tag{A.175a}$$

$$m(h) = n(h) + \frac{h}{a} \tag{A.175b}$$

となる。式 (A.175a) は屈折率が $m(h)$ であると考えれば，前述の平面層状媒質中の伝搬路を与える式 (A.169) と等しい。これは，球面層状媒質中の伝搬路を求める問題は平面層状媒質中の伝搬路を求める問題に帰着することを意味する。なお，$m(h)$ は修正屈折率と呼ばれる。

以上が大気屈折率を不均一とした場合のレイトレーシングである。本方法はラジオダクトのような非標準伝搬（または異常伝搬）の解析にも用いることができる。より詳細は文献23), 97), 98), 159) を参照されたい。

引用・参考文献

1) 奥村幸彦, 中村武宏, "将来無線アクセス・モバイル光ネットワーク―その 1―," 信学技報, RCS 2013-231, pp. 55-60 (2013)
2) 奥村幸彦, 中村武宏, "将来無線アクセス・モバイル光ネットワーク―その 2―," 信学技報, RCS 2013-232, pp. 61-66 (2013)
3) 今井哲朗, トランゴクハオ, 斎藤健太郎, 北尾光司郎, 奥村幸彦, "将来無線アクセス・モバイル光ネットワークにおける電波伝搬技術―6 GHz を超える高周波数帯の開拓に向けて―," 信学技報, AP2013-174, pp. 45-50 (2014)
4) NTT DOCOMO, INC., "DOCOMO 5G White Paper, 5G Radio Access: Requirements, Concept and Technologies" (2014)
https://www.nttdocomo.co.jp/corporate/technology/ (2016 年 6 月現在)
5) Workshop in conjunction with IEEE Globecom'15, White paper on 5G Channel Model for bands up to100 GHz (2015)
http://www.5gworkshops.com/5GCM.html (2016 年 6 月現在)
6) M. Hata, "Empirical Formula for Propagation Loss in Land Mobile Radio Services," IEEE Trans. VT, vol. 29, no. 3, pp. 317-325 (1980)
7) ITU-R, Report ITU-R M.2135-1, Guidelines for evaluation of radio interface technologies for IMT-Advanced (2009)
8) 3GPP TR 36.873 (V1.2.0), Study on 3D channel model for LTE (2013)
9) B. Mondal, T. Thomas, E. Visotsky, F. Vook, A. Ghosh, Y. Nam, Y. Li, J. Zhang, M. Zhang, Q. Luo, Y. Kakishima and K. Kitao, "3D Channel Model in 3GPP," IEEE Commun. Magazine, vol. 53, no. 3, pp. 16-23 (2015)
10) L. Liu, C. Oestges, J. Poutanen, K. Haneda, P. Vainikainen, F. Quitin, F. Tufvesson and P. Doncker, "The COST 2100 MIMO Channel Model," IEEE Wireless Communications, vol. 19, no. 6, pp. 92-99 (2012)
11) J. Walfisch and H. L. Bertoni, "Theoretical Model of UHF Propagation in Urban Environments," IEEE Trans. AP, vol. AP-36, no. 12, pp. 1788-1796 (1988)
12) F. Ikegami, S. Yoshida, T. Takeuchi and M. Umehira, "Propagation Factors Controlling Mean Field Strength on Urban Streets," IEEE Trans. AP,

vol. AP-32, no. 8, pp. 822-829 (1984)
13) 今井哲朗, "レイトレーシング法による移動伝搬シミュレーション," 信学論 (B), vol. J92-B, no. 9, pp. 1333-1347 (2009)
14) 大宮　学, 長谷川公嗣, 中津悠斗, 武野紘和, 米澤　聡, 前田祐史, "屋内伝搬特性推定のための大規模 FDTD 解析," 2012 年信学ソ大, BP-1-4 (2012)
15) 宇野　亨：FDTD 法による電磁界およびアンテナ解析, コロナ社 (1998)
16) 奥村善久, 大森英二, 河野十三彦, 福田倚治, "陸上移動無線における伝ぱん特性の実験的研究," 日本電信電話公社 研究実用化報告, vol. 16, no. 9, pp. 1705-1764 (1967)
17) 今井哲朗, 北尾光司郎, "市街地マクロセル環境における移動伝搬特性の総括," 信学技報, AP 2012-55, pp. 143-148 (2012)
18) 唐沢好男：改訂 ディジタル移動通信の電波伝搬基礎, コロナ社 (2016)
19) 岩井誠人：移動通信における電波伝搬──無線通信シミュレーションのための基礎知識, コロナ社 (2012)
20) W. C. Jakes：Microwave Mobile Communications, IEEE Press (1994)
21) 奥井重彦：電子通信工学のための特殊関数とその応用 POD 版, 森北出版 (2008)
22) A. Abdi, C. Tepedelenlioglu, M. Kaveh and G. Giannakis, "On the Estimation of the K Parameter for the Rice Fading Distribution," IEEE Commun. Lett., vol. 5, no. 3, pp. 92-94 (2001)
23) 細矢良雄 監修：電波伝搬ハンドブック, リアライズ社 (1999)
24) ゴールドスミス 著, 小林岳彦 監訳：ワイヤレス通信工学, 丸善 (2007)
25) J. Salo, L. Vuokko, H. El-Sallabi and P. Vainikainen, "Shadow Fading Revisited," IEEE VTC2006-Spring, pp. 2843-2847 (2006)
26) 今井哲朗, "ウェーブレット変換に基づくシャドウイング生成モデルの提案," 信学技報, AP 2011-200, pp. 7-12 (2012)
27) W. M. Smith and D. C. Cox, "Repeatability of Large-scale Signal Variations in Urban Environments," IEEE VTC2003-Fall (2003)
28) K. Kitao and S. Ichitsubo, "Path Loss Prediction Formula in Urban Area for the Fourth-generation Mobile Communication Systems," IEICE Trans. Commun., vol. E91-B, no. 6, pp. 1999-2009 (2008)
29) 今井哲朗, "ウェーブレット解析に基づく伝搬損推定モデルの精度評価法," 信学論 (B), vol. J95-B, no. 10, pp. 1335-1343 (2012)
30) 今井哲朗, 北尾光司郎, "市街地における移動局側到来波分布特性," 信学技報, AP2007-135, pp. 75-80 (2008)
31) T. Imai and T. Taga, "Statistical Scattering Model in Urban Propagation Environment," IEEE Trans. VT, vol. 55, no. 4, pp. 1081-1093 (2006)

32) K. Kitao and T. Imai, "Analysis of Incoming Wave Distribution in Vertical Plane in Urban Area and Evaluation of Base Station Antenna Effective Gain," IEICE Trans. Commun., vol. E92-B, no. 6, pp. 2175-2181 (2009)
33) B. Fleury, "First- and Second-order Characterization of Direction Dispersion and Space Selectivity in the Radio Channel," IEEE Trans. Information Theory, vol. 46, no. 6, pp. 2027-2044 (2000)
34) 3GPP TR25.996 V7.0.0, Spatial channel model for Multiple Input Multiple Output (MIMO) simulations (2007)
35) METIS, Deliverable D1.4, METIS Channel Models (2015) https://www.metis2020.com/documents/deliverables（2016 年 6 月現在）
36) 多賀登喜雄，"陸上移動通信環境におけるアンテナダイバーシチ相関特性の解析，"信学論 (B-II), vol. J72-B-II, no. 12, pp. 883-895 (1990)
37) シワソンディワット クリアンサック，ランドマン マーカス，高田潤一，中谷勇太，井田一郎，大石泰之，"見通し外マクロセル環境における双方向偏波伝搬チャネル測定，"信学技報，AP2008-118, pp. 7-12 (2005)
38) 藪下　信：特殊関数とその応用 POD 版，森北出版 (2005)
39) T. Imai and Y. Okano, "Spatial Correlation Characteristics to be observed in Spatial Channel Emulator for MIMO-OTA Testing," APMC2010 Workshop, WS1D-2, pp. 143-152 (2010)
40) 今井哲朗，岡野由樹，北尾光司郎，齋藤健太郎，三浦俊二，"到来波分布のフーリエ・スペクトルとベッセル関数の基本性質に基づく空間相関特性の理論解析，" 信学技報，AP 2009-202, pp. 107-112 (2010)
41) T. Imai and K. Kitao, "Polarization Dispersion Characteristics of Propagation Paths in Urban Mobile Communication Environment," IEICE Trans. Commun., vol. E96-B, no. 10, pp. 2380-2388 (2013)
42) 今井哲朗，"偏波プロファイルを用いた偏波ダイバーシチ相関特性の定式化，" 信学技報，AP 2011-119, pp. 1-5 (2011)
43) D. A. McNamara, C. W. I. Pistorius and J. A. G. Malherbe：Introduction to the Uniform Geometrical Theory of Diffraction, Artech House (1990)
44) 白井　宏，幾何光学的回折理論，コロナ社 (2015)
45) 田中博紀，永田善紀，守山栄松，美齊津宏幸，"2 GHz 帯低層ビル街マイクロセル電波伝搬特性，"信学技報，RCS 92-61, pp. 45-51 (1992)
46) J. B. Keller, "Geometrical Theory of Diffraction," J. Opt. Soc. Amer., vol. 52, no. 2, pp. 116-130 (1962)
47) 安藤　真，"GTD（幾何光学的回折理論）とその応用 (III)，" 信学誌，vol. 70, no. 8, pp. 839-845 (1987)

48) 山下榮吉 監修：電磁波問題の基礎解析法，電子情報通信学会 (1987)
49) C. A. Balanis：Advanced Engineering Electromagnetics, 2nd ed., John Wiley & Sons, Inc. (2012)
50) R. Luebbers, "Finite Conductivity Uniform GTD Versus Knife Edge Diffraction in Prediction of Propagation Path Loss," IEEE Trans. AP, vol. AP-32, no. 1, pp. 70-76 (1984)
51) R. Kouyoumjian and P. Pathak, "A Uniform Geometrical Theory of Diffraction for an Edge in a Perfectly Conducting Surface," Proc. IEEE, vol. 62, no. 11, pp. 1448-1461 (1974)
52) R. Luebbers, "A Heuristic UTD Slope Diffraction Coefficient for Rough Lossy Wedges," IEEE Trans. AP, vol. AP-37, no. 2, pp. 206-211 (1989)
53) J. Vandamme, S. Baranowski and P. Degauque, "Three Dimensional Modeling of Double Diffraction Phenomena by a High Building," IEEE VTC1996, vol. 2, pp. 1283-1287 (1996)
54) W. D. Burnside and K. W. Burgener, "High Frequency Scattering by a Thin Lossless Dielectric Slab," IEEE Trans. AP, vol. AP-31, no. 1, pp. 104-110 (1983)
55) P. Holm, "A New Heuristic UTD Diffraction Coefficient for Nonperfectly Conducting Wedges," IEEE Trans. AP, vol. 48, no. 8, pp. 1211-1219 (2000)
56) B. E. A. Saleh, M. C. Teich 著，尾崎義治，朝倉利光 訳：基本光工学 1，森北出版 (2006)
57) 安藤 真, "高周波近似を用いた電磁界解析法 入門コース," 電子情報通信学会 アンテナ・伝播における設計・解析手法ワークショップ（第8回）アンテナ・伝播研究専門委員会 (1997)
58) 吉敷由起子, 高田潤一, "マイクロセル伝搬シミュレーションにおける幾何光学近似の適用範囲と複素散乱断面積の導入," 信学論 (B), vol. J92-B, no. 2, pp. 438-445 (2009)
59) V. Degli-Esposti, D. Guiducci, A. de' Marsi, P. Azzi and F. Fuschini, "An Advanced Field Prediction Model Including Diffuse Scattering," IEEE Trans. AP, vol. 52, no. 7, pp. 1717-1728 (2004)
60) G. Durgin, "The Practical Behavior of Various Edge-diffraction Formulas," IEEE AP Magazine, vol. 51, no. 3, pp. 24-35 (2009)
61) P. Beckmann and A. Spizzichino：The Scattering of Electromagnetic Waves from Rough Surfaces, Artech House, Inc. (1987)
62) L. Minghini, R. D'Errico, V. Esposti and E. Vitucci, "Electromagnetic Simulation and Measurement of Diffuse Scattering from Building Walls,"

EuCAP2014 (2014)
63) D. Didascalou, M. Döttling, N. Geng and W. Wiesbeck, "An Approach to Include Stochastic Rough Surface Scattering into Deterministic Ray-optical Wave Propagation Modeling," IEEE Trans. AP, vol. 51, no. 7, pp. 1508-1515 (2003)
64) 日下美穂, 塩田茂雄, "屋内電波伝搬特性推定におけるレイトレーシング法の高速化," 2012信学ソ大, B-1-25 (2012)
65) 日下美穂, 塩田茂雄, "屋内電波伝搬特性解析におけるレイトレーシング法の高速化," 信学論 (B), vol. J98-B, no. 7, pp. 654-663 (2015)
66) S. Seidel and T. Rappaport, "Site-specific Propagation Prediction for Wireless in-building Personal Communication System Design," IEEE Trans. VT, vol. 43, no. 4, pp. 879-891 (1994)
67) G. Durgin, N. Patwari and T. Rappaport, "An Advanced 3D Ray Launching Method for Wireless Propagation Prediction," IEEE VTC1997 (1997)
68) T. Sarkar, Z. Ji, K. Kim, A. Medouri and M. Salazar-Palma, "A Survey of Various Propagation Models for Mobile Communication," IEEE AP Magazine, vol. 45, no. 3, pp. 51-82 (2003)
69) G. Liang and H. L. Bertoni, "A New Approach to 3-D Ray Tracing for Propagation Prediction in Cities," IEEE Trans. AP, vol. 46, no. 6, pp. 853-863 (1998)
70) 今井哲朗, 藤井輝也, "レイトレースを用いた屋内エリア推定システムの高速アルゴリズム," 信学論 (B), vol. J83-B, no. 8, pp. 1167-1177 (2000)
71) S. H. Chen and S. K. Jeng, "SBR Image Approach for Radio Wave Propagation in Tunnels with and without Traffic," IEEE Trans. VT, vol. 45, no. 3, pp. 570-578 (1996)
72) T. Kurner, D. J. Cichon and W. Wiesbeck, "Concepts and Results for 3D Digital Terrain-based Wave Propagation Models: An Overview," IEEE J. Selec. Areas Commun., vol. 11, no. 7, pp. 1002-1012 (1993)
73) 今井哲朗, "電波伝搬推定のための遺伝的アルゴリズムを用いたレイトレーシング処理の高速化法," 信学論 (B), vol. J89-B, no. 4, pp. 560-575 (2006)
74) F. Agelet, A. Formella, J. Rábanos, F. Vicente and F. Fontán, "Efficient Ray-tracing Acceleration Techniques for Radio Propagation Modeling," IEEE Trans. VT, vol. 49, no. 6, pp. 2089-2104 (2000)
75) 高橋 賢, 石田和人, 吉浦 裕, "イメージ法を用いた電波伝搬シミュレーションの高速化," 信学技報, RCS 94-125, pp. 49-54 (1994)
76) R. Torres, L. Valle, M. Domingo and S. Loredo, "An Efficient Ray-tracing

Method for Radiopropagation based on the Modified BSP Algorithm," IEEE VTC 1999-Fall, vol. 4, pp. 1967-1971 (1999)

77) R. Torres, L. Valle, M. Domingo and S. Loredo, "An Efficient Ray-tracing Method for Enclosed Spaces based on Image and BSP Algorithm," IEEE APS1999, vol. 1, pp. 416-419 (1999)

78) Ó. Fernández, L. Valle, M. Domingo and R. Torres, "Flexible Rays," IEEE VT mag., vol. 3, no. 1, pp. 18-27 (2008)

79) 千葉則茂，村岡一信：CによるCGレイトレーシング，サイエンス社 (1992)

80) Z. Yun, M. Iskander and Z. Zhang, "Fast Ray Tracing Procedure using Space Division with Uniform Rectangular Grid," Electron. Lett., 17th, vol. 36, no. 10, pp. 895-897 (2000)

81) Z. Zhang, Z. Yun and M. Iskander, "Ray Tracing Method for Propagation Models in Wireless Communication Systems," Electron. Lett., 2nd, vol. 36, no. 5, pp. 464-465 (2000)

82) Z. Yun, Z. Zhang and M. Iskander, "A Ray-tracing Method based on the Triangular Grid Approach and Application to Propagation Prediction in Urban Environments," IEEE Trans. AP, vol. 50, no. 5, pp. 750-758 (2002)

83) 水野淳平，今井哲朗，"World Wide Webによる電波伝搬推定用レイトレーシングシステム，" 信学技報，AP 2007-136, pp. 81-86 (2008)

84) J. Mizuno, T. Imai and K. Kitao, "Ray-tracing System for Predicting Propagation Characteristics on World Wide Web," EuCAP2009 (2009)

85) 高橋　賢，平　和昌，山田吉英，"ランダム位相合成レイトレース法を用いたビット誤り率の評価，" 信学技報，AP 97-75, pp. 31-38 (1997)

86) S. Takahashi and Y. Yamada, "Propagation-loss Prediction using Ray Tracing with a Random-phase Technique," IEICE Trans. Fundamentals, vol. E81-A, no. 7, pp. 1445-1451 (1998)

87) 後藤尚久，中川正雄，伊藤精彦 編：アンテナ・無線ハンドブック，オーム社 (2006)

88) F. Rusek, D. Persson, B. Lau, E. Larsson, T. Marzetta, O. Edfors and F. Tufvesson, "Scaling up MIMO —— Opportunities and Challenges with Very Large Arrays," IEEE SP magazine, pp. 40-60 (2013)

89) W. Yamada, N. Kita, T. Sugiyama and T. Nojima, "Plane-wave and Vector-rotation Approximation Technique for Reducing Computational Complexity to Simulate MIMO Propagation Channel using Ray-tracing," IEICE Trans. Commun., vol. E92-B, no. 12, pp. 3850-3860 (2009)

90) A. G. Emslie, R. L. Lagace and P. F. Strong, "Theory of the Propagation of UHF Radio Waves in Coal Mine Tunnels," IEEE Trans. AP, vol. AP-23,

no. 2, pp. 192-205 (1975)
91) 山口芳雄, 阿部武雄, 関口利男, "トンネル内の基本モードの伝搬特性," 信学論 (B), vol. J65-B, no. 4, pp. 471-476 (1982)
92) 山口芳雄, 阿部武雄, 関口利男, "任意断面をもつトンネル内電波減衰定数の近似式について," 信学論 (B), vol. J67-B, no. 3, pp. 352-353 (1984)
93) 内田一徳, 松永利明, 金 基采, 韓 卿求, "FVTD 法による基本的な分岐をもつ 2 次元トンネル内電波伝搬の解析," 信学論 (C-I), vol. J79-C-I, no. 7, pp. 210-216 (1996)
94) 韓 卿求, 安元清俊, 内田一徳, 松永利明, "FVTD 法による任意の折れ曲り角をもつ 2 次元トンネル内の電波伝搬の解析," 信学論 (B-II), vol. J81-B-II, no. 8, pp. 781-788 (1998)
95) 内田一徳, 李 昌権, 松永利明, 今井哲朗, 藤井輝也, "トンネル内電磁界分布推定のためのレイ・トレース法について," 信学論 (B), vol. J82-B, no. 5, pp. 1030-1037 (1999)
96) 今井哲朗, "レイトレース法を用いたトンネル内伝搬特性の推定," 信学論 (B), vol. J85-B, no. 2, pp. 216-226 (2002)
97) 上崎省吾: 電波工学 (現代電気電子情報工学講座 13), サイエンスハウス (1989)
98) 安達三郎: 電磁波工学 (電子情報通信学会大学シリーズ F-8), コロナ社 (1983)
99) 今井哲朗, 犬飼裕一郎, 藤井輝也, "レイトレースを用いた屋内エリア推定システム," 信学論 (B), vol. J83-B, no. 11, pp. 1565-1576 (2000)
100) 市坪信一, 今井哲朗, "低アンテナ基地局におけるマイクロセル伝搬損推定," 信学論 (B-II), vol. J75-B-II, no. 8, pp. 596-598 (1992)
101) A. Kanatas, I. Kountouris, G. Kostaras and P. Constantinou, "A UTD Propagation Model in Urban Microcellular Environments," IEEE Trans. VT, vol. 46, no. 1, pp. 185-193 (1997)
102) V. Erceg, A. J. Rustako, Jr., and R. S. Roman, "Diffraction around Corners and its Effects on the Microcell Coverage Area in Urban and Suburban Environments at 900 MHz, 2 GHz, and 6 GHz," IEEE Trans. VT, vol. 43, no. 3, pp. 762-766 (1994)
103) G. Lampard and T. Vu-Dinh, "The Effect of Terrain on Radio Propagation in Urban Microcells," IEEE Trans. VT, vol. 42, no. 3, pp. 314-317 (1993)
104) 岩間 司, 水野光彦, "低基地局アンテナ高における市街地伝搬特性の推定," 信学論 (B-II), vol. J77-B-II, no. 6, pp. 317-324 (1994)
105) J. Wiart, A. Marquis and M. Juy, "Analytical Microcell Path Loss Model at 2.2GHz," Proc. PIMRC'93, pp. 30-34 (1993)
106) 今井哲朗, "ストリートマイクロセルにおける伝搬損失特性の推定," 信学技報,

RCS 93-72, pp. 17-23 (1993)

107) 今井哲朗, 藤井輝也, "レイトレースによるストリートセル内伝搬特性の一考察," 1995年信学総大, B-12 (1995)

108) 秋元 守, 多賀登喜雄, "低基地局アンテナ高における道路曲がり角での電波伝搬に関する検討," 1993年信学秋季大会, B-10 (1993)

109) E. Green, "Radio Link Design for Microcellular Systems," Br Telecom Technol J., vol. 8, no. 1, pp. 85-96 (1990)

110) H. H. Xia, H. L. Bertoni, L. R. Maciel, A. Lindsay-Stewart and R. Rowe, "Radio Propagation Characteristics for Line-of-Sight Microcellular and Personal Communications," IEEE Trans. AP, vol. AP-41, no. 10, pp. 1439-1447 (1993)

111) H. H. Xia, H. L. Bertoni, L. R. Maciel, A. Lindsay-Stewart and R. Rowe, "Microcellular Propagation Characteristics for Personal Communications in Urban and Suburban Environments," IEEE Trans. VT, vol. 43, no. 3, pp. 743-752 (1994)

112) 小園 茂, 田口 朗, "市街地の路上に置かれた低基地局アンテナ高による伝搬特性――基地局を置いた路上での特性," 信学論 (B-II), vol. J72-B-II, no. 1, pp. 34-41 (1989)

113) 永田善紀, 古谷之綱, 守山栄松, 猿渡岱爾, 神谷 勇, 服部晴児, "2GHz帯高層ビル街マイクロセル伝搬特性," 信学技報, AP 90-84, pp. 1-7 (1990)

114) 今井哲朗, 今村賢治, "低アンテナ高基地局における交差道路上伝搬損失推定," 1993年信学秋季大会, B-9 (1993)

115) 小園 茂, 田口 朗, 田中 哲, "低基地局アンテナ高の道路曲がり角における伝搬特性," 1988年信学春季大会, B-28 (1988)

116) 古野辰男, 多賀登喜雄, "市街地における低基地局アンテナ高からの伝搬経路同程に関する一考察," 1993年信学秋季大会, B-11 (1993)

117) 今井哲朗, 藤井輝也, "レイトレースを用いたストリートマイクロセル伝搬推定システム," 信学技報, AP 96-154, pp. 35-42 (1997)

118) 坂上修二, 久保井潔, "市街地構造を考慮した伝搬損の推定," 信学論 (B-II), vol. J74-B-II, no. 1, pp. 17-25 (1991)

119) EURO-COST 231 TD (90) 119 Rev. 1, Urban transmission loss models for mobile radio in the 900- and 1,800-MHz bands (1991)

120) J. Rossi and Y. Gabillet, "A Mixed Ray Launching/Tracing Method for Full 3-D UHF Propagation Modeling and Comparison with Wide-band Measurements," IEEE Trans. AP, vol. 50, no. 4, pp. 517-523 (2002)

121) 三木信彦, 冨里 繁, 松本 正, "レイトレーシング法を用いたアダプティブア

レーアンテナシステム場所率改善効果の推定," 信学技報, RCS 99-70, pp. 43-48 (1999)

122) J. Poutanen, J. Salmi, K. Haneda, V. Kolmonen and P. Vainikainen, "Angular and Shadowing Characteristics of Dense Multipath Components in Indoor Radio Channels," IEEE Trans. AP, vol. 59, no. 1, pp. 245-253 (2011)

123) H. Zhang, T. Hayashida, T. Yoshino, S. Ito and Y. Nagasawa, "A Deterministic Model for UHF Radio Wave Propagation through Building Windows in Cellular Environments," IEICE Trans. Commun., vol. E82-B, no. 6, pp. 944-950 (1999)

124) 多賀登喜雄, "室内における UHF-TV 電波の到来波特性の推定 (I)," 信学技報, AP 2006-38, pp. 25-30 (2006)

125) 今井哲朗, 奥村幸彦, "屋外–屋内伝搬特性の解析法に関する検討 ――レイトレーシングと物理光学近似のハイブリッド法," 信学技報, AP 2014-68, pp. 115-120 (2014)

126) T. Imai and Y. Okumura, "Study on Hybrid Method of Ray-tracing and Physical Optics for Outdoor-to-Indoor Propagation Channel Prediction," iWEM2014, pp. 249-250 (2014)

127) 木本 颯, 西森健太郎, 今井哲朗, トラン ゴクハオ, "実環境データと RT-PO 法による屋内侵入損の比較検討," 2015 年信学総大, B-1-23 (2015)

128) H. Kimoto, K. Nishimori, T. Imai, N. Omaki and N. Tran, "Comparison of Indoor Penetration Loss between Measurement Result and Hybrid Method by Ray-tracing and Physical Optics," IEEE APS2015 (2015)

129) D. M. Rose, S. Hahn and T. Kürner, "Automated Modelling of Realistic Multi-storey Buildings and the Impact of Windows on Small Cell Propagation," EuCAP2014 (2014)

130) P. Pongsilamanee and H. L. Bertoni, "Specular and Nonspecular Scattering from Building Facades," IEEE Trans. AP, vol. 52, no. 7, pp. 1879-1889 (2004)

131) J. Lim, I. Koh, Y. Park, H. Moon, H. Jo, J. Yook and Y. Yoon, "Improving the Accuracy of Ray Tracing Estimation Considering Inhomogeneous Building Surfaces in Urban Environments," IEICE Trans. Commun., vol. E91-B, no. 12, pp. 4067-4070 (2008)

132) V. Degli-Esposti and H. L. Bertoni, "Evaluation of the Role of Diffuse Scattering in Urban Microcellular Propagation," IEEE VTC1999-Fall, pp. 1392-1936 (1999)

133) V. Degli-Esposti, "A Diffuse Scattering Model for Urban Propagation Pre-

diction," IEEE Trans. AP, vol. 49, no. 7, pp. 1111-1113 (2001)

134) T. Fügen, J. Maurer, T. Kayser and W. Wiesbeck, "Capability of 3-D Ray Tracing for Defining Parameter Sets for the Specification of Future Mobile Communications Systems," IEEE Trans. AP, vol. 54, no. 11, pp. 3125-3137 (2006)

135) 安孫子友祐，ルイレイハリス，日景　隆，野島俊雄，渡辺聡一，篠塚　隆，"大規模FDTD解析と界強度ヒストグラムを用いた閉空間内電磁界評価法，"信学論 (B), vol. J90-B, no. 11, pp. 1097-1105 (2007)

136) 白船雅巳，日景　隆，野島俊雄，佐々木元晴，山田　渉，杉山隆利，"FDTD解析による高速鉄道車両内5GHz帯無線接続サービスの伝搬特性推定，"信学論 (B), vol. J97-B, no. 9, pp. 762-769 (2014)

137) G. Roche, P. Flipo, Z. Lai, G. Villemaud, J. Zhang and J. Gorce, "Combination of Geometric and Finite Difference Models for Radio Wave Propagation in Outdoor to Indoor Scenarios," EuCAP2010 (2010)

138) L. Nagy, R. Dady and A. Farkasvolgyi, "Algorithmic Complexity of FDTD and Ray Tracing Method for Indoor Propagation Modelling," EuCAP2009 (2009)

139) 日野幹雄：スペクトル解析，朝倉書店 (1977)

140) 森下　巌：わかりやすいディジタル信号処理，昭晃堂 (1996)

141) 森口繁一，宇田川銈久，一松　信：級数・フーリエ解析（岩波数学公式 II），岩波書店 (1987)

142) A. Papoulis and S. U. Pillai：Probability, Random Variables and Stochastic Processes, 4th ed., McGraw-Hill (2002)

143) 小林幹雄 他編：数学公式集，共立出版 (1959)

144) Chen-To Tai：Dyadic green Functions in Electromagnetic Theory, 2nd ed., IEEE press (1993)

145) F. P. Fontan and P. M. Espineira：Modeling the Wireless Propagation Channel, John Wiley & Sons, Ltd, Publication (2008)

146) 徳丸　仁：基礎電磁波 POD版，森北出版 (2013)

147) J. W. Goodman 著，尾崎義治，朝倉利光 訳：フーリエ光学 第3版，森北出版 (2012)

148) 石井　望：アンテナ基本測定法，コロナ社 (2011)

149) 竹内　勉，羽野　剛，吉田　進，池上文夫，"市街地多重波遅延プロフィールの理論的予測法の基礎検討，"信学論 (B-II), vol. J73-B-II, no. 11, pp. 779-785 (1990)

150) N. Pinel and C. Bourlier：Electromagnetic Wave Scattering from Random

Rough Surfaces, John Wiley & Sons, Inc. (2013)
151) O. Landron, M. J. Feuerstein and T. S. Rappaport, "A Comparison of Theoretical and Empirical Reflection Coefficients for Typical Exterior Wall Surfaces in a Mobile Radio Environment," IEEE Trans. AP, vol. 44, no. 3, pp. 341-351 (1996)
152) T. Maeyama, F. Ikegami and Y. Kitano, "Analysis of Mountain-reflected Signal Strength in Digital Mobile Radio Communications," IEICE Trans. Commun., vol. E76-B, no. 2, pp. 98-102 (1993)
153) 前山利幸，H. L. Trisila，北野　泰，池上文夫，"ディジタル移動通信における山岳反射波の吸収減衰係数，"信学技報，AP 93-107, pp. 53-60 (1993)
154) ITU-R, ITU-R Rec. ITU-R P.2040, Effects of building materials and structures on radiowave propagation above about 100 MHz (2013)
155) A. Hippel (ed.)：Dielectric Materials and Applications, Artech House (1995)
156) 三好旦六：光・電磁波論，培風館 (1987)
157) マックス・ボルン，エミル・ウォルフ 著，草川　徹，横田英嗣 編：光学の原理 I，東海大学出版会 (1974)
158) 牛山善太，草川　徹：シミュレーション光学，東海大学出版会 (2003)
159) 渋谷茂一：マイクロウェーブ伝搬解説，コロナ社 (1961)

索引

【あ】

アイコナール　　　　　　42
アイコナール方程式　43, 242
アダプティブ出射法　　　95
アルゴリズム　　91, 99, 102
アンテナの指向性関数　　13
アンテナの実効面積　　　10

【い】

池上式　　　　　　　　　　3
移動伝搬　　　　　　14, 128
イメージ法　　　　　　　89
イメージング法
　　　　　　　89, 106, 149

【う】

ウィーナー・ヒンチンの定理
　　　　　　　　　　16, 208

【お】

屋内セル　　　　　　　　　2
屋内伝搬　　　　　　　160
奥村−秦式　　　　　　3, 24

【か】

拡散係数　　　　　　　　45
拡散散乱　　　　　　　　84
拡散反射　　　　　　84, 237
角度スプレッド　　　31, 134
角度プロファイル　　30, 134
確率密度関数　　　　　210

【き】

幾何光学近似　　5, 42, 70, 79

幾何光学的回折理論
　　　　　　　　　5, 59, 70
鏡像法　　　　　　　　　89
鏡面反射　　　　　　84, 236
キルヒホッフ近似　　　202
キルヒホッフの回折理論
　　　　　　　　　　　218

【く】

空間相関　　　　　　　　33
空間分解能　　　　　　　96
矩形メッシュ　　　　　120
楔　　　　　　　　　　　59
クリーピング波　　　　　63

【け】

ケラー・コーン　　　　　59

【こ】

高基地局アンテナ屋外伝搬
　　　　　　　　　　　184
広義定常仮定　　　　　　16
交差偏波識別度　　　35, 136
交差偏波電力比　　　　　35
高速アルゴリズム　　　105
広帯域伝搬　　　　　　137
コースティック　　　　　44

【さ】

三角メッシュ　　　　　122

【し】

自己回帰モデル　　　　　20
自己相関特性　　　　　　16
実効反射係数　　　　　203

シャドウイング　　　　　19
シャドウフェージング　　19
自由空間損失　　　　　　12
自由空間伝搬　　　　　　10
周波数相関　　　　　　　28
受信球　　　　　　　　　96
受信電力加算　　　　　130
出射・到来角度　　　　　29
瞬時変動　　　　　　15, 16
焦線　　　　　　　　　　44

【す】

スカラ回折係数　　　　　63
スカラ散乱係数　　　　226
スカラ透過係数　　　　　57
スカラ反射係数　　　　　50
スネルの法則　49, 55, 59, 89
スロープ回折　　　75, 215

【せ】

正規反射　　　　　　　　84
セル　　　　　　　　　　　2
セルラ方式　　　　　　　　2

【そ】

相関距離　　　　　　　　21

【た】

ダイアディック・グリーン
　関数　　　　　　　　226
ダイアド　　　　　　51, 211
ダイアド回折係数　　61, 68
ダイアド散乱係数　202, 226
ダイアド透過係数　　　　55
ダイアド反射係数　　　　51

索引　259

短区間変動　15, 19

【ち】

遅延時間　26
遅延スプレッド　28, 133, 164
遅延プロファイル　26, 133, 163
長区間変動　15, 23

【て】

低基地局アンテナ屋外伝搬　173
電波伝搬特性　2, 14
伝搬損失距離特性　23
伝搬損失指数　23
伝搬損失特性　23
伝搬遅延　26

【と】

特性関数　210
トンネル内伝搬　147

【な】

仲上–ライスフェージング　17
仲上–ライス分布　18

【は】

媒質定数　240
発見的手法　105
パワースペクトル　16

【ふ】

フェルマーの原理　49, 55, 59
不規則粗面　87, 204, 236
複素振幅　13
物理光学近似　79, 199
フラウンホーファー基準　85
フラウンホーファー近似　224
フリスの伝送公式　11
ブレークポイント　143
フレネル–キルヒホッフの回折公式　220
フレネル近似　220
フレネル数　80
フレネル積分　64, 213
フレネルゾーン　79
フレネルの透過係数　57
フレネルの反射係数　52
フレネル半径　79, 223

【へ】

平均受信電力　129
平面大地伝搬　138
平面波近似　132
並列処理　106
偏波スプレッド　38
偏波整合　11
偏波プロファイル　36
偏波方向　35

【ほ】

放射電力密度　10

【ま】

マイクロセル　2
マクロセル　2
マクロセル環境　10
マルチパス環境　14, 77
マルチパス特性　26
マルチパスフェージング　16

【み】

溝型伝搬路モデル　173

【む】

無相関散乱仮定　27

【ら】

ライスファクタ　18
ランダム位相合成　131
ランバート反射　85, 237

【れ】

レイリー基準　85
レイリーフェージング　17
レイリー分布　17
レイ・ローンチング法　93, 106

【B】

Bounding–Volume　116
Brute–Force Ray–Tracing 法　89
BSP アルゴリズム　115
BSP tree　115

【E】

ER モデル　204, 236

【F】

FDTD 法　3, 205

【G】

GA レイトレース法　112
GO　5, 42, 70, 79
GSCM　3
GTD　5, 59, 70

【H】

H 偏波　36
HetNet　3
Homogeneous Network　3
HY–RAYT 法　110, 165, 167

【I】

IHE 法　112

ISB　　　　　　　59	RSB　　　　　　　59	【W】
【J】	RT–PO 法　　　　200	Walfisch 式　　　　3
Jakes モデル　　　16	【S】	WSS 仮定　　　　16
【K】	SBR 法　　　　　111	【X】
K ファクタ　　　18	SBR–image 法　　111	XPD　　　　35, 136
【L】	SORT 法　　　　110	XPR　　　　　　35
Luneburg–Kline 展開　42	Spreading Factor　45	【数字】
【M】	【U】	2DDDA アルゴリズム　121
MIMO 伝搬　　　137	Uncorrelated Scattering 仮定　　　　　27	2.5 次元建物　　　187
【P】	UTD　　　　63, 213	3DDDA アルゴリズム　121
PO　　　　　79, 199	【V】	3D–PRISM　　184, 185
【R】	V 偏波　　　　　36	
Ray–Jumping 法　104	Visibility graph　113	
	Visibility tree　113	
	VPL 法　　　　　109	

―― 著者略歴 ――

1991年 東北大学工学部電気工学科卒業
1991年 日本電信電話株式会社入社
1992年 NTT移動通信網株式会社転籍
2002年 東北大学大学院博士後期課程修了(電気・通信工学専攻)
　　　 博士(工学)
2013年 株式会社NTTドコモ(名称変更)
　　　 現在に至る

電波伝搬解析のためのレイトレーシング法
―― 基礎から応用まで ――
Ray-tracing Method for Radio Propagation Analysis
―― Fundamentals and Practical Applications ―― ⓒ Tetsuro Imai 2016

2016年8月22日 初版第1刷発行 ★

検印省略	著　者	今　井　哲　朗
	発行者	株式会社　コロナ社
	代表者	牛　来　真　也
	印刷所	三　美　印　刷　株　式　会　社

112-0011 東京都文京区千石 4-46-10
発行所　株式会社　コロナ社
CORONA PUBLISHING CO., LTD.
Tokyo Japan
振替 00140-8-14844・電話(03)3941-3131(代)
ホームページ http://www.coronasha.co.jp

ISBN 978-4-339-00886-9　　(鈴木)　　(製本：愛千製本所)
Printed in Japan

本書のコピー、スキャン、デジタル化等の
無断複製・転載は著作権法上での例外を除
き禁じられております。購入者以外の第三
者による本書の電子データ化及び電子書籍
化は、いかなる場合も認めておりません。

落丁・乱丁本はお取替えいたします

電子情報通信レクチャーシリーズ

■電子情報通信学会編　　　　　　　　　　　　（各巻B5判）

白ヌキ数字は配本順を表します。

				頁	本体
㉚	A-1	電子情報通信と産業	西村吉雄著	272	4700円
⑭	A-2	電子情報通信技術史 ―おもに日本を中心としたマイルストーン―	「技術と歴史」研究会編	276	4700円
㉖	A-3	情報社会・セキュリティ・倫理	辻井重男著	172	3000円
⑥	A-5	情報リテラシーとプレゼンテーション	青木由直著	216	3400円
㉙	A-6	コンピュータの基礎	村岡洋一著	160	2800円
⑲	A-7	情報通信ネットワーク	水澤純一著	192	3000円
㉝	B-5	論理回路	安浦寛人著	140	2400円
⑨	B-6	オートマトン・言語と計算理論	岩間一雄著	186	3000円
❶	B-10	電磁気学	後藤尚久著	186	2900円
⑳	B-11	基礎電子物性工学―量子力学の基本と応用―	阿部正紀著	154	2700円
❹	B-12	波動解析基礎	小柴正則著	162	2600円
❷	B-13	電磁気計測	岩﨑俊著	182	2900円
⑬	C-1	情報・符号・暗号の理論	今井秀樹著	220	3500円
㉕	C-3	電子回路	関根慶太郎著	190	3300円
㉑	C-4	数理計画法	山下・福島共著	192	3000円
⑰	C-6	インターネット工学	後藤・外山共著	162	2800円
❸	C-7	画像・メディア工学	吹抜敬彦著	182	2900円
㉜	C-8	音声・言語処理	広瀬啓吉著	140	2400円
⑪	C-9	コンピュータアーキテクチャ	坂井修一著	158	2700円
㉛	C-13	集積回路設計	浅田邦博著	208	3600円
㉗	C-14	電子デバイス	和保孝夫著	198	3200円
⑧	C-15	光・電磁波工学	鹿子嶋憲一著	200	3300円
㉘	C-16	電子物性工学	奥村次徳著	160	2800円
㉒	D-3	非線形理論	香田徹著	208	3600円
㉓	D-5	モバイルコミュニケーション	中川・大槻共著	176	3000円
⑫	D-8	現代暗号の基礎数理	黒澤・尾形共著	198	3100円
⑱	D-11	結像光学の基礎	本田捷夫著	174	3000円
❺	D-14	並列分散処理	谷口秀夫著	148	2300円
⑯	D-17	VLSI工学―基礎・設計編―	岩田穆著	182	3100円
⑩	D-18	超高速エレクトロニクス	中村・三島共著	158	2600円
㉔	D-23	バイオ情報学 ―パーソナルゲノム解析から生体シミュレーションまで―	小長谷明彦著	172	3000円
❼	D-24	脳工学	武田常広著	240	3800円
㉞	D-25	福祉工学の基礎	伊福部達著	236	4100円
⑮	D-27	VLSI工学―製造プロセス編―	角南英夫著	204	3300円

以下続刊

共通
A-4	メディアと人間	原島・北川共著
A-8	マイクロエレクトロニクス	亀山充隆著
A-9	電子物性とデバイス	益・天川共著

基礎
B-1	電気電子基礎数学	大石進一著
B-2	基礎電気回路	篠田庄司著
B-3	信号とシステム	荒川薫著
B-7	コンピュータプログラミング	富樫敦著
B-8	データ構造とアルゴリズム	岩沼宏治著
B-9	ネットワーク工学	仙石・田村・中野共著

基盤
C-2	ディジタル信号処理	西原明法著
C-5	通信システム工学	三木哲也著
C-11	ソフトウェア基礎	外山芳人著

展開
D-1	量子情報工学	山崎浩一著
D-4	ソフトコンピューティング	
D-7	データ圧縮	谷本正幸著
D-13	自然言語処理	松本裕治著
D-15	電波システム工学	唐沢・藤井共著
D-16	電磁環境工学	徳田正満著
D-19	量子効果エレクトロニクス	荒川泰彦著
D-22	ゲノム情報処理	髙木・小池編著

定価は本体価格+税です。
定価は変更されることがありますのでご了承下さい。

図書目録進呈◆